DrMaster

http://www.drmaster.com.tw

知識文化

科技風華

深度學習資訊新領域

DrMaster

深度學習資訊新領域

http://www.drmaster.com.tw

不思議！

擬真繪圖 Word就做得到

Office萬用圖庫設計大解密

張孟義 著

企劃書、簡報、DM、提案書、產品手冊の成功之鑰

不思議擬真繪圖!Word 就做得到
Office 萬用圖庫設計大解密

作　　者：張孟義

發 行 人：簡女娜

出　　版：博碩文化股份有限公司

台北縣汐止市新台五路一段 112 號 10 樓 A 棟

TEL / 02-2696-2869 • FAX / 02-2696-2867

郵撥帳號：17484299

律師顧問：劉陽明

出版日期：西元 2010 年 3 月初版

ISBN -13：978-986-201-311-3

博碩書號：IN30007

建議售價：NT$ 450元

不思議擬真繪圖!Word就做得到 / 張孟義 作. --
初版. -- 臺北縣汐止市：博碩文化, 2010.03
面； 公分
含索引
ISBN 978-986-201-311-3 (平裝附光碟片)
1. Word(電腦程式) 2. 電腦繪圖
312.49W53　　99003236

Printed in Taiwan

自序

由於工作上的需要，筆者經常要透過微軟 Office 軟體的 Word、Powerpoint 等軟體進行提案簡報設計，或是建議書、計畫書、產品手冊、教育訓練手冊、活動企劃書、文案的撰寫，相信這也是大家的共同經驗。但除了上述通用的文書處理外，筆者與平常上班族比較不一樣的職務內容就是經常需要進行科技專案的提案，這類型的審查簡報與計畫書由於需要詳細描繪細部應用情境，去說明科技導入前(AS-IS)跟導入後(TO-BE)的差異，因此更需要借助豐富的圖形物件來呈現未來應用情境。另一方面，科技類的技術專案所規劃的標的物有時不一定已經存在，大部分的技術主體都是未來式，但如果不能清楚描繪出完整的細節讓審查委員快速地一目瞭然的話，重新提案的流程會耗掉提案者與聽者的寶貴時間，畢竟我們是活在全球激烈競爭的時代，如果能夠一開始就圖文並茂、詳細說明，將有助於節省時間創造更多的效益。

因此，過去常為了找到適合的圖檔來完整描述內容，筆者經常要花上很久的時間熬夜找圖、修圖(去背)，即使市面上有許多的圖庫，但實務經驗是大部份買回來後也不一定很符合自己的需求。再者，一般的圖庫的編輯性也不是很高，在 office 的環境裡面並不是向量的物件可以隨意進行屬性的編輯。雖然微軟本身有提供免費的圖案(多媒體藝廊)同時在 office 的環境裡面也是向量的物件，但造型過於簡單與卡通化，對某些專業提案的描繪還不夠逼真。基於以上理由，筆者兩年半以前開始大膽嘗試使用微軟的 office word 當作繪圖工具，開始創作需要的物件(例如拿著手機在街上講電話的人物、用手機付費購物的女郎、有品牌的 3C 商品、造形逼真的建築物…等)放在簡報跟計畫書裡面。結果不知道是增加這樣的物件比較容易通過還是運氣，隨著提案的件數不斷增加，筆者不斷嘗試新的設計方法，到後來在稍微縮小的顯示比例下，物件已經相當接近數位相機拍出來的品質，筆者曾經做過幾次作品的測試，往往有近半的人會選擇不同的物件。

在一次偶然的機會中，身邊的好友提到可以找出版社洽談將這個技術與應用發揚光大，讓物件提供給國內更多的人分享，加速他們工作所需要的作品品質與製作速度。因為第一次嘗試在工作之餘寫書，同樣 300 頁的計畫書過去可能只需要兩個禮拜就可以完成，這本書卻花費筆者將近一年的時間才完成，在此也跟博碩出版社說聲抱歉，幸好有他們的包容跟耐心。最後，根據筆者目前的規劃，第一本書是以創作 Office 繪圖物件為主題，將筆者過去摸索的技巧公開給讀者；緊接下來的第二本書將會以實務上的應用為主，教導讀者如何應用這些物件快速讓腦海中的創意影像變成專業文件的提案內容。

敬祝各位讀者

順 心

張孟義

2010 年 2 月于台北

關於本書

一般的讀者想到要用軟體繪圖，通常是 Photoshop、Coreldraw、SIllustrator...等專業的工具，這些軟體雖然專業，但軟體費用加上學費所費不貲。除非是靠專業美工或是影像處理營運的專業公司或專業人員，否則一般上班族所需要的僅是比卡通式的美工圖稍微好一點的繪圖物件。

本書最大的特色就是針對有使用微軟 Office 用戶，所設計的一本繪圖物件 D.I.Y.教學範本，透過這項技巧，讀者將來可以針對所需要的物件快速設計出來作品，讓工作中的各種文件，包括簡報、計畫書、建議書、產品手冊、教育訓練手冊、文案...的製作，透過部份圖檔的適當插入讓整份文件看起來更專業、更具效率性。因為國內一般的使用者的電腦裡面第一套軟體就是 MS office，因此學會本書的技巧後將會相當的實用，可以直接套用在現有的作業環境中。

因為是以微軟 Office Word 當作繪圖工具，因此所設計的物件不但可以針對組成的各種小物件自由編輯，例如單獨改變其中一塊物件的顏色或造型之外，透過 Word 內建的順序與群組的功能更能讓作品變化多端，甚至可以達到相片品質的程度。而另一項優點就是所完成的作品，也可以在微軟 Office 同系列的其他軟體，例如 Powerpoint 自由使用，不但可以任意搭配組合讓重複使用性高，對於作品的嵌入性與編輯彈性，也是其他專業軟體無法在微軟的環境裡面輕易做到的。

本書是希望透過幾個筆者創作的擬真作品，讓讀者深入瞭解這些擬真物件的設計與製作技巧，以及未來如何在實務上去使用。而後續的作品將會延伸本書主題並且聚焦在各種實務上的應用，例如應用本書技巧所創作出來的簡報、計畫書...等作品範例。最後，筆者正規劃與國內知名的部落格平台 – Yam 天空傳媒共同合作，希望未來有機會透過網路方式讓持續創作的作品能夠與各位讀者分享與交流！

目錄

第一篇 概念篇

第二篇 練習篇

第三篇 基本篇

第四篇 快速設計指引篇

第五篇 進階篇

第六篇 特效篇

第七篇 應用篇

第八篇 索引篇

Part 1
概念篇

本篇主要介紹操作的基本環境、使用功能以及應用 Office Word 設計的相關功能，當讀者仔細閱讀完本篇的介紹後，相信對本書之各項應用技巧將會具備完整的觀念。

- 01 基本環境、配備
- 02 Word 功能使用說明
- 03 圖檔來源
- 04 使用功能
- 05 圖層概念
- 06 群組概念
- 07 設計方式

01 基本環境、配備

首先，先確定您的工作環境至少具備以下的標準配備。

標準配備：

- 一台 PC 或 NB
- 滑鼠一支
- OFFICE 2003 或 OFFICE XP

選配設備：

- 手寫板
- OFFICE 2007

上述的設備規格是不是很簡單呢？沒錯，基本上，只要能跑的動 MS office 2003 的硬體規格就很夠用了。當您的 PC 或 NB 安裝完 Office 2003 後，接著開始到下一節設定 Office word 設計環境。

02 Word 使用功能說明

通常 word 預設的工具列只有「一般」跟「格式」(如下圖)，而為了方便進行繪圖工作，首先建議讀者先把需要用到繪圖功能的工具列拉出來，方便經常性的操作使用，設定步驟如下：

1 點選左上方的「檢視」欄位，這時候會出現一堆選項，將滑鼠移到「工具列」。

2 再點選「工具列」項目，此時右邊會出現更多的選項，同樣移動滑鼠到「繪圖」上並按下滑鼠請點選 (請參考下圖)。

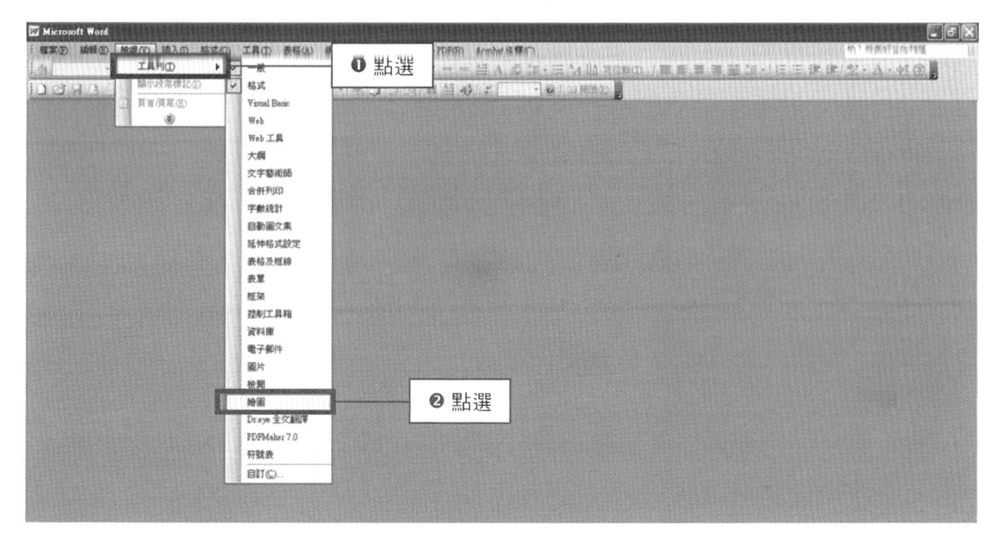

3 當按下確定後，會在空白欄位區出現「繪圖」快速功能鍵，讀者可以依照自己習慣，用滑鼠拖曳移到上方或下方的空白欄位上。

4 完成以上設定後，基本繪圖環境的設定就大致完成了。

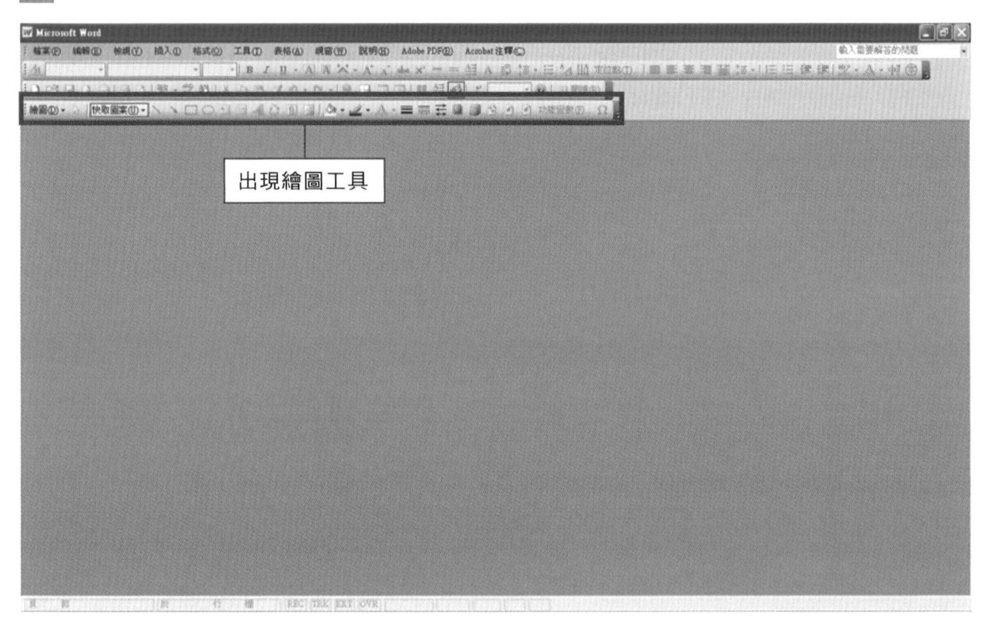

當完成上述基本環境設定後，接下來便可以開始進行基本的繪圖練習動作了。而在開始繪圖之前，或許讀者已經很熟悉 Word 的各項操作，但筆者還是強烈建議讀者要先熟讀本章內容，以建立正確的觀念，否則日後在設計過程中有可能會產生繪圖效率不佳，或是所設計出來的物件作品彈性度低、組成物件過多...等不良狀況。另外一點，除非讀者具備極高的繪圖天份，否則要畫出一張照片品質的作品難度其實相當高，建議從下一章所教的簡單描繪練起，等熟悉各種入門技巧後，便可以隨心所欲的創作各種作品了。

Word 2007 操作工具說明

本書將 Word 2007 列為選配設備，主要是因筆者初始操作原以 Word 2003 為底，至於 Word 2007 版本的操作步驟方式與 Word 2003 之間並無不同，兩者僅在於面板功能位置上的差別。讀者如果有興趣也可以自行練習操作，使用繪圖工具如下圖：

1 先用滑鼠點選「工具列」的「插入」欄位，接著再點選「圖案」一欄。

2 到第二行的「線條」項目，點選倒數第二個「手繪多邊形」工具。

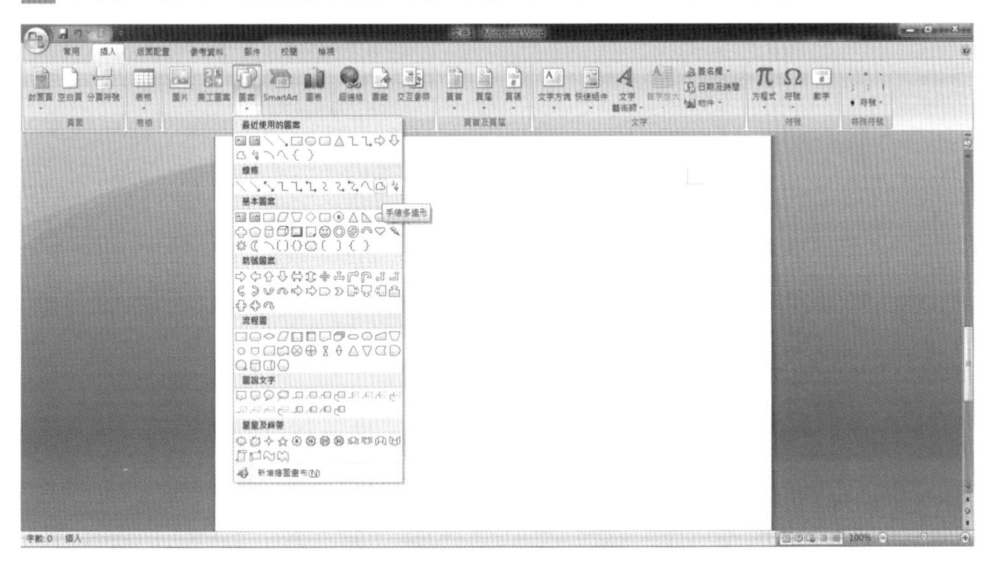

03 圖檔來源

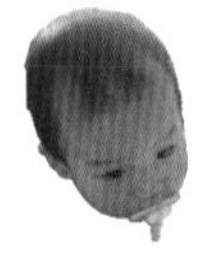

要進行描繪物件時，首先必須要有圖檔來練習，筆者大部分的物件圖片來源都靠著自己購買的 SONY 數位相機拍照而來，因為透過其他方式得到的圖片大都會有標的物件缺角的情況，要不然就是要花錢購買圖庫。因此，建議讀者平常可以養成習慣，平常看到的景物、人物、風景...等都盡量用隨身的數位相機取景，再將所攝影的畫面作為練習的題材。

下圖即為筆者居家的照片，相片中的小朋友則經常被筆者拿來作為人物繪圖物件作品。從下面照片中相信讀者不難發現，拍攝對象小朋友的全身都有入鏡。

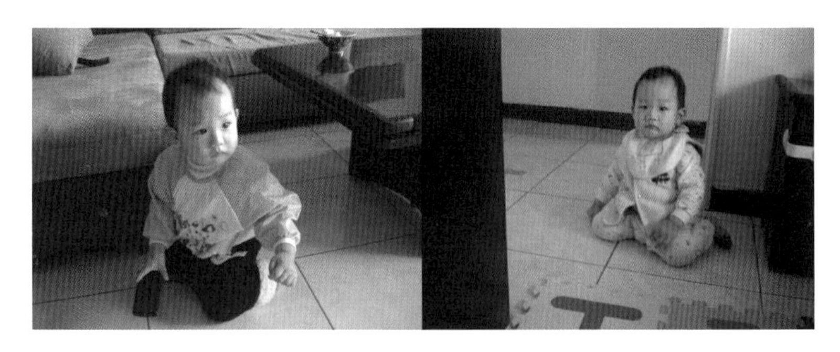

有鑑於現代的年輕一代習慣用智慧型手機自拍，隨著畫質跟解析度愈來愈高，利用隨手拍的各種內容都可以是很好的創作作品來源。接下來介紹幾個找圖的方法，有的是免費、有的則需要付費，都一併提供給讀者參考，讀者再視本身情況調整。

搜尋引擎

Google

除了拿相機或手機自拍之外，網路的搜尋工具其實提供相當便利的找尋圖片功能。例如 Google、Yahoo 的圖片搜尋功能就相當方便實用，請參考下圖說明：

1 先登錄 Google 首頁(www.google.com.tw)。

2 點選左上方「圖片」欄位，接著到中間的「搜尋圖片」欄位輸入想要找的物件關鍵字(例如"高爾夫球")。

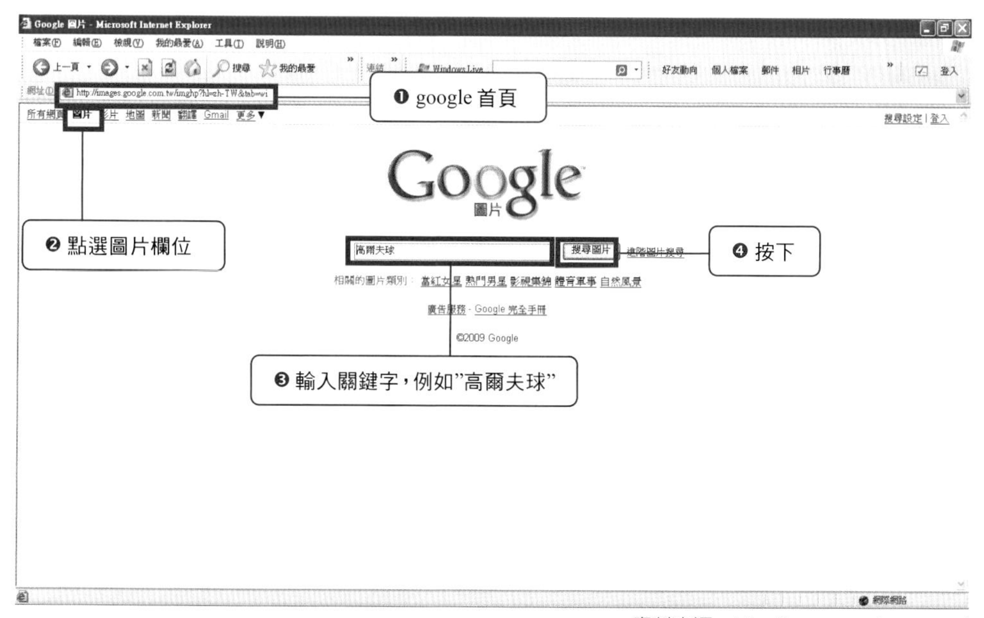

資料來源：http://www.google.com.tw/

3 出現各種"高爾夫球"的搜尋結果，讀者可挑選想要模擬練習的對象。

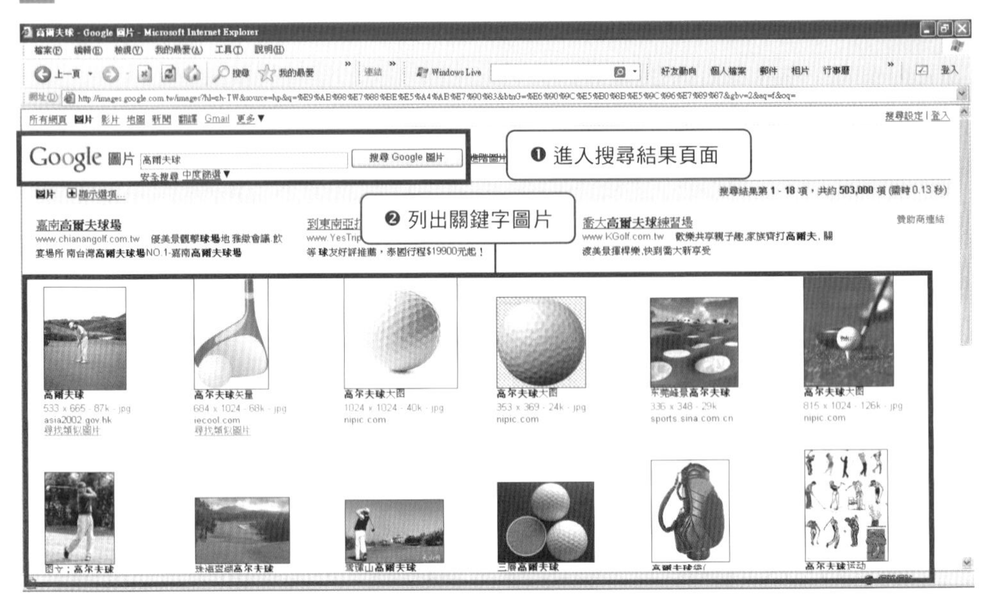

資料來源：http://www.google.com.tw/

Yahoo

1 登入 yahoo 首頁(http:www.yahoo.com)，點選「圖片」欄位，輸入關鍵字"高爾夫球"。

資料來源：http://www.yahoo.com.tw/

2 出現各種"高爾夫球"的搜尋結果，讀者可發現不同搜尋引擎查詢出來的結果相差很多，但通常由於檢索出的結果頁數很多，讀者要從中找到所需適合的圖片，因此現有的搜尋引擎大都提供逐頁檢索的功能。

資料來源：http://www.yahoo.com.tw/

圖庫公司

istockphoto

1 國外的專業圖庫公司(http://www.istockphoto.com/)，網站有許多豐富的內容，而且提供不同格式的分類查詢，不過這類型的網站大多只提供英文查詢介面。另外，這類型的網站依不同解析度的作品提供不同的收費標準，建議讀者可以參考看看。

資料來源：http://www.istockphoto.com/

2 除了關鍵字外，讀者也可以設定檢索對象的格式，因此一開始請根據需求選擇格式，包括 Photos、Illustrations、Flash、Video、Audio。

資料來源：http://www.istockphoto.com/

Shutterstock

其他筆者建議專業圖庫網站還包括與 istockphoto 作品類似的 shutterstock 網站 (http://www.shutterstock.com/)，請參考下圖。

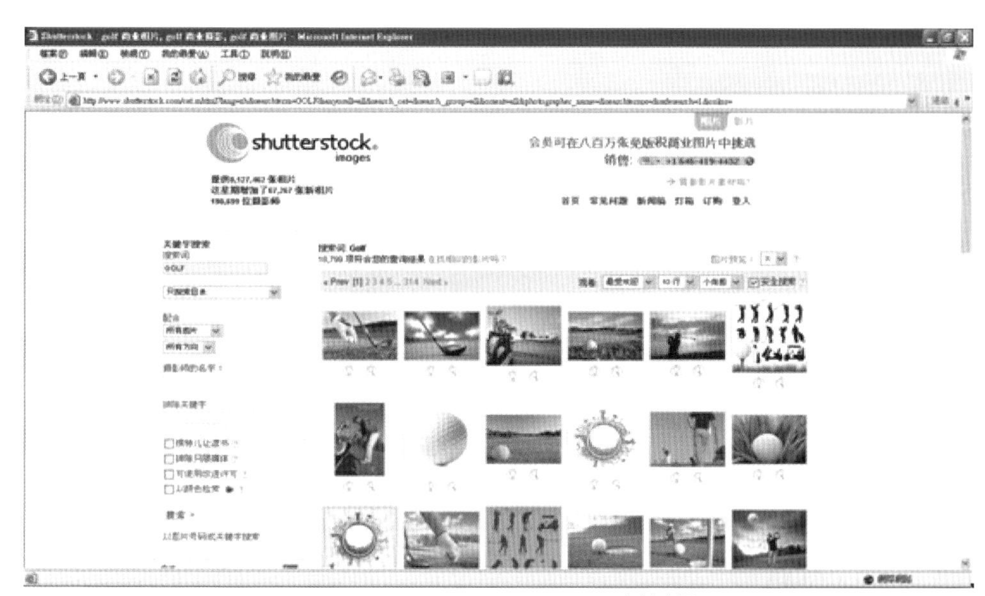

資料來源：http://www.shutterstock.com/

Imagemore

國內專業圖庫公司富爾特同樣提供各種豐富的圖庫，讀者可以自行參考下列網址(http://www.imagemore.com.tw/)。

資料來源：http://www.imagemore.com.tw/

04 使用功能

若一開始讀者沒有在「檢視(V)」→「工具列(T)」選單裡面去新增「繪圖」工具列，這時也可以依照下圖操作步驟快速建立環境：

筆者大部分作品靠的就是使用「繪圖」工具列的「快取圖案(U)」➔「線條(L)」➔「手繪多邊形」功能來完成，請參考下圖：

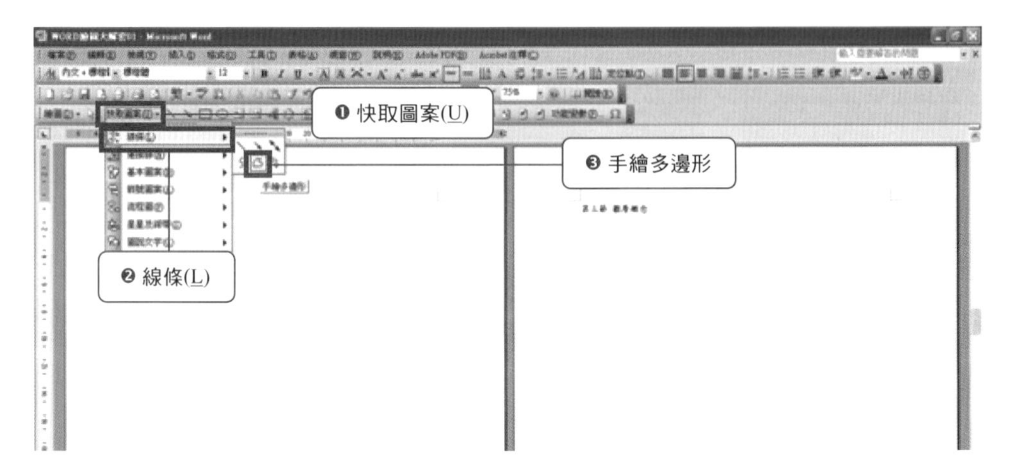

05 圖層概念

目前大部分的影像或是美工軟體都有圖層的功能，主要是提供設計者應用在不同的圖檔進行合成時，讓處理的圖案或影像有更豐富的變化。以下茲介紹兩種軟體的圖層畫面：

Photoshop 的圖層功能

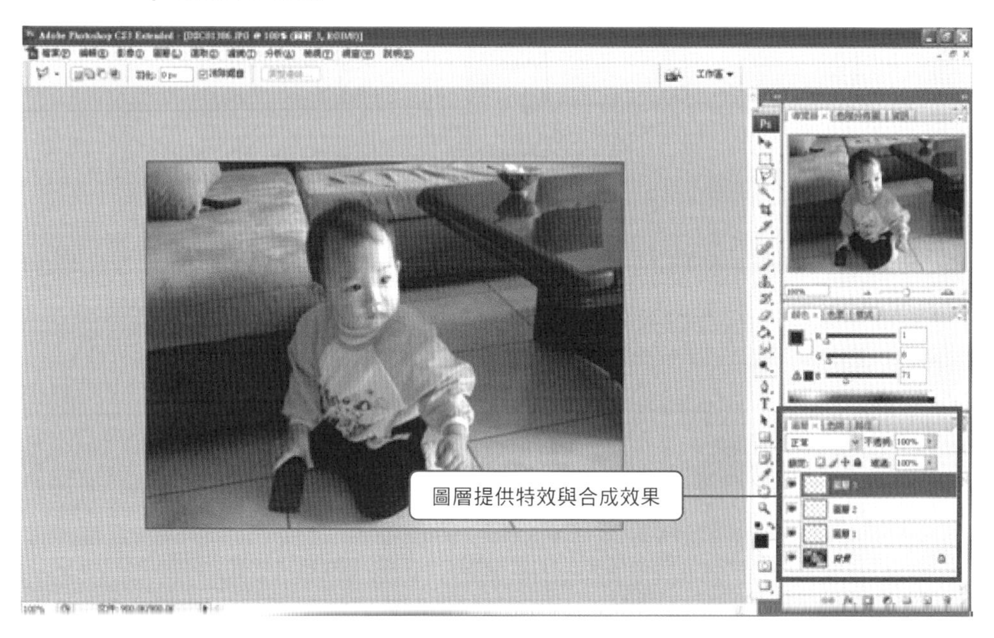

Coreldraw 的圖層功能

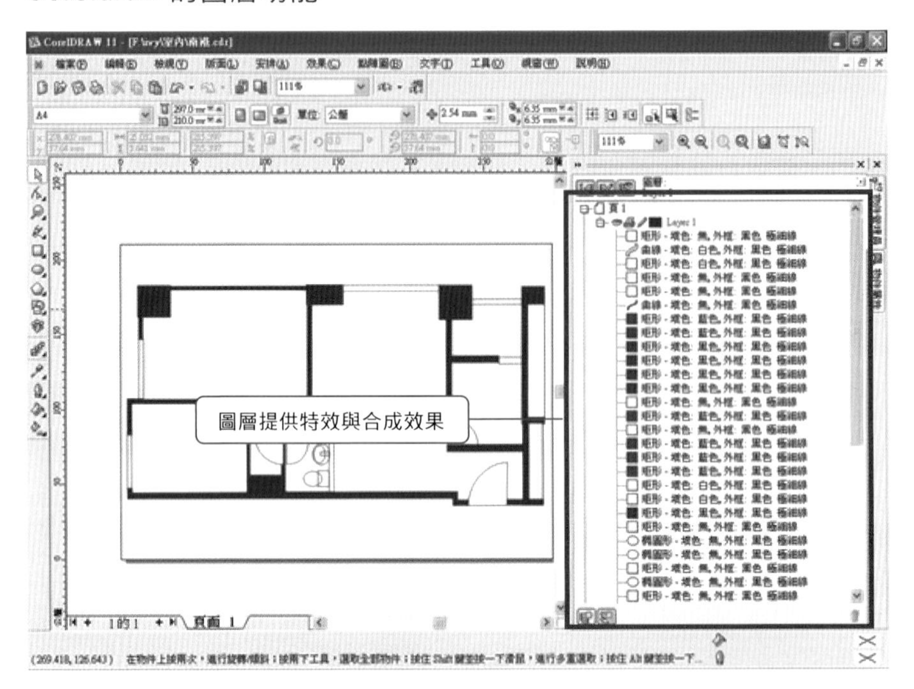

MS Office Word 的圖層概念

Word 的圖層概念是由獨立的圖層透過群組的方式不斷組合而成，也因此一旦解除物件的群組關係時，每一個物件單元都可以獨立存在。以下面人物圖片為例，人物的五官、衣物可以一件一件脫掉，當然也可以一件一件加上去。

原始的線條草稿

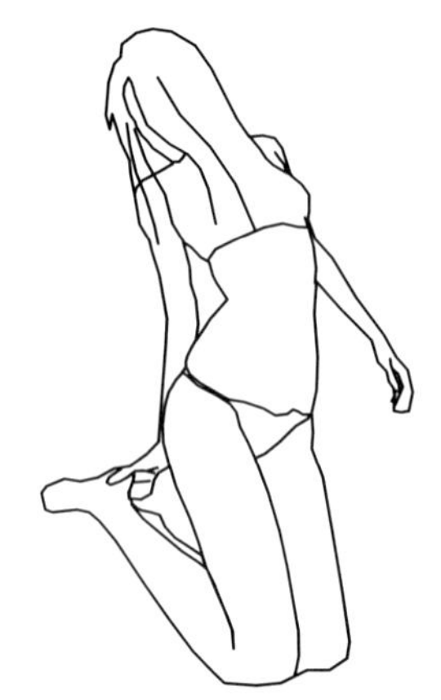

依物件模組描繪與著色

針對物件進行細部加工

嵌入其他物件加值應用

由於每個物件都是獨立存在的；因此可以隨時根據需求新增、刪除，或是改變其中的屬性，這樣的獨特性是不是很吸引人呢？

06 群組概念

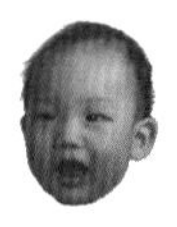

延續上一節圖層說明，既然每一個成品都是由獨立的物件組合而成，因此也可以鎖定特定物件快速改變作品的樣貌，以下舉數位相機作品為例，筆者將原始作品物件(橘色)改變成其他三種新作品時，整體改變過程不超過三秒：

原始作品

改變機身顏色

變成線條作品

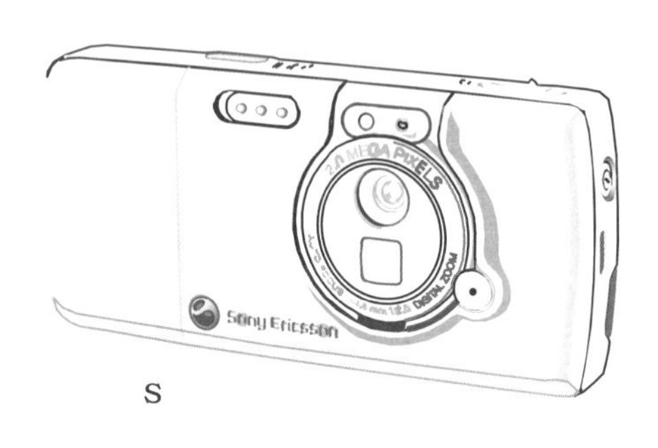

s

變成半透明效果

至於如何完成上述快速改變屬性設定技巧，本書後面的章節會有詳細的介紹。

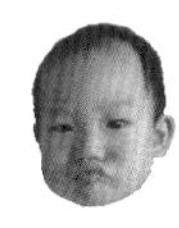

07 設計方式

設計方式說明

一般設計方式有兩種，一種是根據照片臨摹，根據標的物件本身所提供的條件跟設計者所需要的作品解析度進行設計，另一種方式則是繪圖者本身就具備畫圖的藝術天分跟創作能力，在這樣的情況下，繪圖者可以利用 Office Word 當作繪圖工具來自行創作。

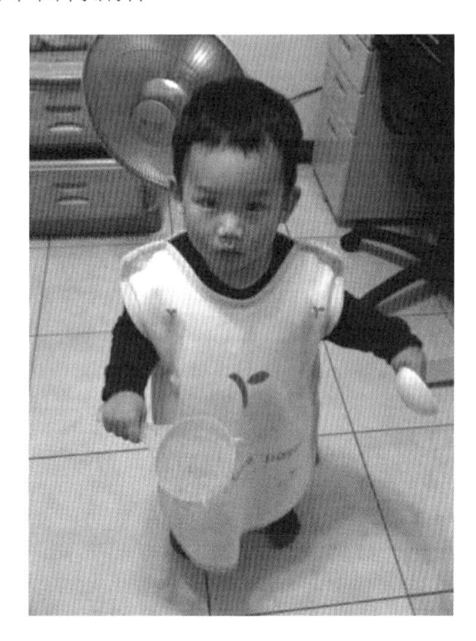

大部分的時候，筆者都是根據原始圖檔進行臨摹而完成作品，但有些原始圖檔可能有缺陷，例如缺角或是被前景物件擋住。要是遇到這種情形，筆者會依靠一些想像與設計經驗，先勾勒出不足的部分，再加上描繪的後製程序來完成。接下來，以下將針對臨摹描繪的方式，再分別提供兩種設計方式，包括一筆到底的繪圖方式以及物件組成的繪圖方式。

描圖方式：一筆到底的畫法

- **作法：**將要設計的物件當作獨立且唯一的物件，一次一筆到底完成物件背景，不能中斷。
- **注意事項：**採用這種繪圖方式由於是一層一層色層重疊上去的方法，因此必須能夠判別所要呈現顏色的先後順序，否則最後作品會平白無故增加許多重複的物件。
- **適用對象：**物件主體不是很大或物件本身的應用需求解析度不是很高的時候，使用一筆到底的技巧對繪圖的效率影響相當大，一旦學會這個技巧可以省略許多時間以及不必要的物件數量，建議讀者熟練這個技巧。

實務上，這類型的物件經常出現在建設公司的 DM 或是公共建設的文宣上，而這類型的物件製作方式其實相當簡單，只要利用本節所教的一筆到底描繪技巧，通常在一分鐘內就可以快速完成作品。

描圖方式：物件組成的畫法

- **作法**：將要設計的物件拆開成許多更小的物件，一次只完成部份(通常是以顏色或物件結構區分)，再不斷運用群組功能將物件進行組合，完成最後作品。
- **注意事項**：建議以欲呈現的顏色來區分物件群組，如此才能在製作速度與品質之間取得平衡。

這類型的物件可以根據實際需求，不斷的增加新的物件以符合所需的情境，甚至也可以深入描繪物件細節讓作品更接近照片品質。因此，產生的作品可以應用在任何文件上，應用層面可以說相當的廣泛。

物件組成的設計

當兩個以上的物件重疊時，如果透視的功力不夠或是在下層的物件所要繪製的部分太多的話，有時候會直接針對所見到的內容直接描繪，這樣的作法雖然速度會比較快，但未來在使用時，所有的物件必須是緊密結合的，一拆開就無法使用，請參考下圖：

物件實用性不高的設計方法

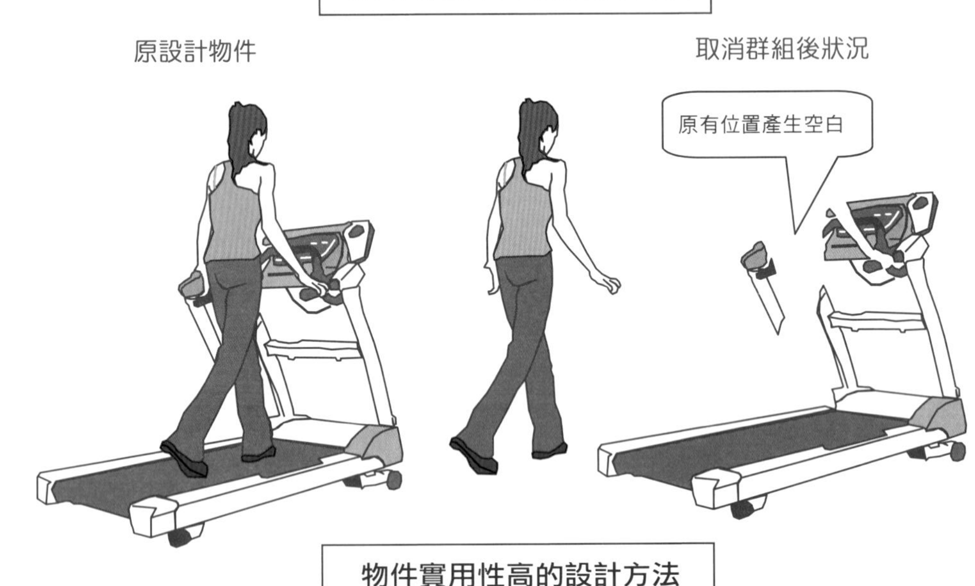

物件實用性高的設計方法

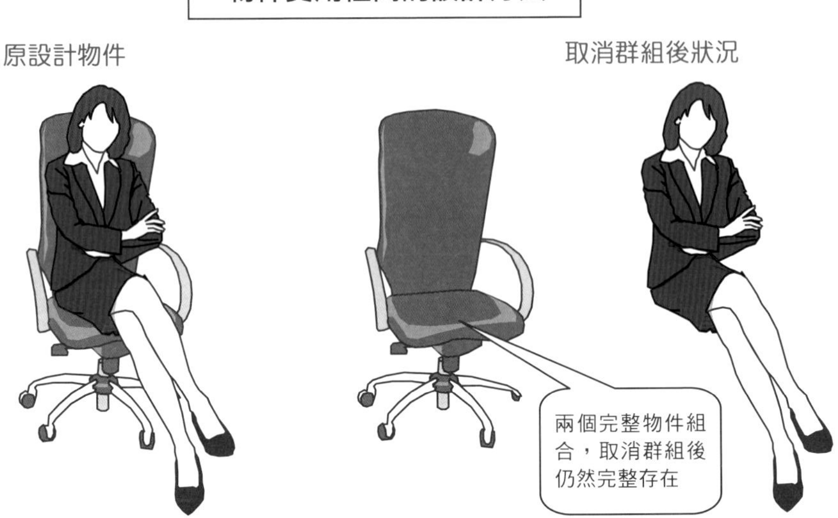

物件的嵌入

原設計物件

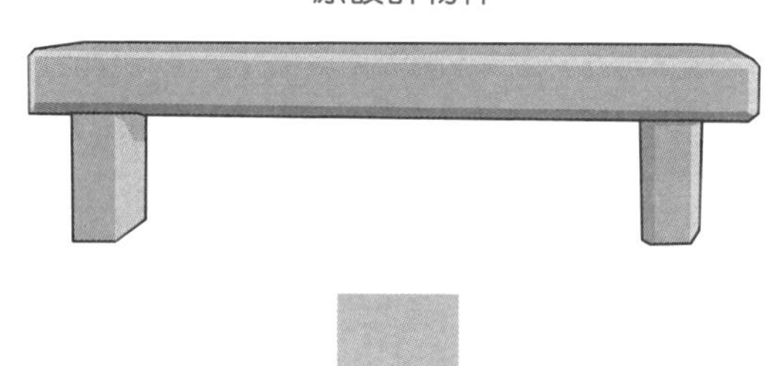

加入新的人物物件

更換人物物件

筆記頁

Part 2 練習篇

本篇歸納出本書常用到的幾種技巧所必要的練習方法，讓讀者在進入實務作品設計時，先熟悉各種操作動作。

- 08 試描練習
- 09 縮放練習
- 10 透視練習
- 11 拉圖練習
- 12 上色練習
- 13 群組練習
- 14 順序練習
- 15 繪圖程序

08 試描練習

接下來開始進入試描練習，讀者可以挑自己喜歡的主題來嘗試，下圖是筆者挑選一般簡報、企劃案常會用到的台灣以及世界地圖圖案來練習，描繪方式說明如下：

1. 點選「快取圖案」，再點選「線條」➔「手繪多邊形」一欄並按下滑鼠。
2. 滑鼠從「I」變成「十」狀態，表示可以開始描繪。
3. 按住 Alt 不放，先挑選任一點，接著沿著欲描繪物件周邊點選，最後回到原點。

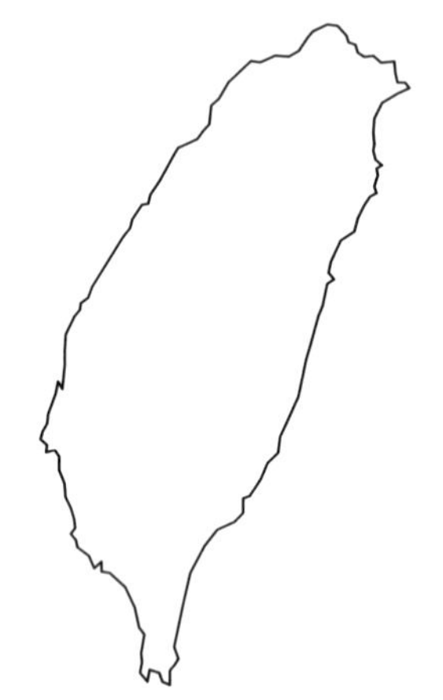

4. 描繪世界地圖時，建議放大顯示比例分區完成，放大步驟請參考 09 縮放練習一節。

人物臨摹練習

人物是任何文件經常用到的基本物件，建議利用平常生活的照片不斷練習，利用工具列的「插入(I)」➔「圖片(P)」➔「從檔案(F)」，出現「插入圖片」對話方框，再點選檔案來源，下圖即為利用生活照進行簡單的物件描繪（半成品）作品。

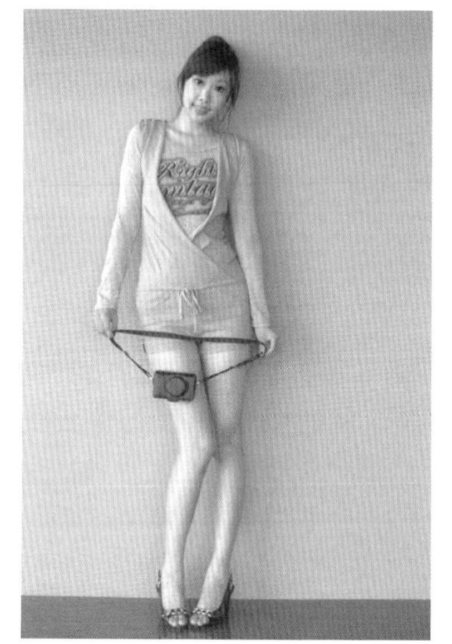

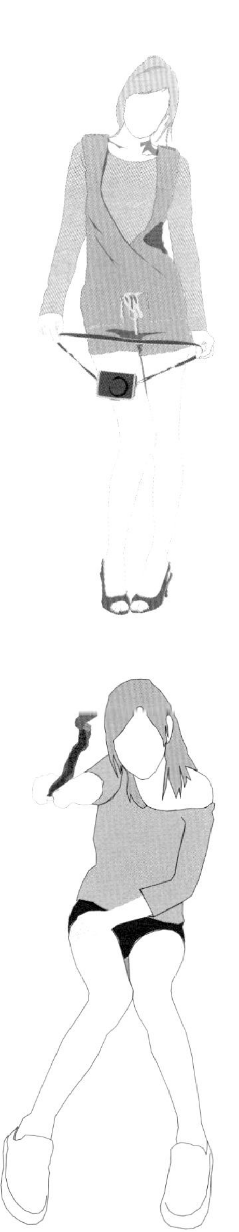

字母與數字怎麼畫？

一般來說，英文字母或數字常會出現在各式各樣的作品中，因此字母與數字的處理技巧顯得相當的重要，雖然有好幾種方式可以完成同樣的物件，但筆者習慣用最少物件或最快速處理的方式完成，以下將舉幾個筆者常用的方法。

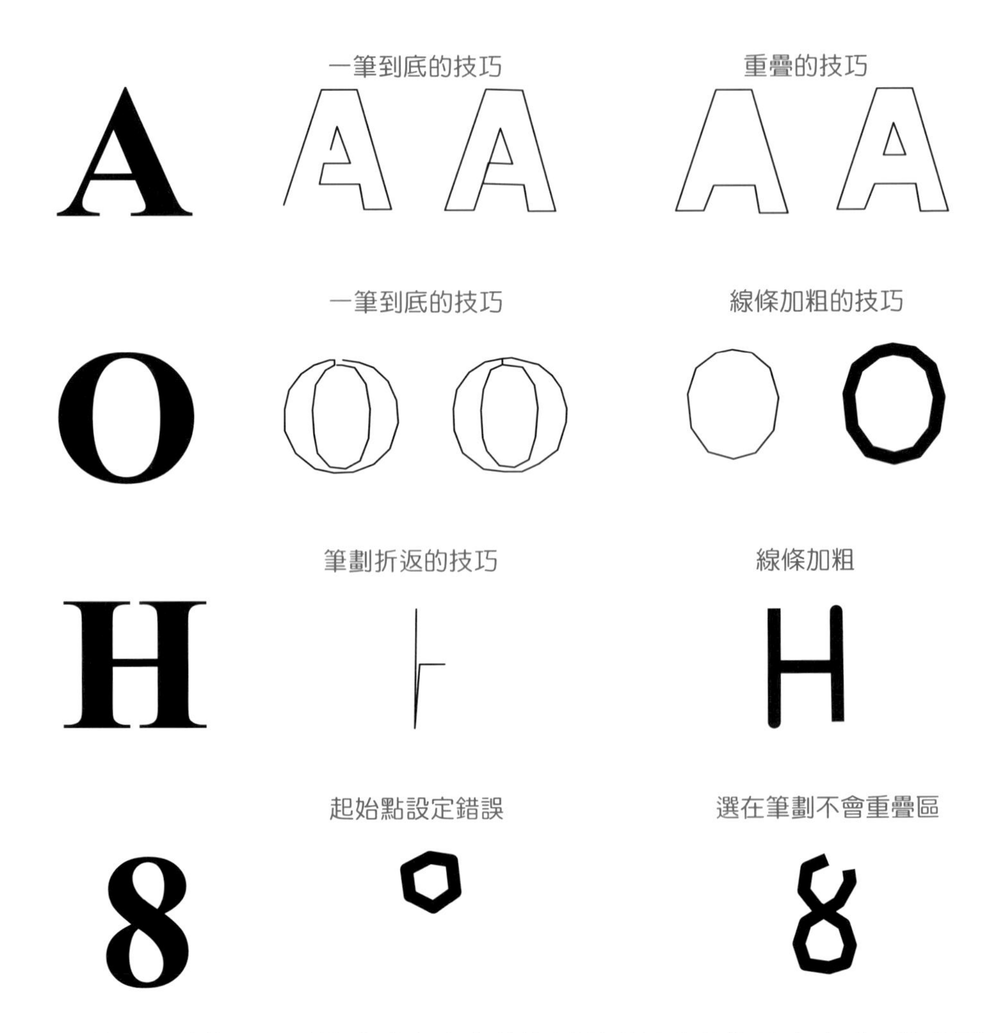

熟練上述技巧可以協助讀者未來的作品用到最少的物件來完成，避免因為群組的物件多，導致個別處理的時間過長問題。

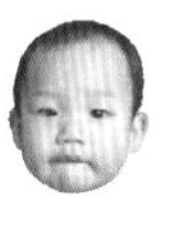

09 縮放練習

縮放的練習主要目的是針對比較細膩的物件在進行處理時，需要不斷的針對物件視窗調整大小，反覆比對原物件的色彩，請參考下圖說明：

到「一般工具列」的「顯示比例」，直接輸入欲調整的數值或是利用下拉式選單直接點選預設放大比例。

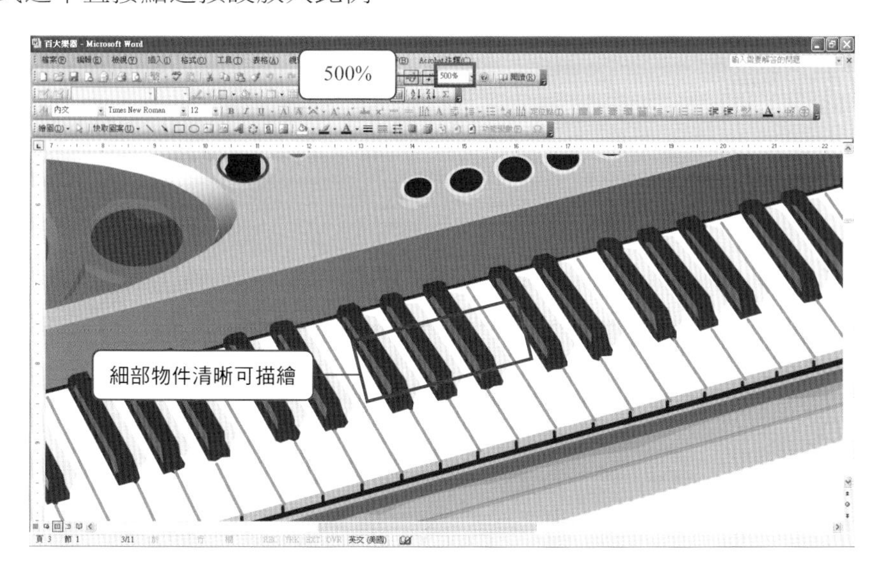

10 透視練習

如果原始圖檔出現缺陷時該怎麼處理？以下圖為例，一旦發生缺角時，筆者會用線條先補上去形狀，然後再重新沿著補上的線條與原始物件進行描繪，等完成描繪後再把原本補圖的線條刪掉。

萬一遇到如下圖被擋住時，一則可以用上圖的方式處理，另外一個方法就是複製旁邊的物件，再調整對應的位置與大小，此技巧後面會有詳細的介紹。

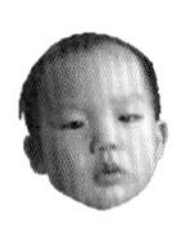

11 拉圖練習

拉圖主要目的是為了對物件進行對稱性的調整，作法是先點選標的物件，接著物件出現被點選狀態的八個白色小圓圈。這時候可以將滑鼠移到其中一個點，會出現雙箭號符號，說明如下：

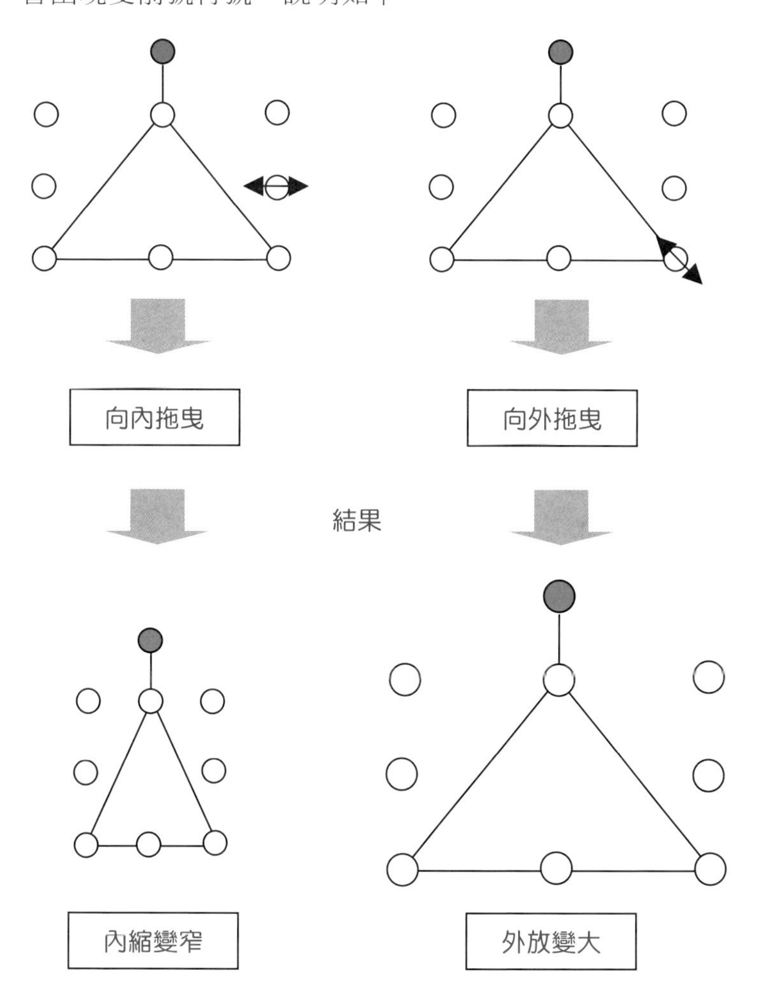

在進行拉圖的動作時，若要等比例放大或縮小請按住 Shift 不放；若要進行微調，則請按住 Alt 不放，再進行拖曳的動作。

筆者在進行特效跟快速設定物件時，經常會使用到對稱但不同方向的物件，這時除了前面雙箭號的拖曳技巧，也可以透過綠色的控制點來旋轉，

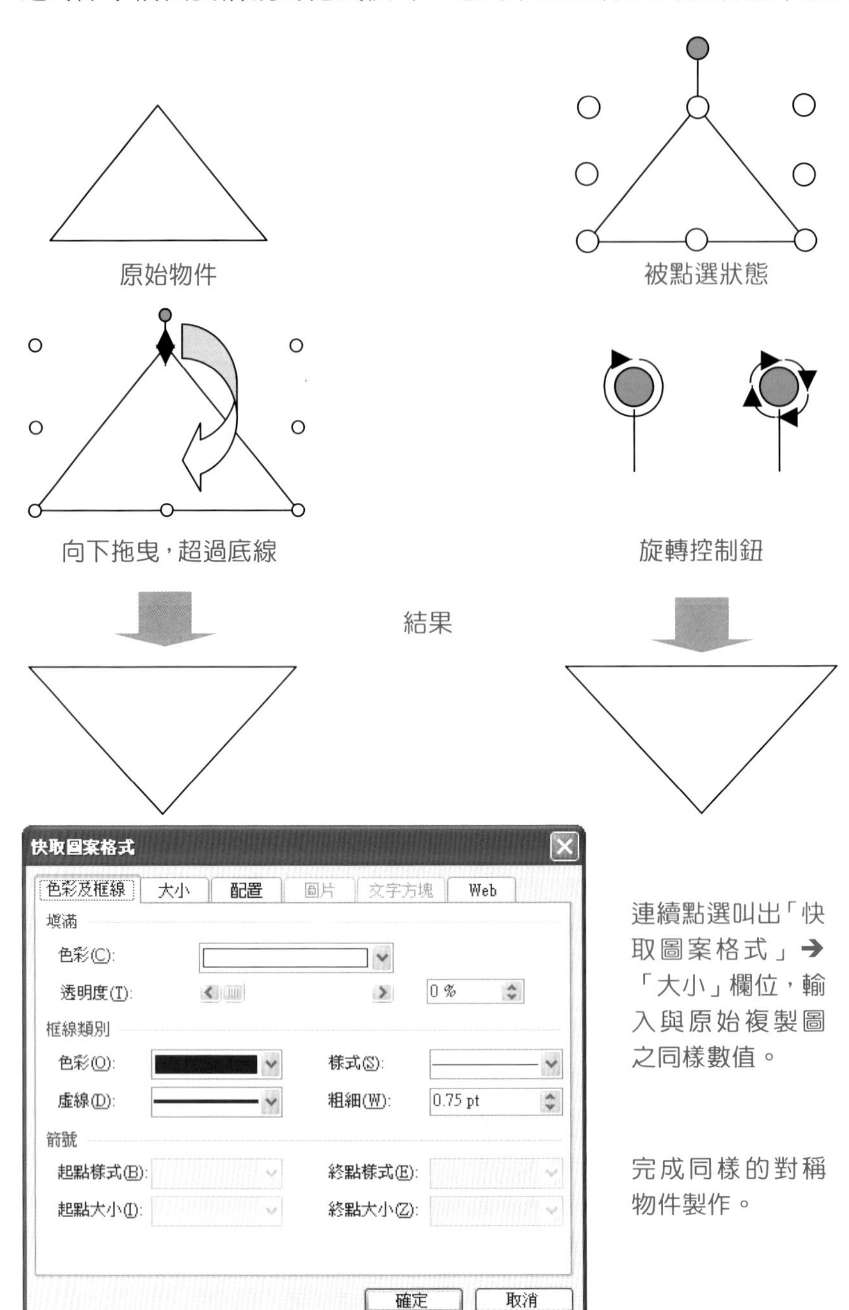

連續點選叫出「快取圖案格式」➔「大小」欄位，輸入與原始複製圖之同樣數值。

完成同樣的對稱物件製作。

12 上色練習

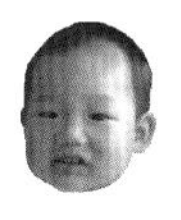

1 上色是繪圖必要的步驟，先使用繪圖工具畫出任一形狀的物件。先到「快取工具列」➔點選「橢圓」➔畫出下圖形狀。

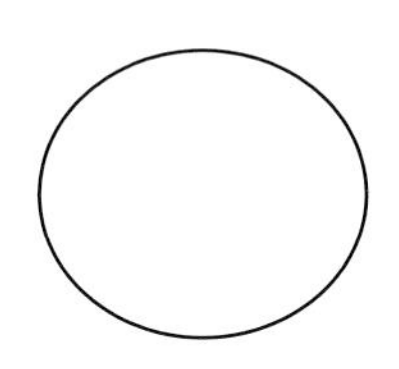

2 接著快速點選兩下物件，此時出現快取圖案格式對話方框。

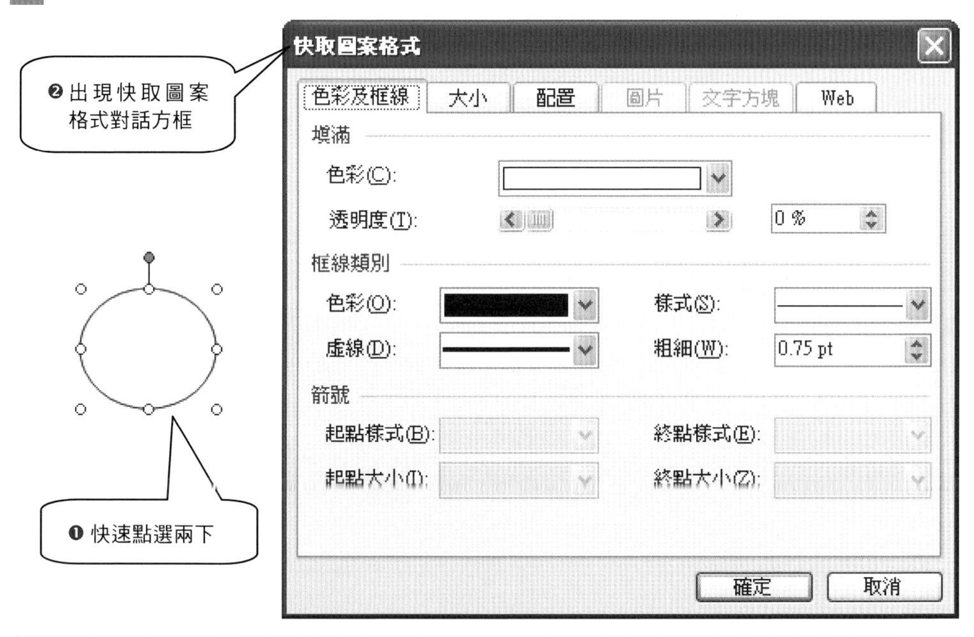

提示

1. 如果是兩個以上的物件群組後，出現的不是「快取圖案格式」對話方框而是「格式化物件」對話方框，此時設定任何屬性都會改變全體物件的屬性，若只針對特定物件改變屬性的話，有另一種方法，請參考「13 群組練習說明」。
2. 不同的設定搭配組合將會產生各種的填色結果，以下操作步驟將提供幾種常用的設定內容給讀者參考。

3 在「填滿」區點選「色彩(C)」出現下拉式選單，此時可以選擇預設的顏色。如果顏色不夠用的話，還可以選擇下方的「其他色彩(M)」或是「填滿效果(F)」，選擇更多的變化。

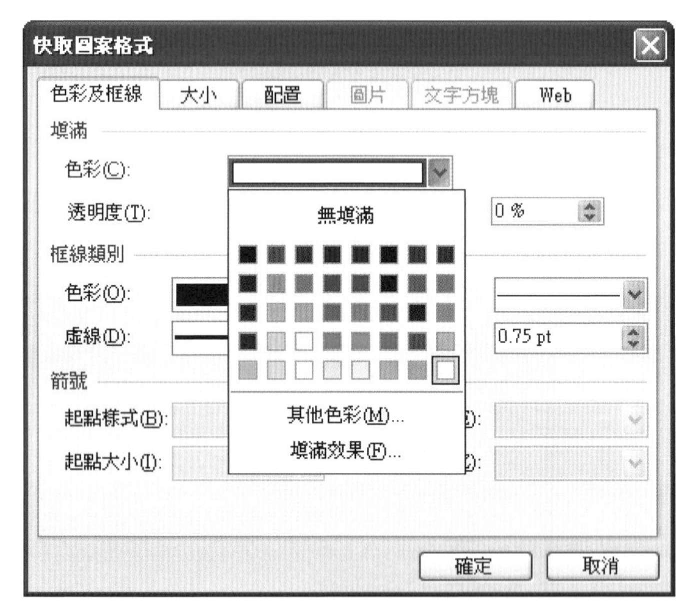

4 點選「其他色彩(M)」後，進入「色彩(C)」對話方框，在「標準」欄位內有更多顏色的選擇，若顏色還是不夠用，請點選右邊的「自訂」欄位。

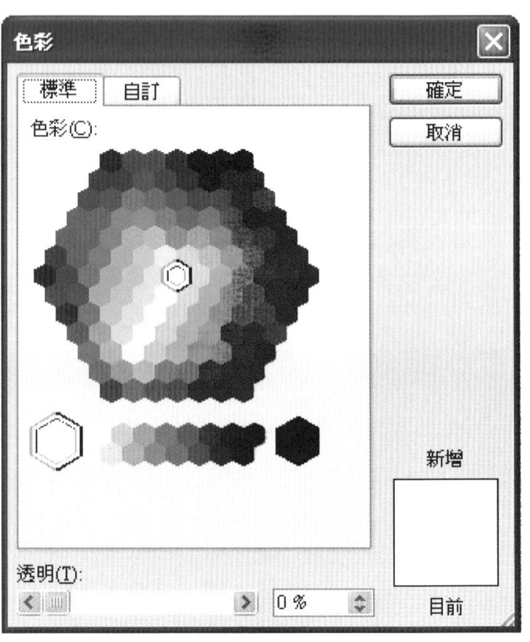

5 在「自訂」欄位內就有各種漸層顏色可以選擇，另外在右邊的漸層捲軸也可以針對選定的顏色再調整明暗。

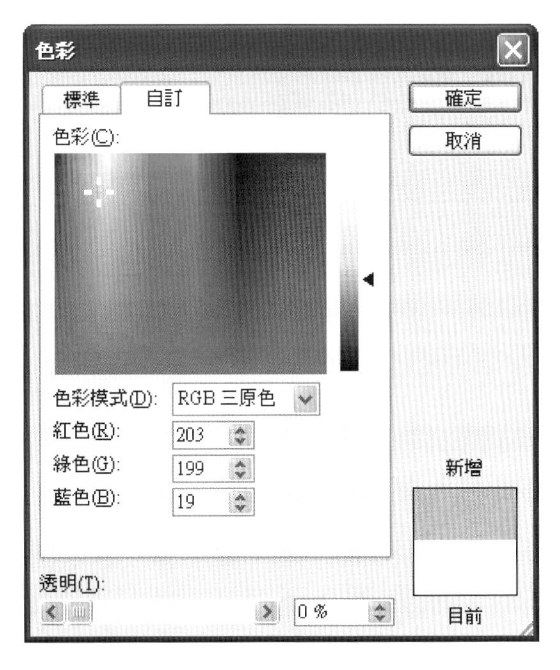

6 若是一開始點選的是「填滿效果(F)」，這時出現的就是右圖的對話方框，根據筆者經驗，只會用到漸層欄位的功能。

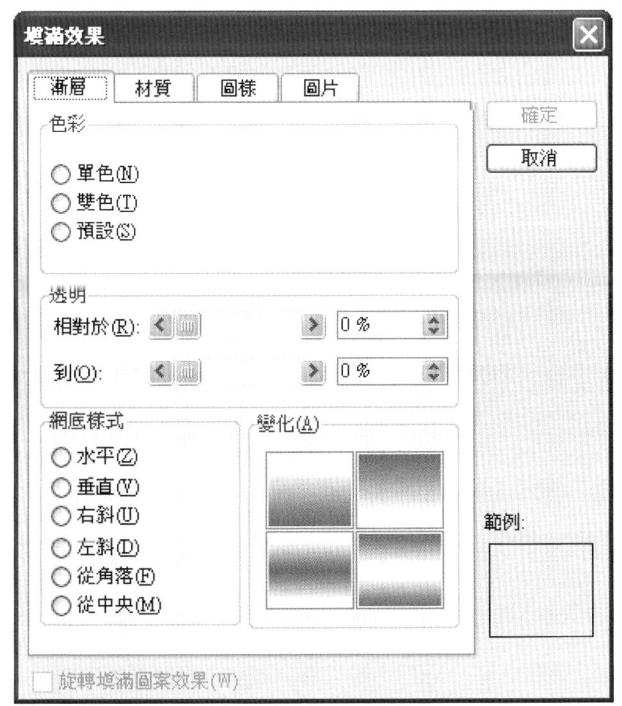

13 群組練習

群組設定是每一個擬真的作品必要的動作，但不同群組的設定順序會影響到最終作品的製作速度、擬真程度，以及未來重覆使用的作品彈性。一般物件在分離狀態時進行群組動作並不會發現有任何不同，然而當物件在重疊的狀態下去進行群組的話，過程中一旦點選群組動作錯誤，就會造成所完成設定的物件不如預期一般，以下就舉兩個例子來說明：

分離物件的群組

請到快取圖案任選五個圖案進行群組，首先，先按住 Shift 鍵不放，接著再逐一點選物件。讀者可以選擇在最後一個時直接按下右鍵叫出群組對話方框，或是全部點選完畢後任選其中一個按下右鍵，效果一樣。

1 點選快取圖案任選五個圖案。

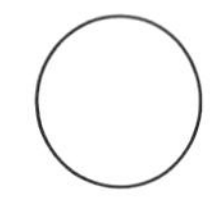  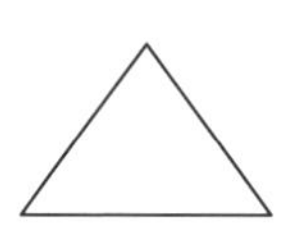 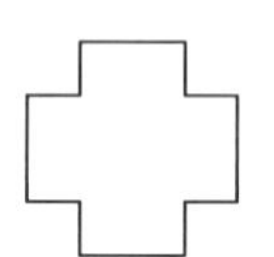 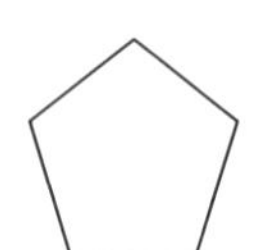

2 先按住 Shift 鍵不放，逐一點選物件。

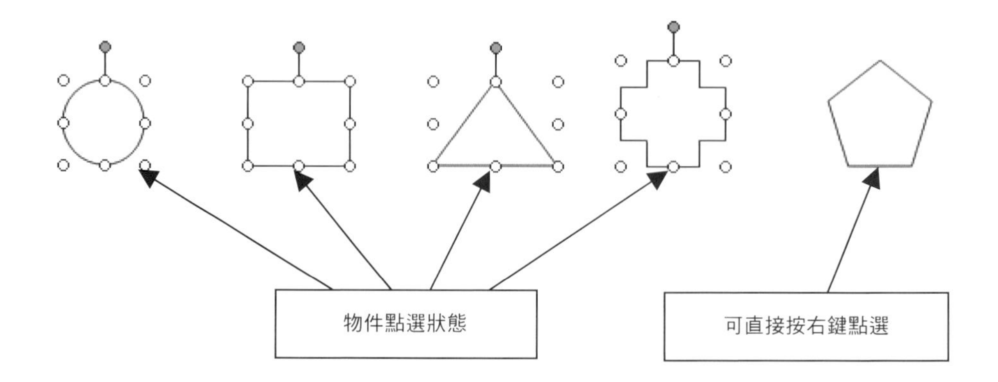

3 按右鍵出現群組對話方框，點選「群組物件(G)」➔「群組(G)」。

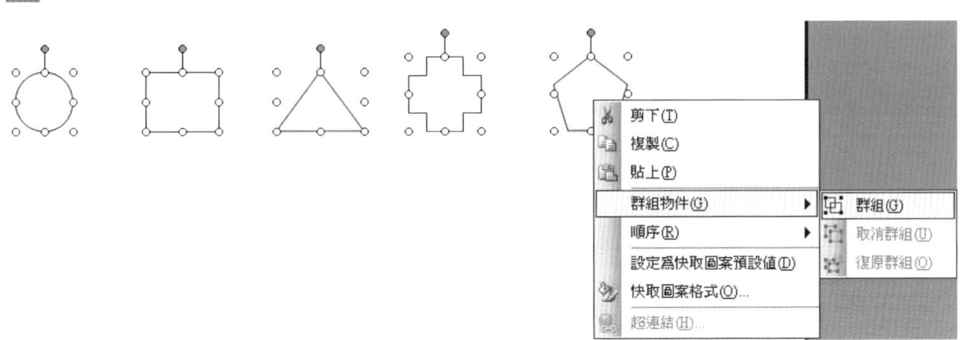

重疊物件的群組

有些複雜的作品可能是數十層物件交互層層疊疊，按照順序的進行群組才能完成預設的作品。但根據筆者經驗，通常物件太多時會忘記了周邊物件的先後順序，理論上愈後面出現的物件會出現在上層，但有些物件並不見得容易被分辨出來，以下圖為例，❷(藍)跟❶(灰)重疊，如果❶是在上層(後面建立的物件)的話，理論上❶會蓋掉❷，但❸(粉紅)、❹(綠)、❺(金黃)因為未重疊，所以很難判定究竟哪一個是在最上層；同樣的❷跟❺因為也未重疊，所以也很難界定兩者的順序關係。萬一在群組過程中發生錯誤時怎麼處理呢？筆者建議最好養成使用 Ctrl + Z 鍵的習慣，一旦發生錯誤可以快速復原群組順序。

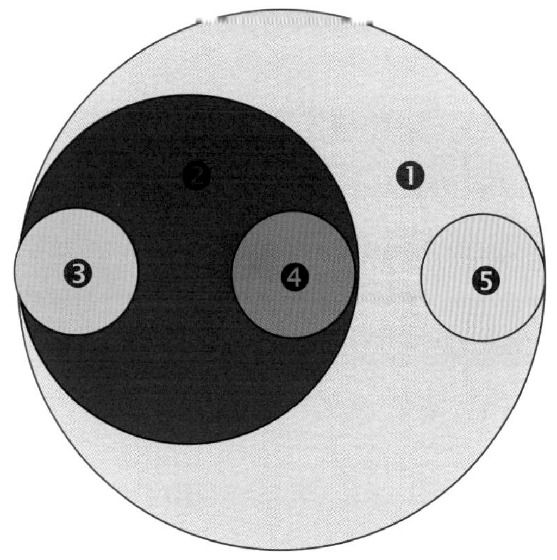

群組的物件點選

根據筆者經驗，養成每完成一部分的設計時隨時進行群組的動作是比較保險的作法，因為完成群組後仍然可以針對個別的物件進行屬性的設定，方法如下：

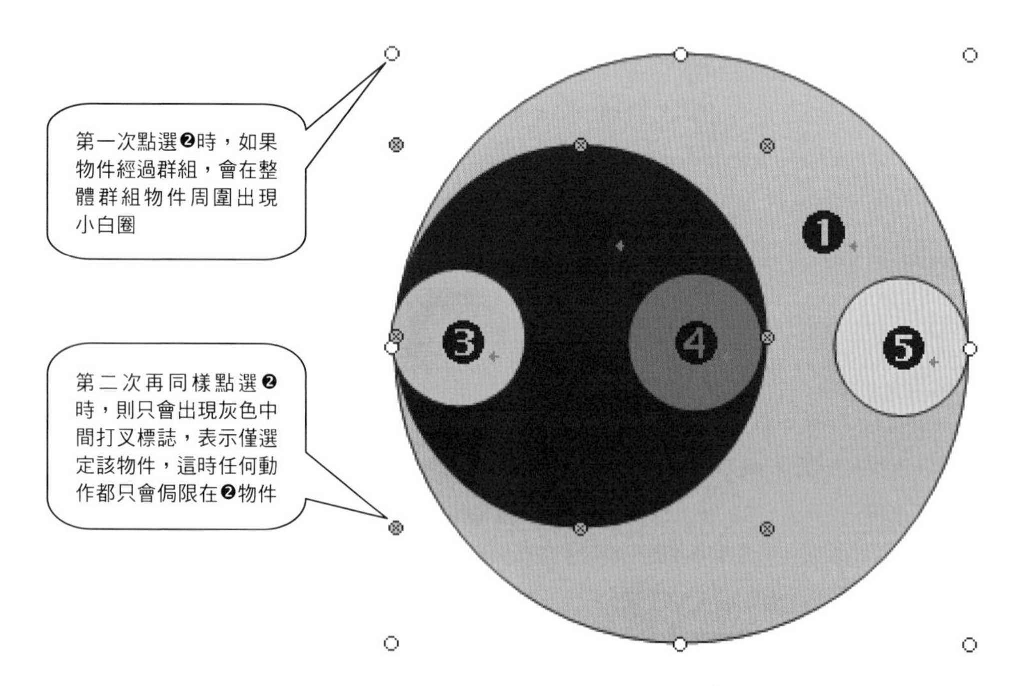

14 順序練習

調整物件順序很簡單，首先點選要調整的物件，出現如左下圖八個小白圈點選狀態，接著按下滑鼠右鍵，出現右下圖設定方框。

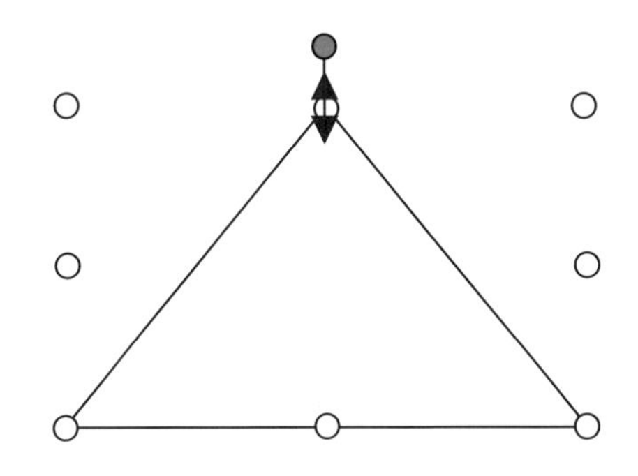

以下以群組方式來說明物件間的順序關係，首先可以點選綠色跟灰色，按下右鍵：

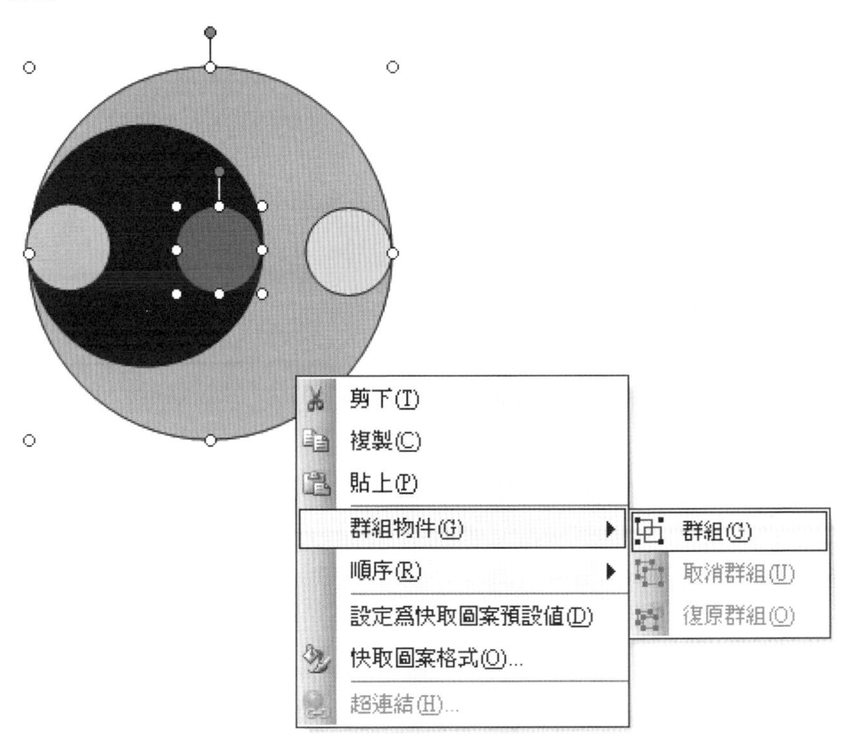

出現下圖結果，❸ (粉紅)跟❷(藍)色的圈圈被掩蓋掉，代表兩者的順序是在❹(綠)色之前，但❺ (金黃)色卻是在❹(綠)色之後，才會被保留住。

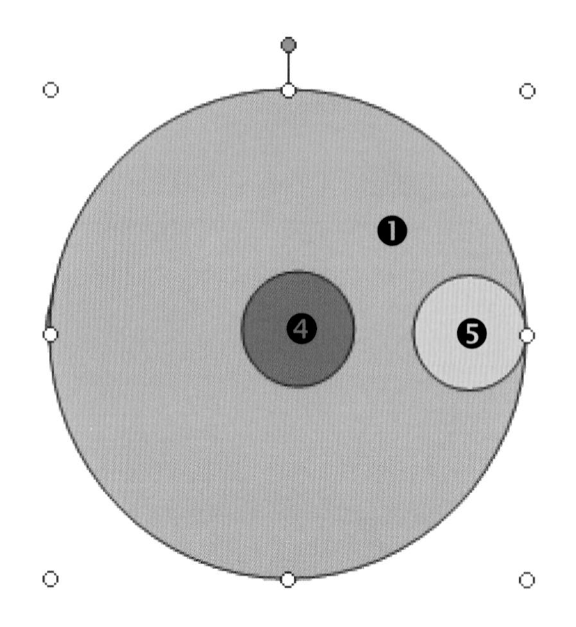

下圖試著點選❷(藍)色、❸(粉紅)、❺(金黃)色，並且按右鍵進行群組的動作。

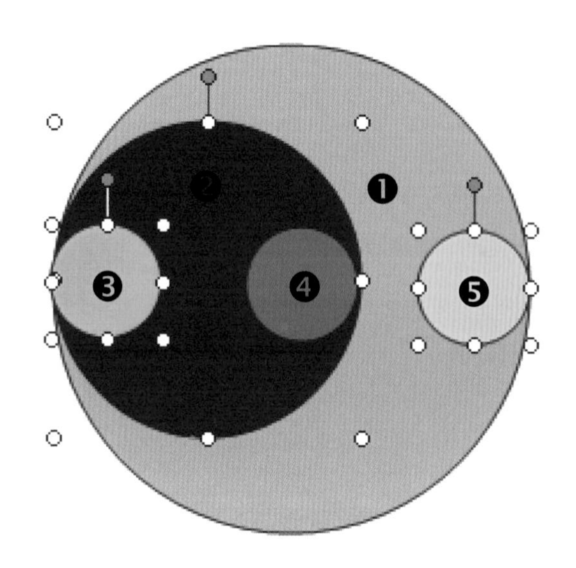

結果❹(綠)色不見了但是❶(灰)重疊，代表❶(灰)在最下層，消失的❹(綠)色有可能介於❷(藍)色、❸(粉紅)、❺(金黃)色之間，依此類推去找出物件的順序。

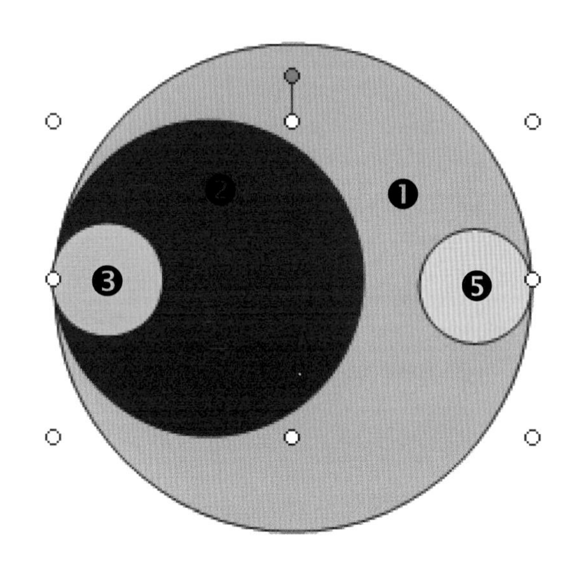

順序觀念的建立是完成複雜物件必備的技巧，如果沒摸熟，讀者會經常遇到解開物件群組的情況，否則會很難完成最終作品。綜合以上練習說明，希望讀者已經建立本書技巧的基本概念。

15 畫圖程序

本篇最後提供筆者整理過去完成物件描繪時常用的標準作業程序提供讀者參考：

擬真繪圖 S.O.P.

確認目的及需求	不同的使用目的會影響完成物件作品的速度，首先需確定作品的使用目的再決定設計作品的品質
搜尋適合影像	建議讀者養成自拍的習慣，針對工作或有興趣之物件養成習慣並且培養取鏡的功力
構圖	構圖是針對設計物件先存有一套快速設計的想法，避免畫到一半需重新製作的麻煩
描繪物件	本書繪圖技巧的基本功，建議讀者勤練習
著色	著色的技巧關係到物件擬真的程度，需搭配透明度設定使用，建議讀者勤練習
群組	好的群組定義與習慣會影響完成作品未來的重覆使用性，建議讀者養成正確群組的習慣
調整順序	針對處理的物件數量多時，順序的技巧會決定作品的成敗
縮放細部處理	縮放技巧同樣關係到物件擬真的程度，尤其針對解析度要求高的作品需重覆使用本技巧才能完成
完成作品	了解擬真繪圖的標準作業程序後，準備開始大展身手吧！

Part 3 基本篇

本篇將用幾款設計案例來說明擬真物件快速製作方式，對象包括電器用品、運動用品、飲料、電動刮鬍刀，筆者儘量以操作畫面提示來說明，但由於愈擬真的作品組成物件愈多，尤其是愈逼真的作品它的組成物件通常超過數百個，若一一進行每一項操作步驟的詳細解說的話，恐怕本書只能介紹一到兩個範例而已。因此，在重複操作步驟的部份或是在別的章節會提到的部份，筆者會略過不述，關於這部份請讀者有耐心地詳細閱讀每一章或是充份發揮聯想力與多包涵。

16 電鍋

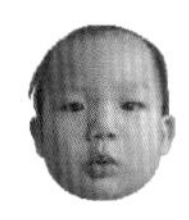

設計難度：★★★☆☆

擬真程度：70%

製作時間：約 1 小時

設計重點

1. 漸層效果
2. 金屬質感

Step_01 首先先插入一張要設計的圖檔(電鍋檔名：0005-21)

說明

本步驟為一般進行擬真繪圖時的基本步驟，除非讀者有自行描繪創作的能力，否則都需要進行插入圖檔的動作。

1 選擇「插入(I)」➔「圖片(P)」。

2 再選擇「從檔案(F)」並按下滑鼠。

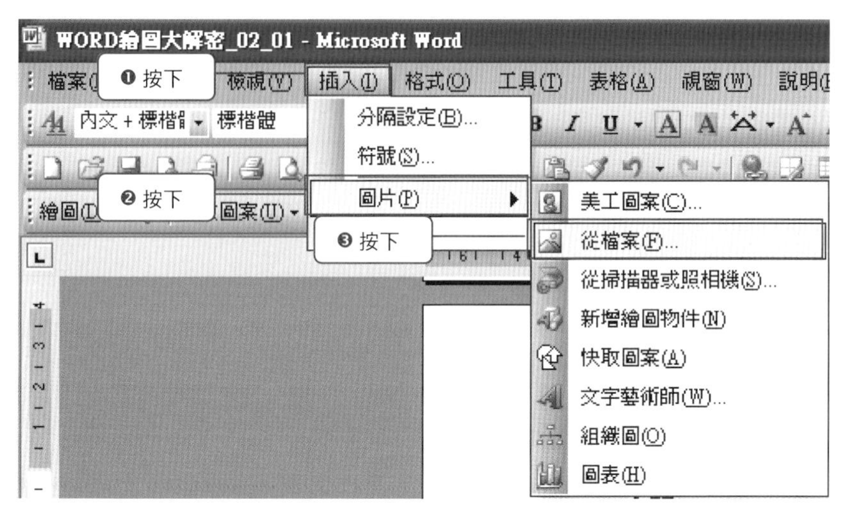

3 出現「插入圖片」對話方框，選擇圖檔來源，按下 插入 鈕。

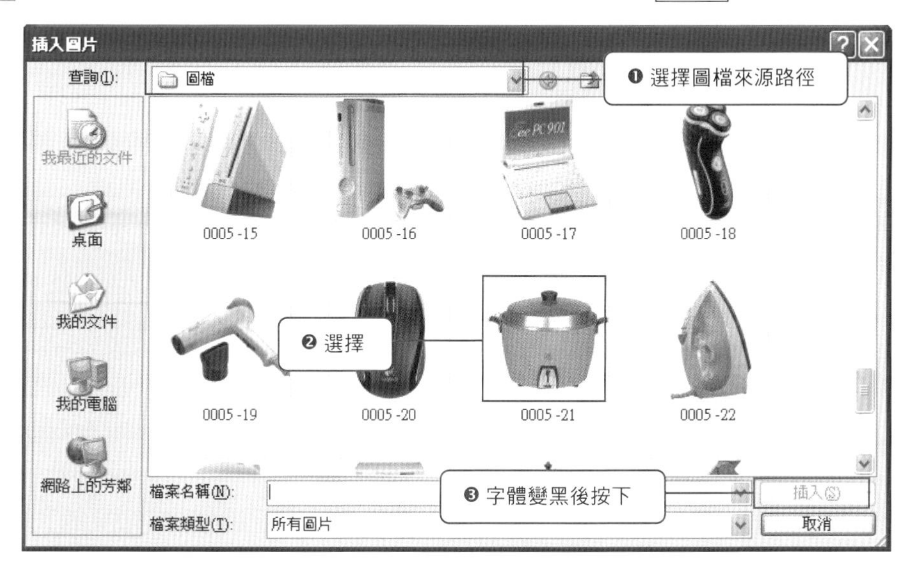

4 完成 Step_01。

Step_02 改變插入物件(0005-21)屬性

說明

把圖片屬性設定成「文字在後(F)」目的主要是在進行繪圖時，如果是原來的「與文字排列(I)」狀態時，描繪圖片容易跑掉，為了避免這種情況，建議進行屬性設定。

1. 點選插入圖片，將滑鼠移至圖片上方並按下右鍵，此時出現下圖選擇方框。
2. 選擇「設定圖片格式(I)」一欄並按下滑鼠。

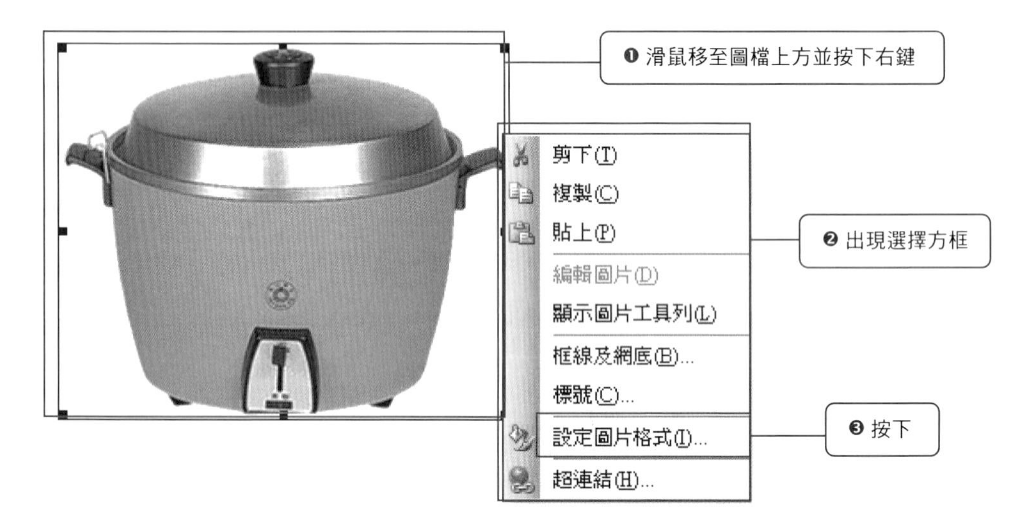

3. 當按下滑鼠後會出現「設定圖片格式」對話方框。
4. 在「配置」欄位內，將「文繞圖的方式」內點選「文字在後(F)」，按下確定。

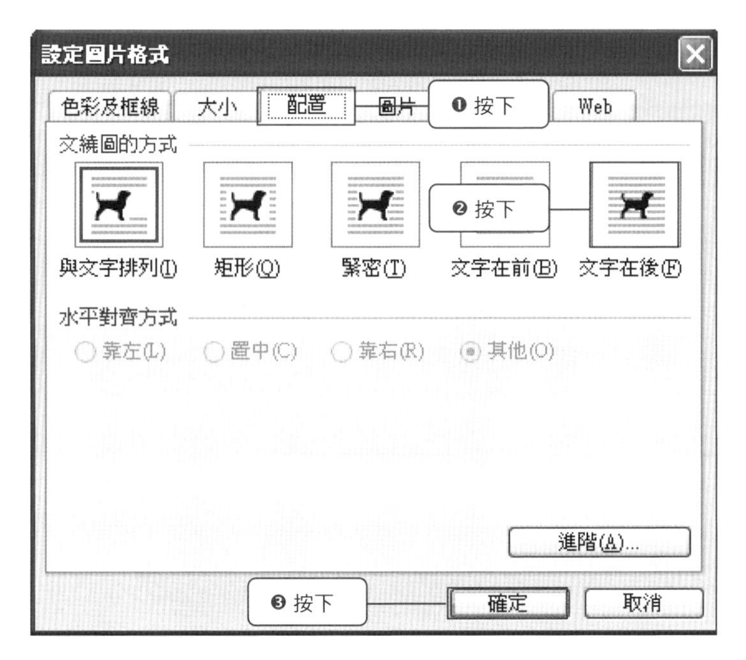

5 完成 Step_02。

Step_03 確定物件繪圖順序以及群組關係

說明

這個步驟並不需要實際用電腦操作，而是出現在讀者腦海的自我構圖。利用這個步驟，將使得描繪工作更加有效率且不至於出現太誇張的錯誤導致重來。以下是根據筆者經驗，提供讀者參考。首先，建議會將電鍋分成三個部份來處理，包括鍋蓋、鍋耳朵以及鍋體。

一般而言，定義好的群組可以讓物件可重複使用的程度增加，例如要做成把鍋蓋掀起來的效果或是要快速改變鍋身的顏色...等，這些都必須透過正確的群組設定才能完成。而物件的順序關係則會影響繪圖的效率，例如要呈現金屬光影或材質變化的物件，若是出現在塑膠配件或是 logo 上方，不但要編輯後面較小的塑膠配件與 logo 時相當麻煩，必須不斷的調整順序關係，而且無法精準呈現原先物件表面的效果。

4 完成 Step_03。

Step_04 依照設定群組的物件開始描繪物件線條

1 將物件調整至最適大小(本案例設定顯示比例為 240%)，各物件依不同解析度插入時會呈現大小不一的圖案，需視個別調整顯示比例。

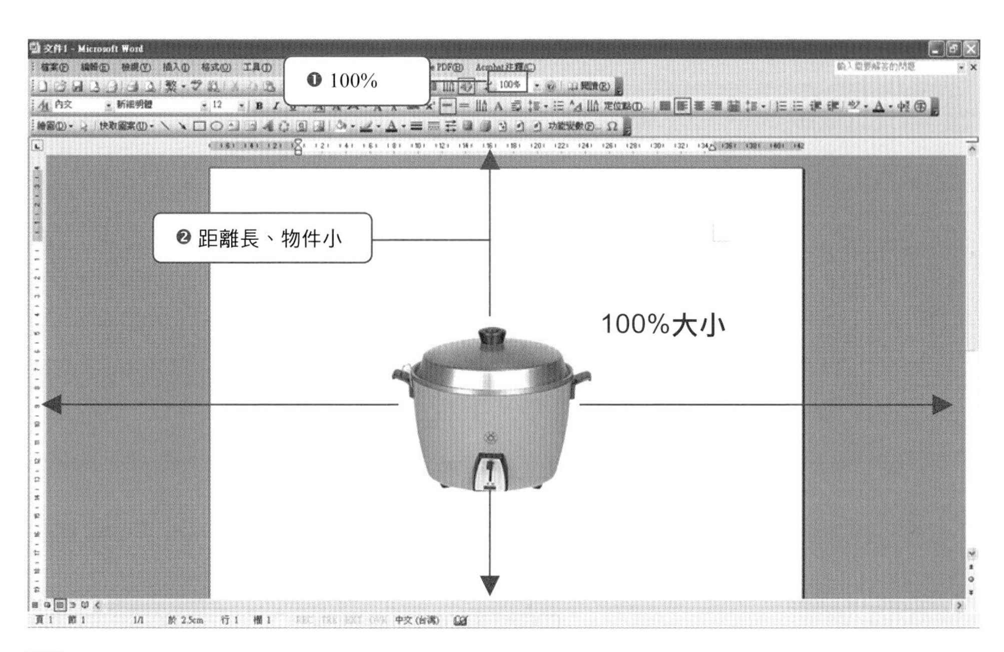

2 正常情況下物件不會恰巧擺在正中間，因此要調整物件至中央位置，作法是移動上下、左右捲軸，處理細部物件時也適用這個方法。

3 到工具列點選「快取圖案(U)」，再點選「線條(L)」。

4 選擇「手繪多邊形」一欄並按下滑鼠。

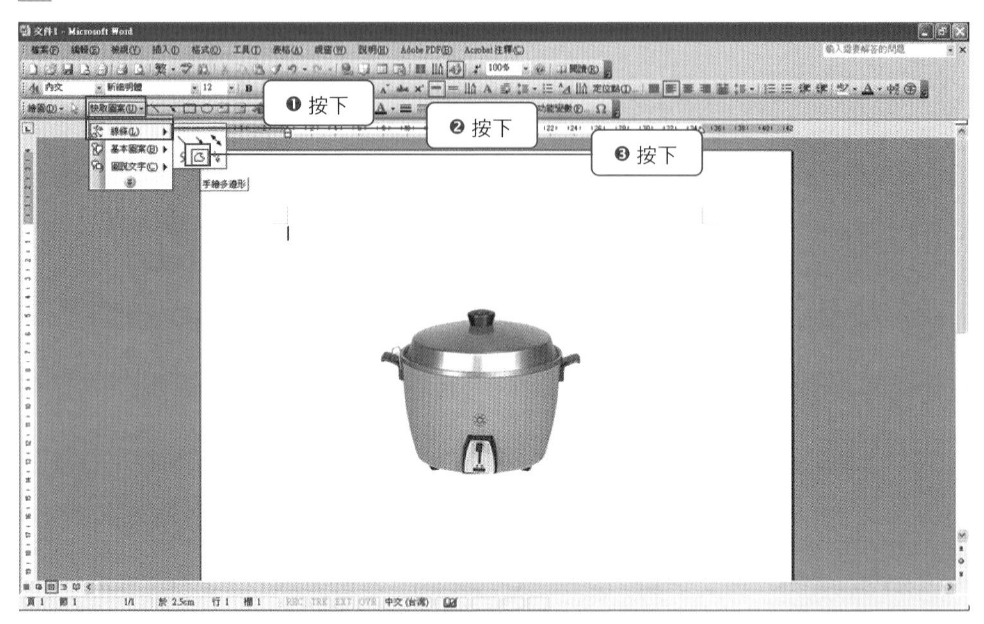

5 此時滑鼠從「I」變成「十」狀態，同時會出現「請在此繪圖。」字樣。

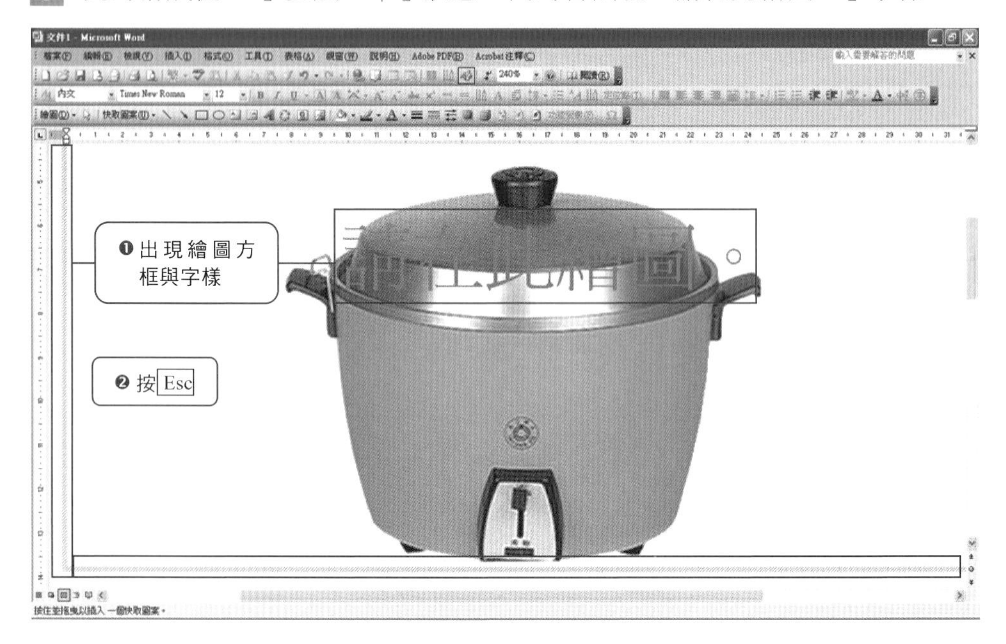

說明

當出現繪圖方框時會影響物件的描繪動作，因此要進行消除動作。這時可採取兩種方式，第一個方法是直接按左上方的「Esc」按鍵，它會直接消除繪圖方框但有可能物件位置會跑掉，此時需要再重新調整捲軸。第二個方法就是在點選「快取圖案(U)」的「手繪多邊形」之前，事先用滑鼠點選繪圖物件，出現如下圖物件點選狀態後再去操作「手繪多邊形」功能也可避免。

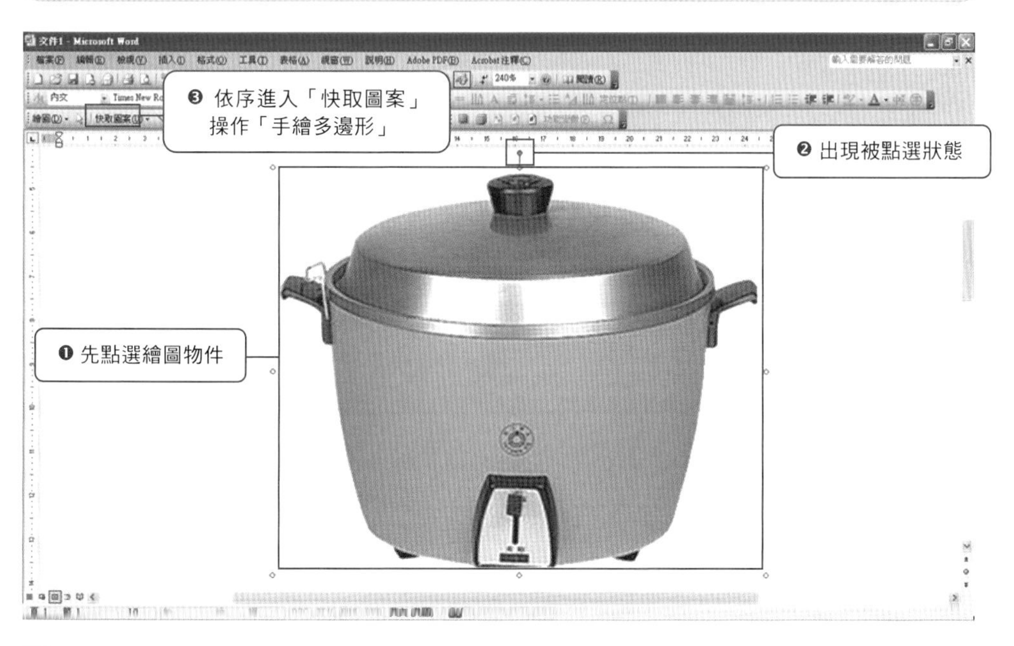

6 將呈現「十」狀態的滑鼠指標移要編輯物件線條的起點，按下 Alt 鍵不放，沿著欲描繪的物件沿途按下滑鼠左鍵確定。

7 回到起始點處按下滑鼠左鍵，出現線條內被白底覆蓋的新物件。

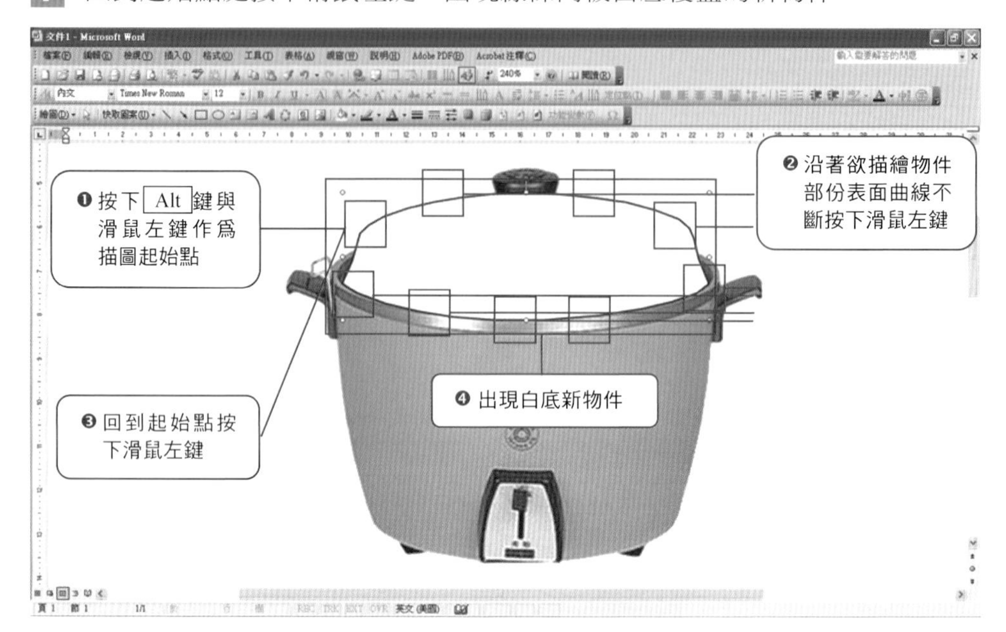

說明

1. 若最後一下未正確連結到起始點，則新的物件中間不會自動出現預設的填滿色，而只會出現先前描繪的線條而已。
2. 萬一沒完成物件的連結，則不會出現如下圖中間被白底覆蓋，而是透明中空的線條現象，這時候必須再重新進行一次描線的步驟。

8 依照上述描繪物件步驟逐一將各基本物件完成繪圖動作，下圖為了能夠清楚說明，筆者去除中間的填色只保留黑色線條。

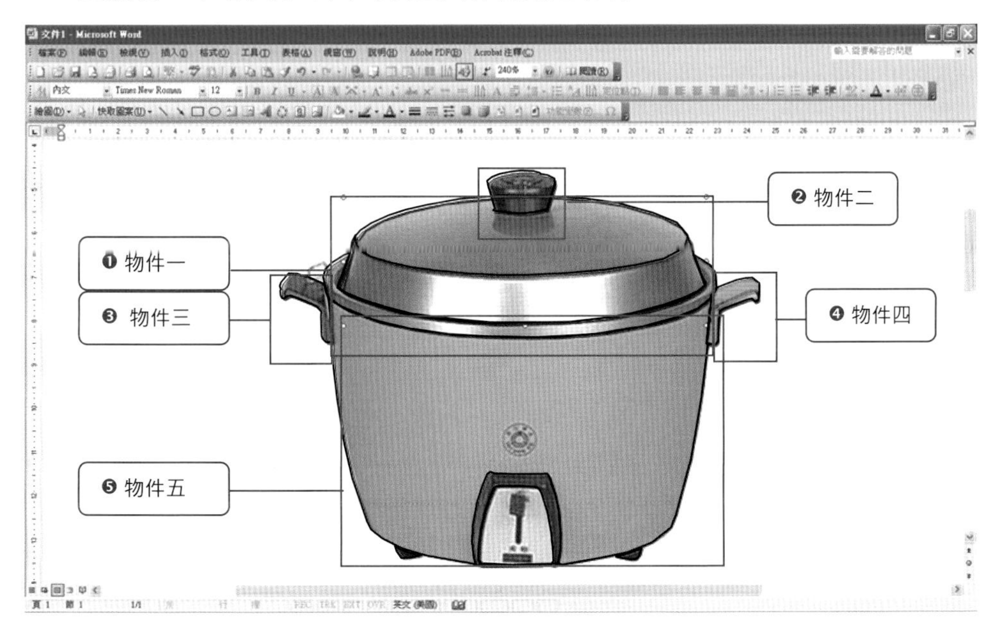

9 完成 Step_04。

Step_05 注意物件順序關係(例如塑膠蓋頭要在金屬面上方)

說明

萬一物件設定的順序不對，必須及時更正，否則當累積相當數量的物件重疊時，後續進行群組設定時會相當麻煩。處理步驟請遵照以下操作提示：

1. 點選欲排序的物件，按下滑鼠右鍵，出現選擇方框。
2. 選擇「順序(R)」➔「提到最上層(T)」將塑膠蓋頭拉到最上面。

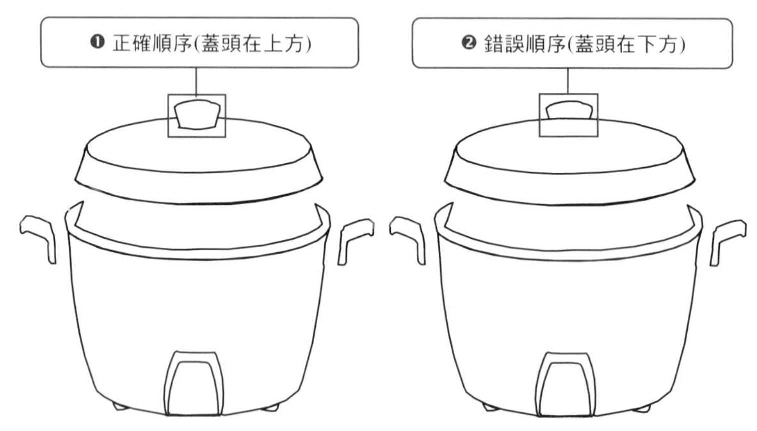

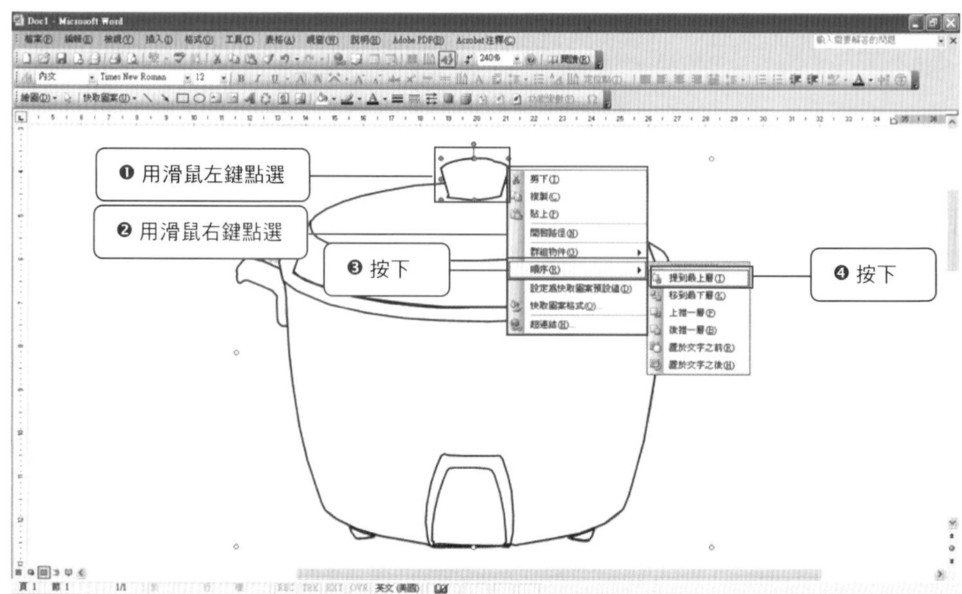

3 完成 Step_05。

Step_06 完成群組設定

1 首先用滑鼠點選要群組的物件其中一個。

2 接著請用空下來的手按住 Shift 鍵。

3 再陸續點選其他欲群組的物件，這時各物件出現被點選狀態。

4 最後按下滑鼠右鍵選擇，出現選擇方框。

5 選擇「群組物件(G)」➔「群組(G)」完成設定。

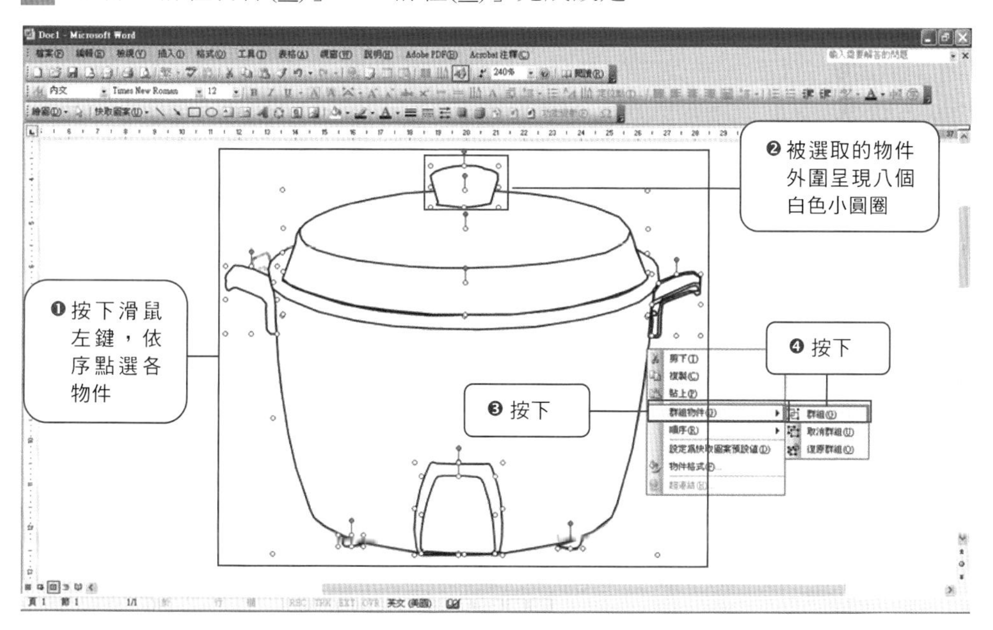

6 完成 Step_06。

說明

物件線條可依據讀者習慣設定，組成後的效果都一樣。右下圖是為了說明物件群組關係才分開物件，讀者實際繪圖時請依左下圖緊密物件。

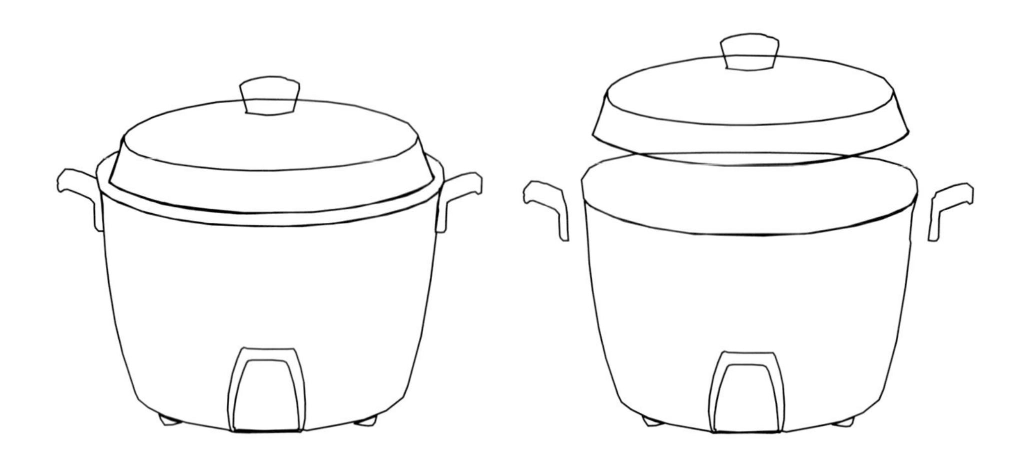

Step_07 對主物件開始進行基本的著色

1 用滑鼠點選一下欲著色的物件(例如鍋蓋上方金屬面)，由於物件已經進行群組，因此會出現右圖整個電子鍋被選取的狀態(外圍八個白色小圓圈)。

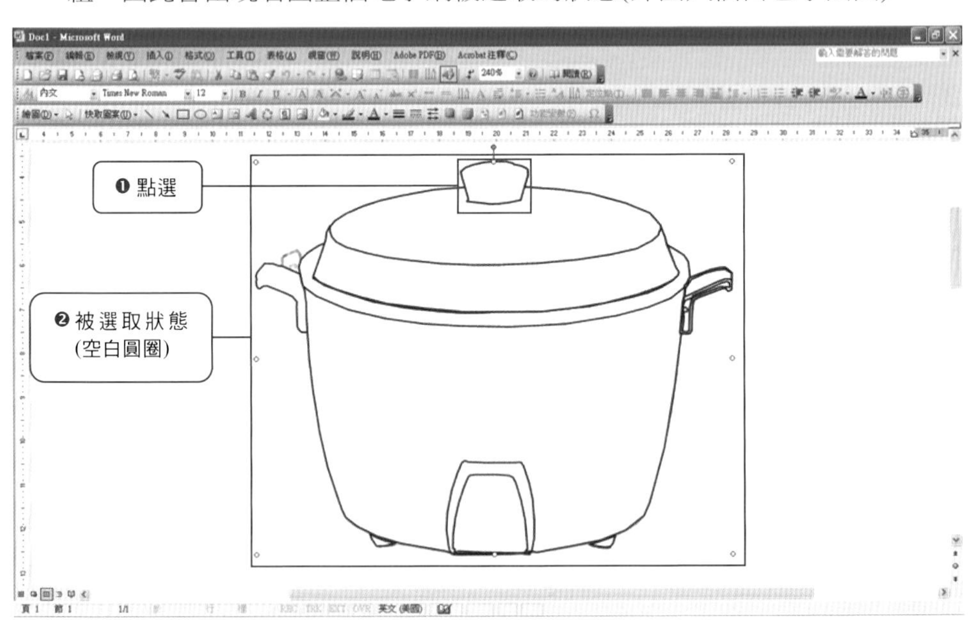

2 對著標的(鍋蓋上方金屬面)用滑鼠再點選一下，接著會在內圍出現八個灰色打叉的小圓圈。

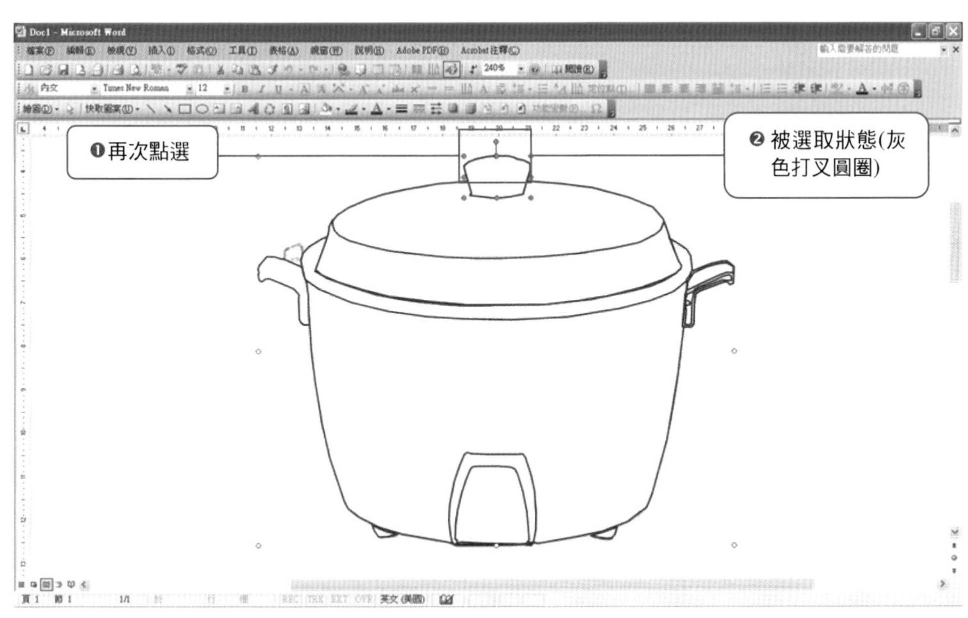

3 第三次對著標的(鍋蓋上方金屬面)用滑鼠快速點選兩下，此時出現格式化物件的對話方框，開始進行物件屬性設定(著色)。

4 用滑鼠左鍵點選「色彩及框線」一欄，出現「填滿」、「框線類別」、「箭號」等設定選項。

5 選擇「填滿」➔「色彩(C)」下拉式選單，點選黑色。

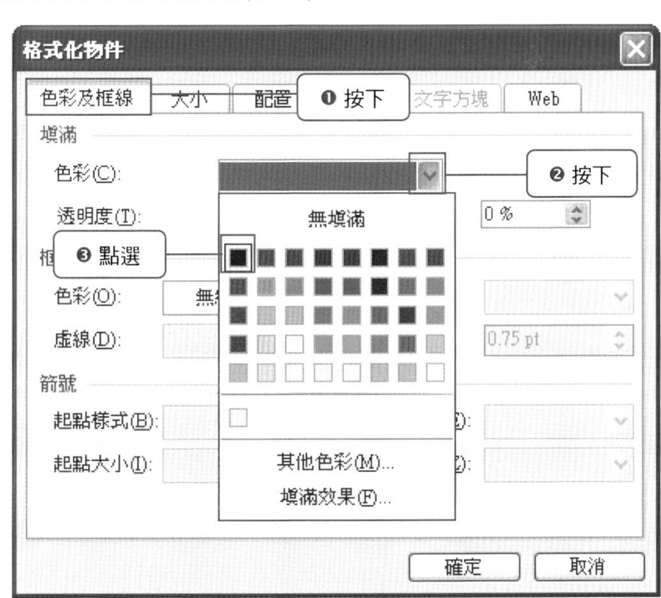

6 先不要急著按下確定，再選擇「框線類別」➔「色彩(O)」。

7 選擇最上面的「無線條」，然後按下確定。

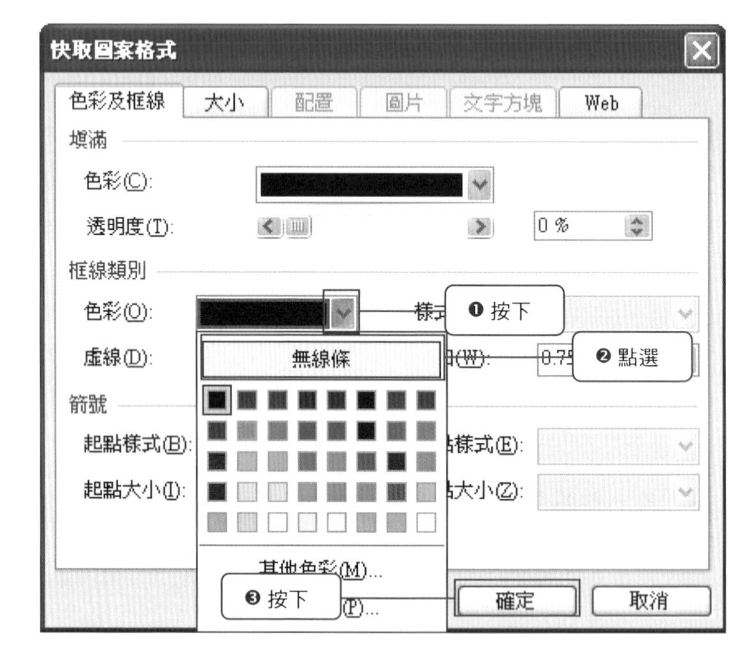

說明

通常物件線條的設定筆者強烈建議設成「無線條」，主要是因為線條無法像「填滿」一樣設定透明效果。尤其是大部分的表面材質效果都是透過設定各種透明度來達到，因此，一旦設定線條顏色時，處理起來會相當麻煩，甚至要重新再設計一次。

8 陸續完成單色物件以及漸層的物件(例如鍋身上方金屬條)的顏色設定。

9 依照步驟六方式點選鍋身上方金屬條，設定漸層屬性。

10 同樣進入「快取圖案格式」對話方框裡選擇「色彩及框線」欄位。

11 在「填滿」➔「色彩(C)」選擇「填滿效果(F)」，出現填滿效果對話方框。

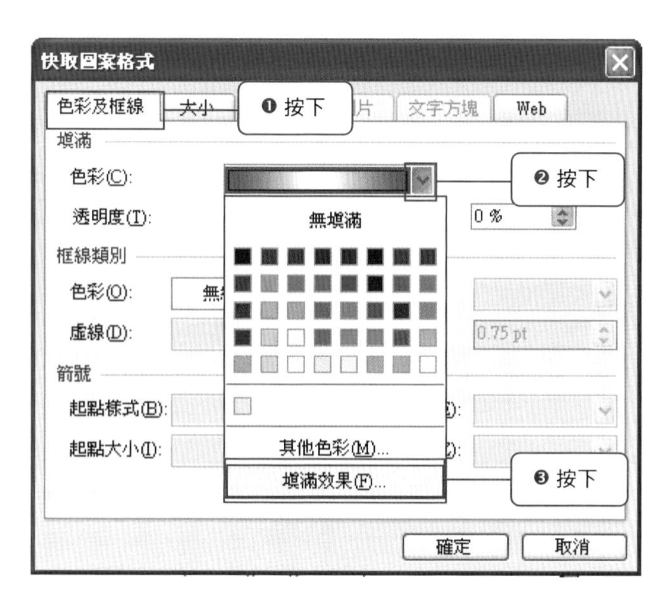

12 先點選「漸層」欄位，然後在「色彩(C)」部份選擇「雙色(T)」，色彩分別點選白色與灰色。

13 另外在「網底樣式」部份，選擇「垂直(V)」並在「變化(A)」四個圖案選項中點選右下角範例物件圖示，按下確定。

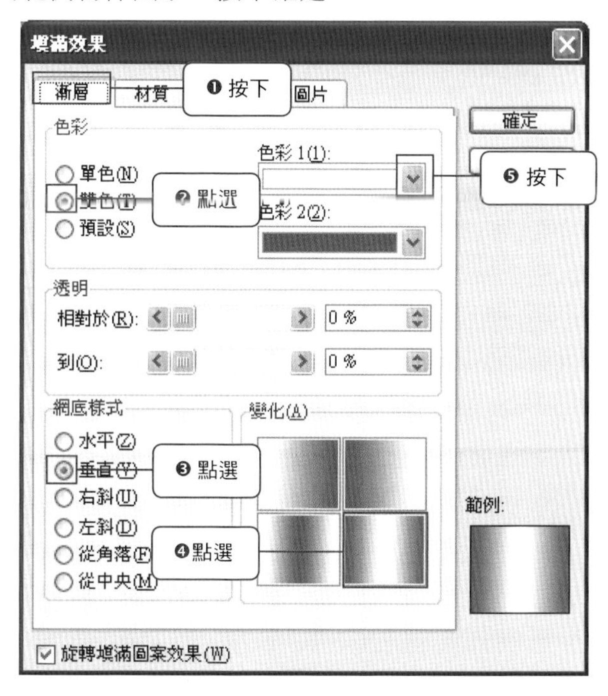

14 分別在「色彩 1(1)」以及「色彩 2(2)」下拉式欄位中，選擇白色與灰色。

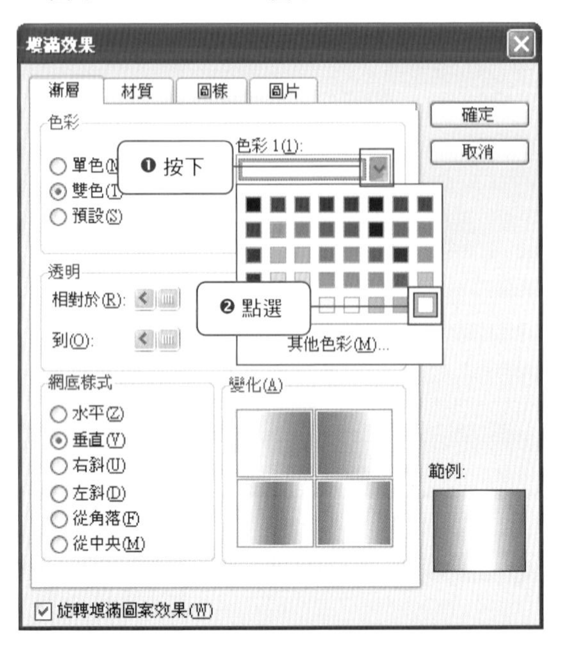

15 「色彩 2(2)」的灰色部分，如果對照畫面內原始圖檔覺得顏色不夠精準的話，還可以選擇下方的「其他色彩(M)」選擇更多的顏色。

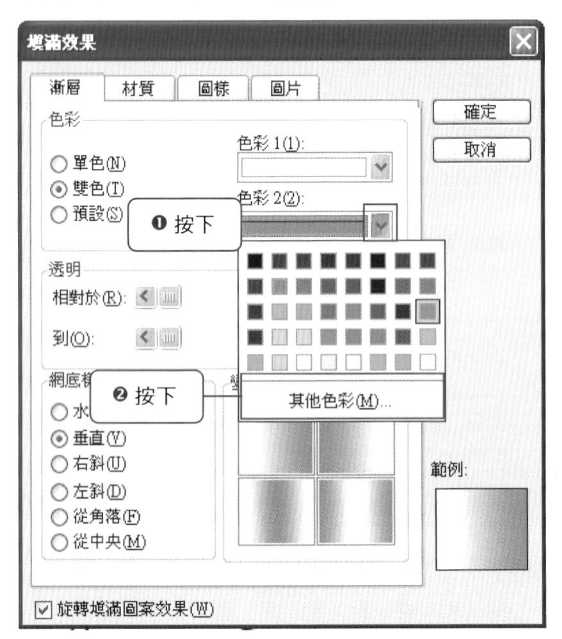

16 一般的灰色處理，只要到下方的灰階色層選擇較接近的就行了。

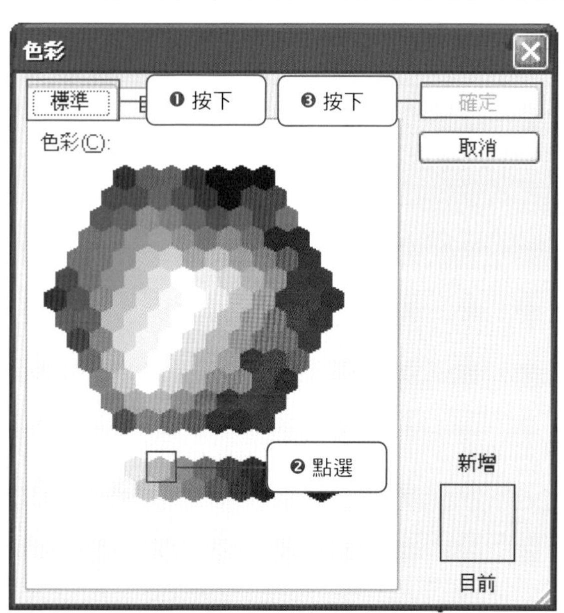

17 依照上述步驟重複操作，陸續完成各基本物件的初步著色。

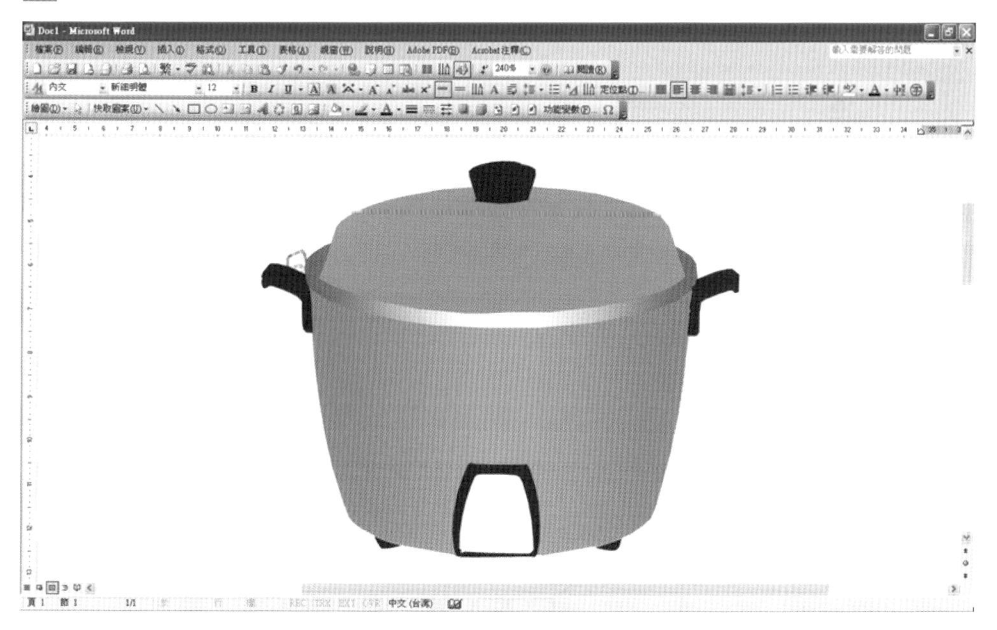

18 完成 Step_07。

提示

通常到此階段筆者稱之為主體結構的設計，這種半成品作品看起來很像一般的美工圖，而接下來細部物件的描繪處理步驟，才是讓美工圖到相片品質的訣竅，建議讀者清楚掌握後續操作步驟的說明。

Step_08 描繪細節(例如質感表現、細部線條、陰影…等)

說明

這個步驟是決定最後的作品品質逼真程度的關鍵，特別需要耐心來完成。因為是在處理每一個細節部份，所以必須不斷運用順序的技巧把繪圖的基本物件以及原來的照片圖檔來回對照，包括放大縮小照片處理等。但這個方法相當麻煩，因此可以把表面物件設定半透明的方式直接穿透到照片看它的內容，然而一旦用在比較多層的作品時就比較難處理。

一般描繪細節的步驟可以分成兩部分看待，一個是實體的物件，像是周邊的線條、Logo、小配件等；另一種則是呈現材質與光影變化的半透明物件。在處理實體的物件並不需要考量到順序跟群組的關係，直接描繪完再一次處理即可。但若是半透明的物件，有些不一定可以一次用單一物件表達出，需要層層疊疊才能展現漸層效果，因此需要特別注意物件順序跟群組的關係。

1. 由於是處理細部的效果，因此首先要先將欲處理的部份進行放大。
2. 在「一般」工具列的找出「顯示比例」，將原來的100%比例設成500%。

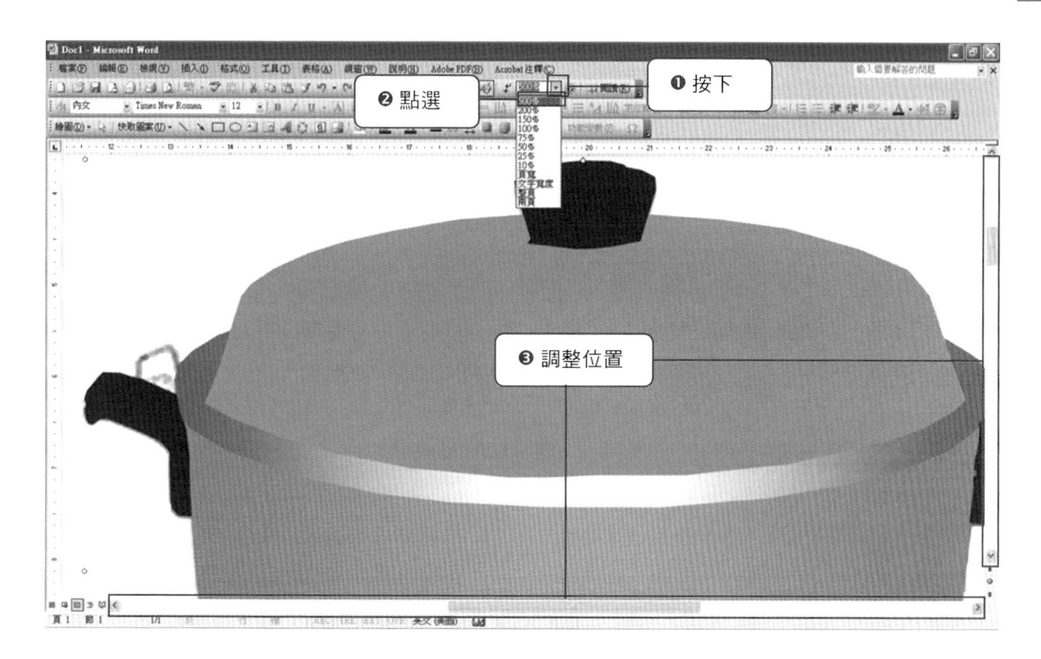

說明

接下來準備開始進行與原稿對照的修飾動作，但由於原稿已經被繪圖的物件取代，因此必須利用順序的功能設定把它提到最上層來參考。

3 先點選物件並按下滑鼠右鍵，選擇「順序(R)」➔「移到最下層(K)」，出現底層圖片。

4 再來處理線條的部份，同樣透過「手繪多邊形」的功能，針對要強化的線條進行處理，線條的部份不用讓起始點跟結束點連結，而其他塊狀的細部物件則同樣連結形成一個物件。

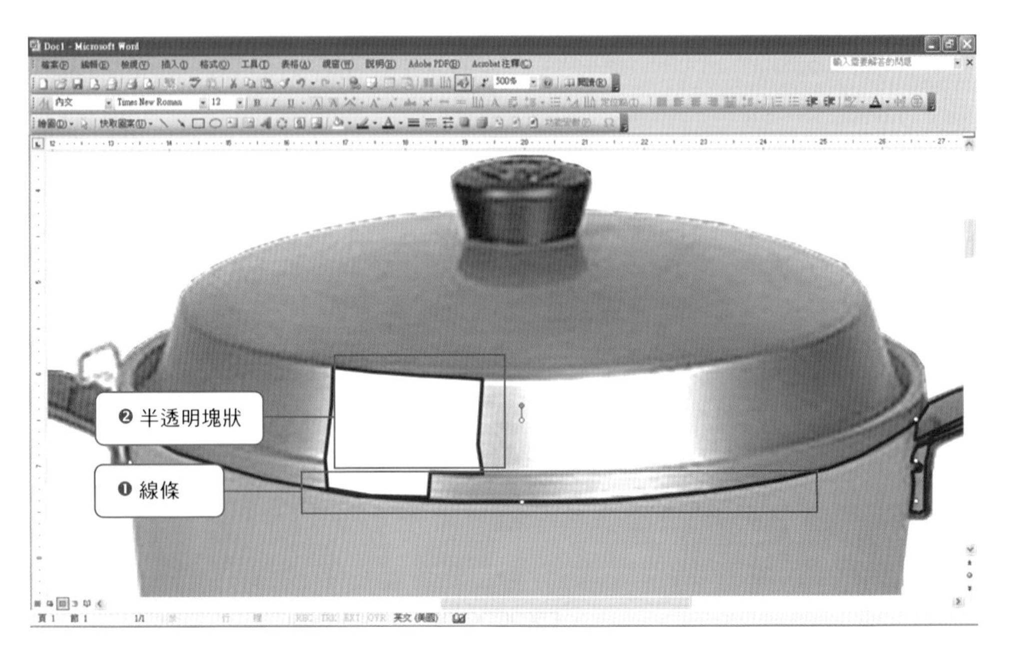

5 亮光的部份以白底設成半透明，透明比例可重複參照至最接近(70%)。同樣的在暗光處的效果則可以利用黑底設成半透明，透明比例可重複參照至最接近(80%)。

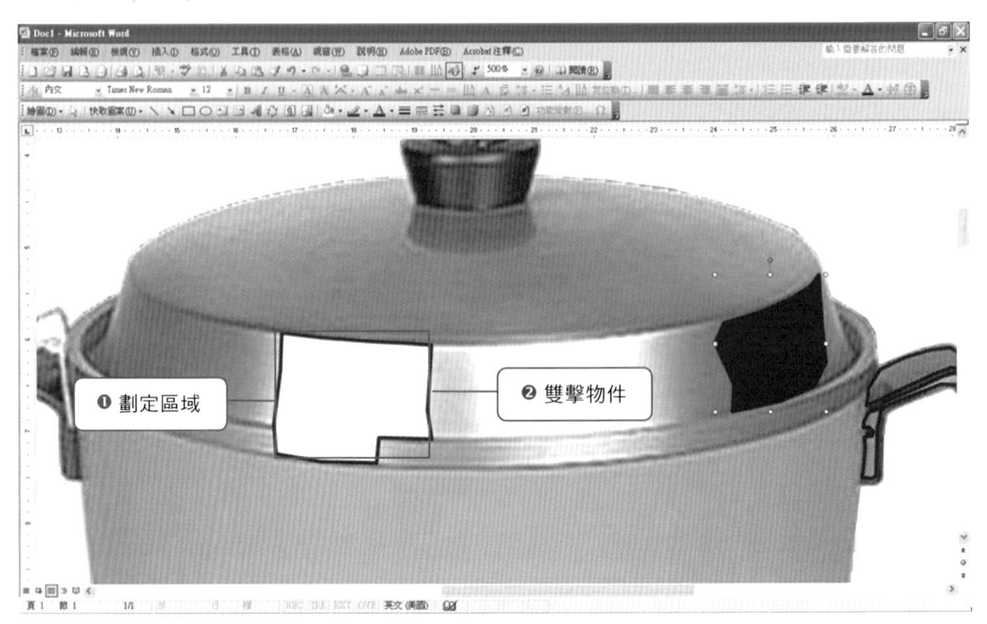

6 將修飾的物件進行群組，建議將線條部份分成一組，光影材質部份分成另一組。

7 點選原圖檔，並且將順序調整至最下方。

8 將修飾的的物件與原來基本著色的物件再進行群組。

9 重複以上修飾動作即可完成最終作品。

17 籃球

設計難度：★★★☆☆

擬真程度：80%

製作時間：約 1.5 小時

設計重點

1. logo 與英文字母的設計
2. 表面凸起橡皮顆粒的處理

Step_01 首先先插入一張要設計的圖檔(籃球檔名：0005-27)

1 選擇「插入(I)」➔「圖片(P)」。

2 再選擇「從檔案(F)」並按下滑鼠。

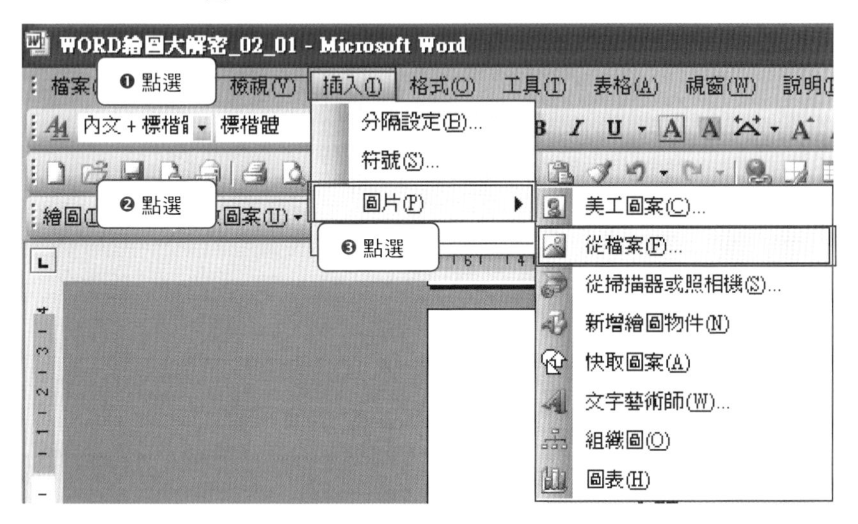

3 出現「插入圖片」對話方框，選擇圖檔來源，按下 插入 鈕。

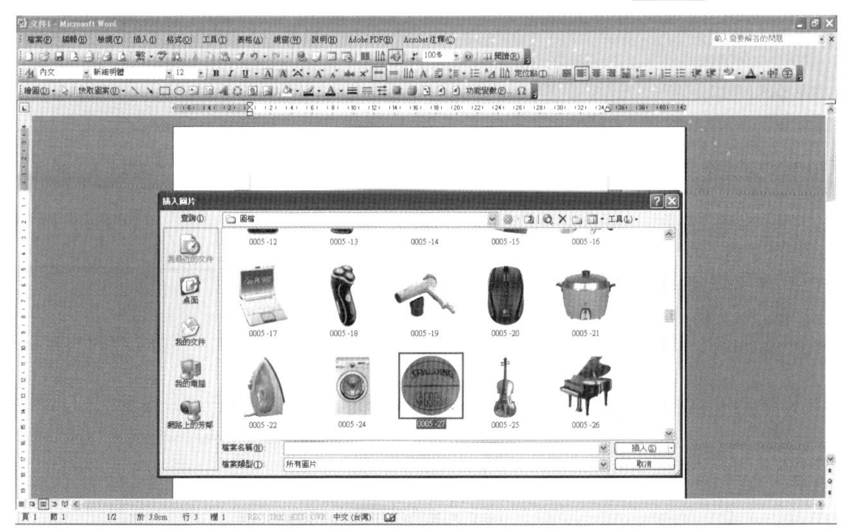

4 完成 Step_01。

Step_02 改變插入物件(0005-27)屬性

1 點選插入圖片，將滑鼠移至圖片上方並按下右鍵，此時出現下圖選擇方框。

2 選擇「設定圖片格式(I)」一欄並按下滑鼠。

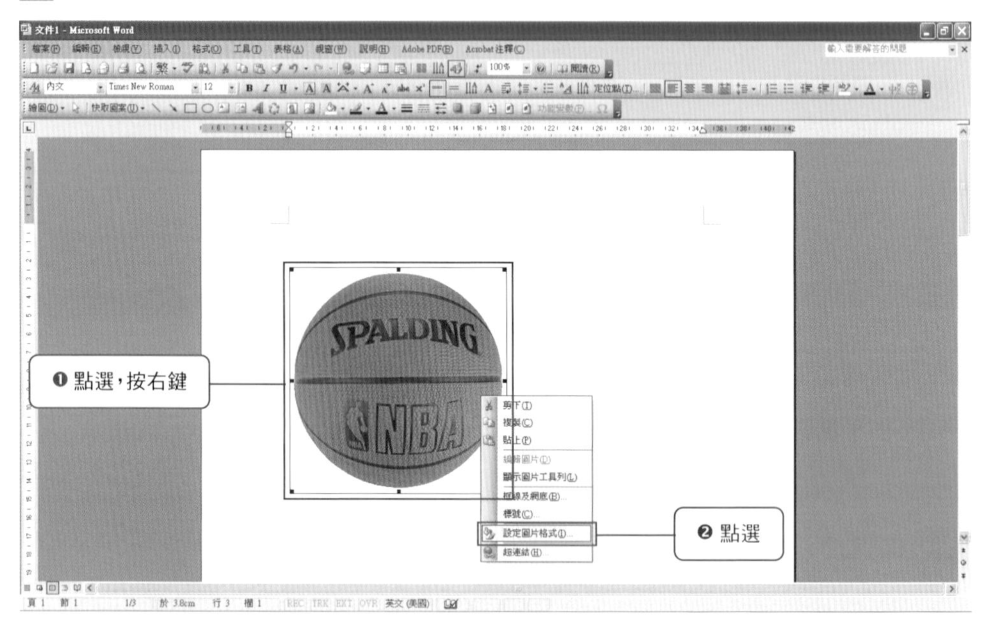

3 當按下滑鼠後會出現「設定圖片格式」對話方框。

4 在「配置」欄位內，在「文繞圖的方式」區內，將原來的「與文字排列(I)」改成「文字在後(F)」，按下確定。

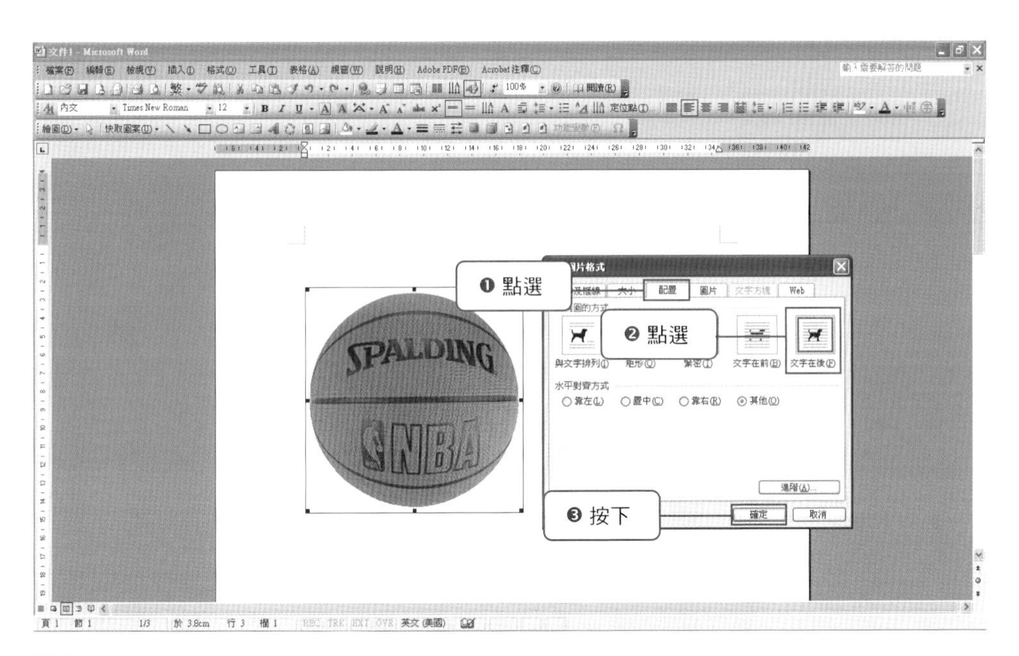

5 完成 Step_02。

6 此時籃球出現如下圖被點選狀態(八個小白圈)，接下來可以準備進行繪圖的動作。

説明

此點選物件步驟建議讀者養成習慣，因為每次要進行繪圖前若跳過此步驟都會出現「請在此繪圖。」對話方框，雖然可以用 Esc 鍵取消，但多少還是會造成使用上的不便。

Step_03 確定物件繪圖順序以及群組關係

4 完成 Step_03。

Step_04 依照設定群組的物件開始描繪物件線條

1 將物件調整至最適大小，本案例顯示比例建議設定為 200%。

2 調整物件至中央位置，用滑鼠分別移動上下、左右捲軸。

不要直接點繪圖工具列任何功能，否則會出現「請在此繪圖。」的對話方框。萬一出現這種情況，可以按鍵盤左上方的 Esc 取消。

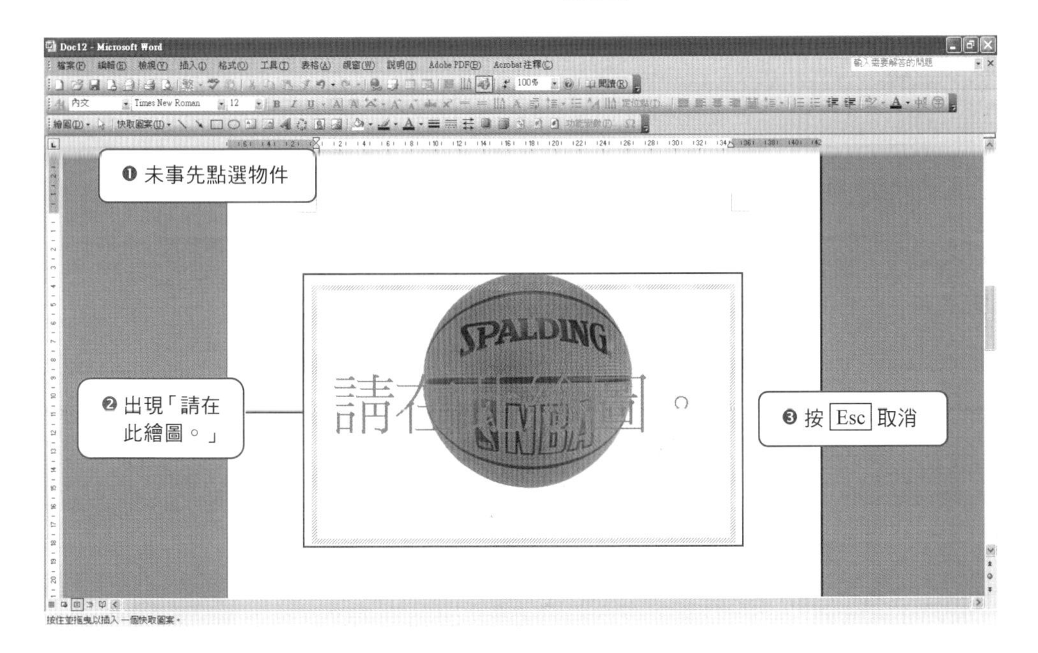

3 接下來準備描繪圓形的球體，先點選繪圖工具列上的「橢圓」。

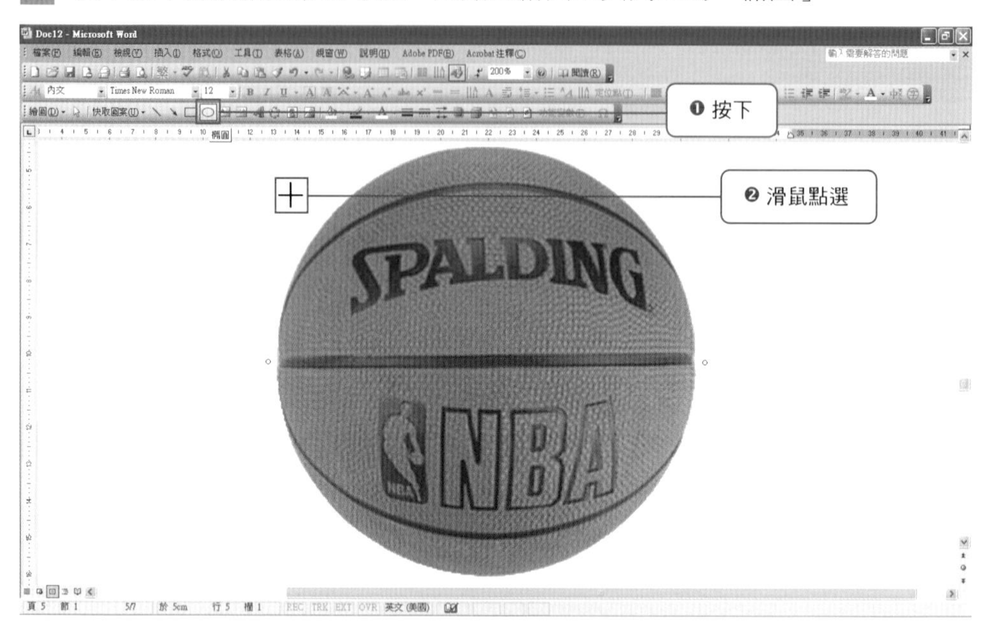

4 先用滑鼠左鍵點選左上方任一點或是先按住 Alt ，點選任一點後再進行拖曳。(如果沒事先按住 Alt 的話，會直接在點選處跳出個小圓圈)。

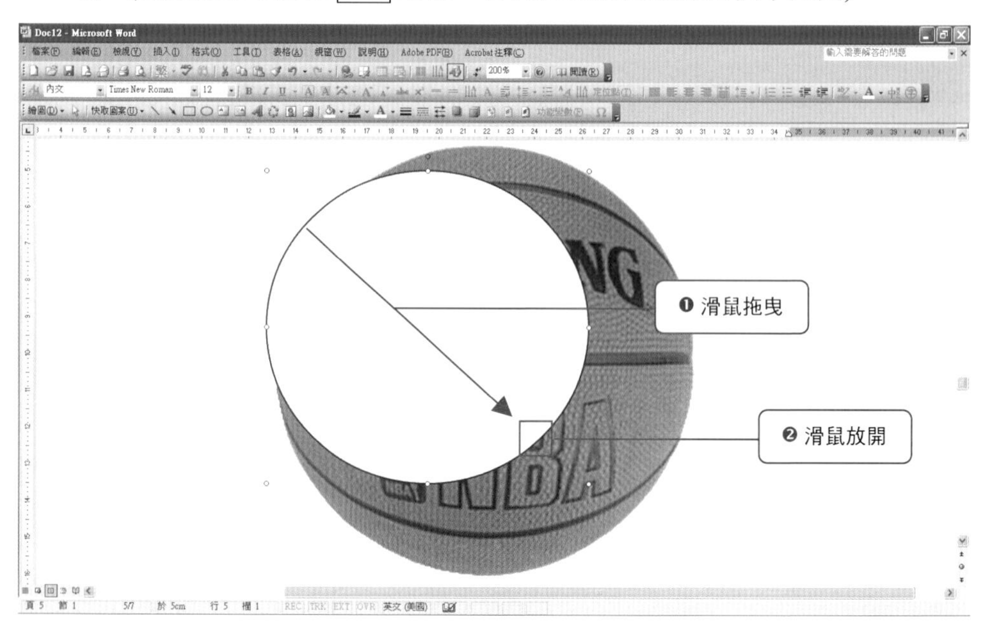

5 下一個步驟是將圓圈拉到跟球體一樣大小的正確位置，此時可藉助半透明的設定技巧。

6 同樣按住 Alt 進行物件微調，先拉到一個定點，此時再連續在圓圈上點選兩下滑鼠，叫出快取圖案對話方框。

7 在「色彩及框線」區的「填滿」欄內的「色彩(C)」，選擇「無填滿」。

8 圓圈物件呈現透明狀態後，就可將周邊的定位點拖曳至正確的大小及位置。

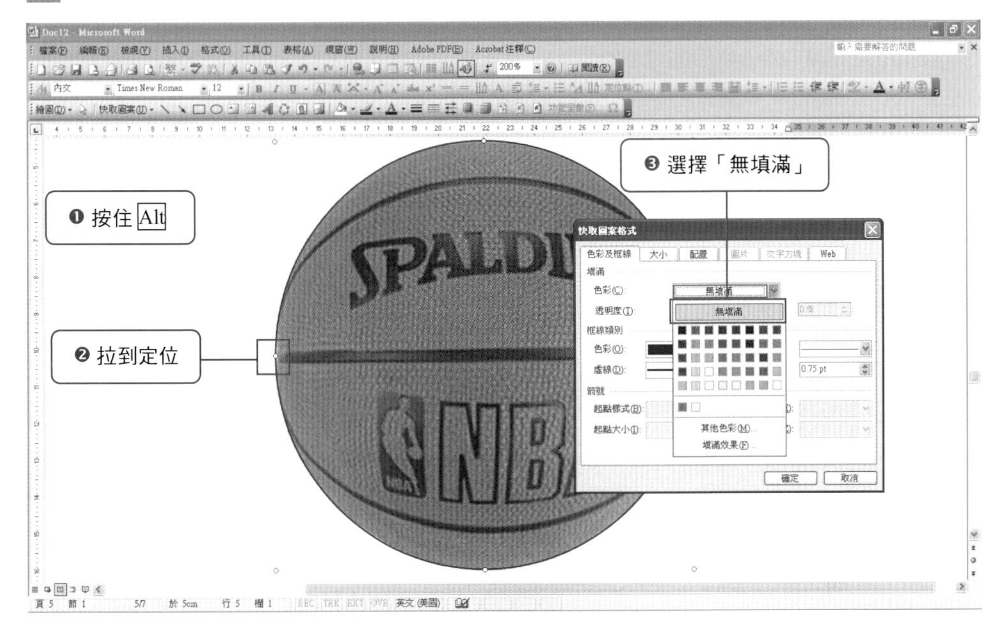

9 接著繼續描繪其他物件線條，包括內凹的黑色橡皮，字母與 MARK 等，此時到左上方點選「快取圖案」。

10 依次選擇「快取圖案(U)」➔「線條(L)」➔「手繪多邊形」，照著物件進行描繪。

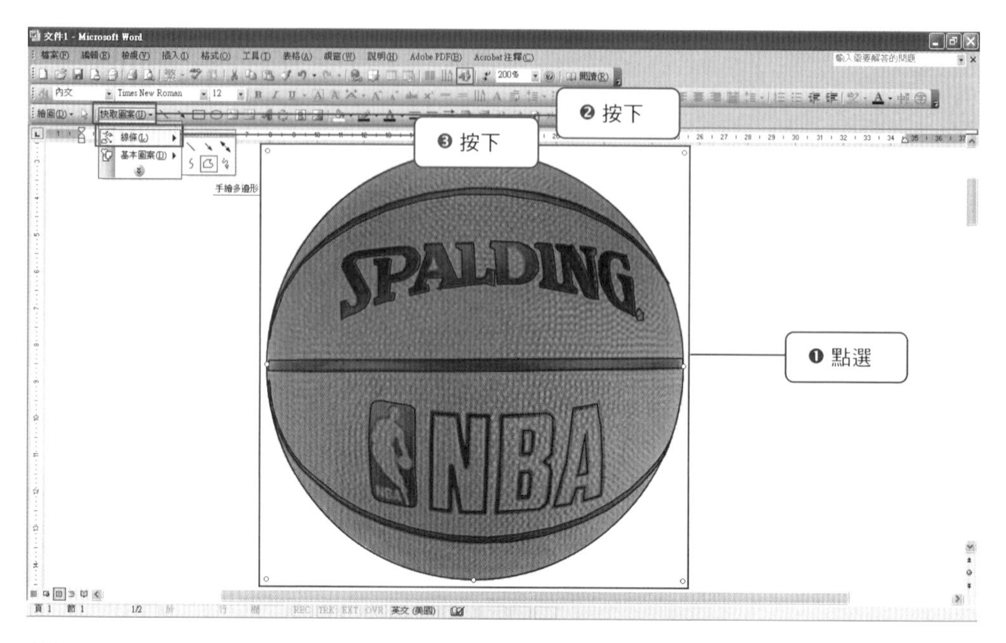

11 描繪過程不要忘了隨時針對同組物件進行群組，例如黑色橡皮條、SPALDING、MARK加NBA。

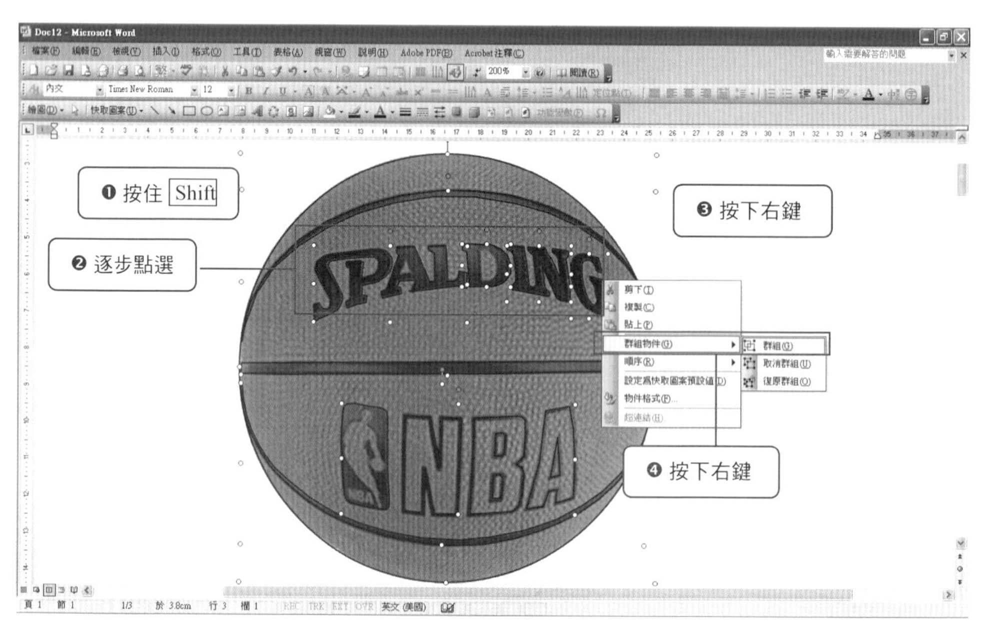

12 最後全部描繪的物件再進行一次群組，接著準備針對每一個物件進行著色。

13 先點選應該出現在最下層的球體(磚紅色)大圈圈，因為所有物件已經進行群組了，首先會在球體大圈圈周圍出現八個白色小圈圈，接著再次點選球體大圈圈，此時原本的白色會變成灰色狀態，表示只有球體大圈圈被選定。

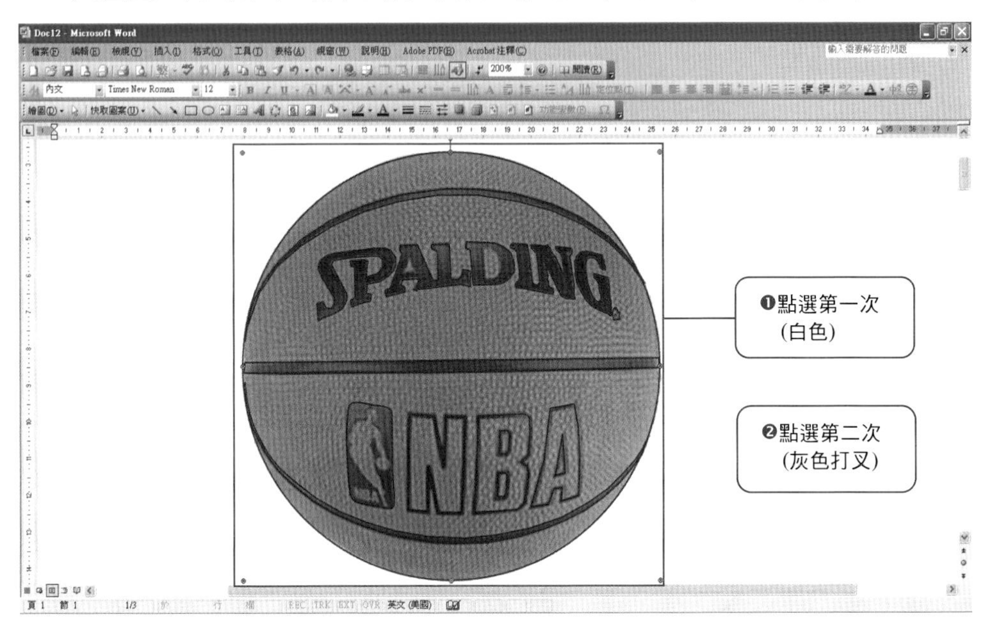

Step_05 開始進行填色

1 依照先前點選的大圈圈球體，連續點選滑鼠兩下叫出「快取圖案格式」。

2 先取消邊緣的線條，首先進入「色彩及框線」欄位到「框線類別」區的「色彩(C)」下拉式選單，選擇「無線條」接著再到「填滿」區的「色彩(C)」下拉式選單，選擇「其他色彩(M)」。

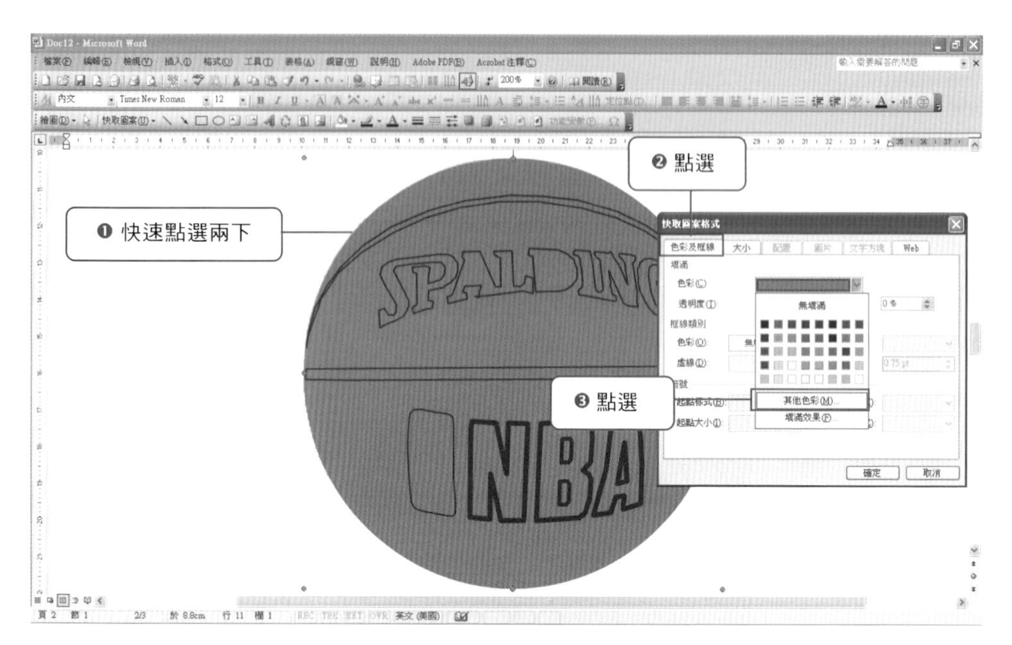

3 正常情況下會出現上圖磚紅色底色加上字體的情況，萬一出現下圖沒有字體的狀況，表示在進行群組的動作時，點選的順序發生錯誤，造成本來應該出現在上層的物件被下層較大面積的物件埋掉了。若出現這種情況，可進行取消群組步驟。

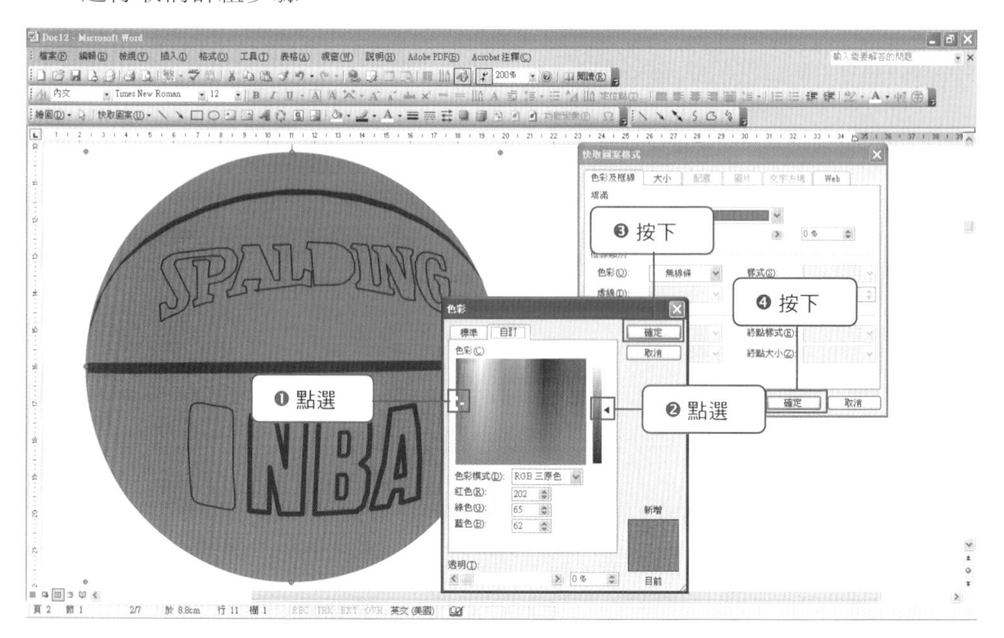

4 先按 Ctrl + Z 回到填色前步驟。

5 點選物件，按下滑鼠右鍵，點選「群組物件(G)」➔「取消群組(U)」。

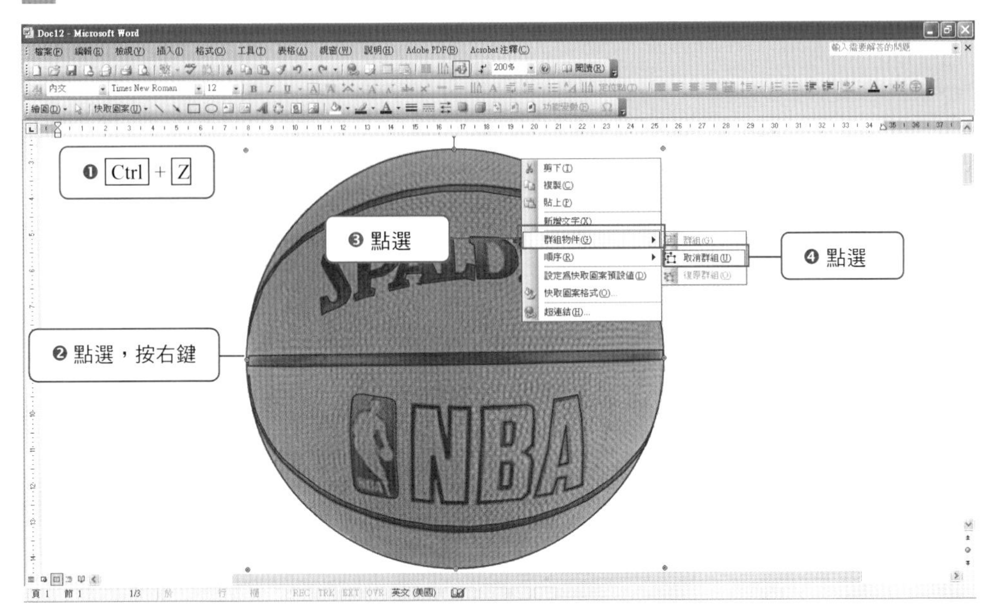

6 按照物件應該出現的先後順序，逐次將物件一一點選並提送到最上層，最後一個點選的會出現在最上層。(按右鍵，「順序(R)」➔「提到最上層(I)」)。

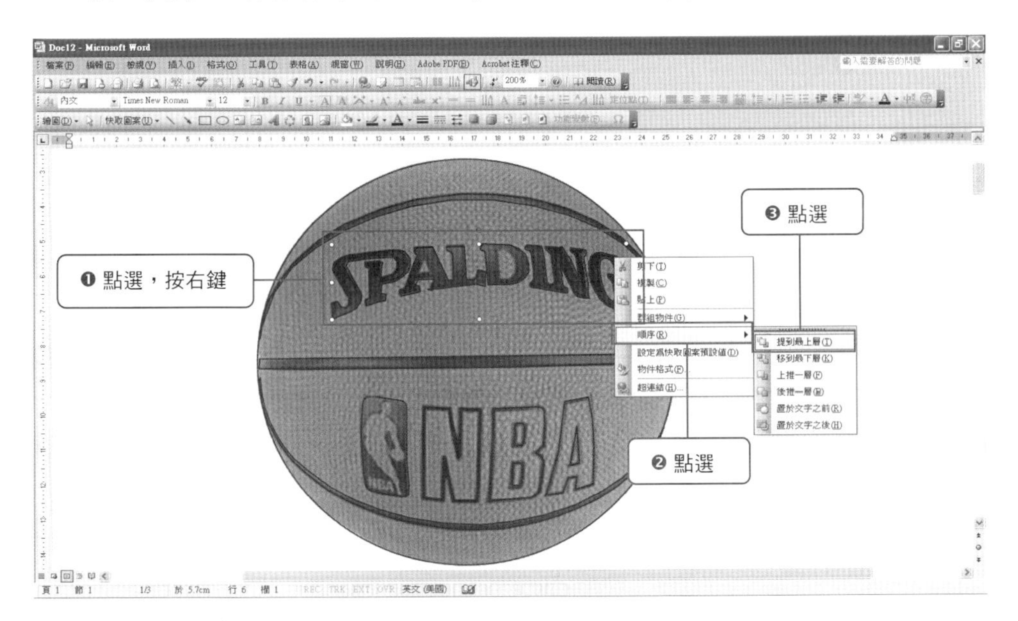

7 等物件的順序確定無誤後，再回到填色步驟，開始進行各個物件的填色動作。

8 依照物件點選步驟，依次點選黑色橡皮條部份，可依次分別點選也可按住 Shift 將黑色橡皮條全部點選完後再進行一次填色。

9 先去掉線條，再點選「色彩及框線」欄位➔「色彩(C)」，選擇左上方黑色，按下確定。

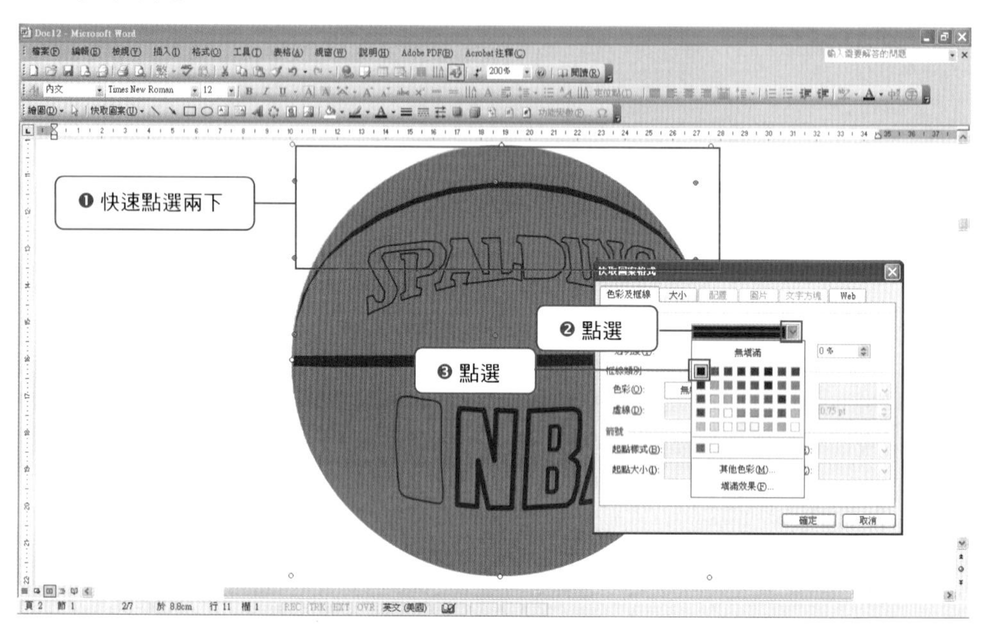

10 接著再對英文字體與 MARK 部分進行處理，依照上依步驟，同樣點選「色彩及框線」➔「色彩(C)」，選擇左上方黑色，按下確定。

11 NBA 與 SPALDING 處理方式不一樣，它是中空狀態，因此叫出「快取圖案格式」時，反而在「填滿」➔「色彩(O)」部份，選擇「無填滿」。

12 「框線類別」➔「色彩(O)」部份，同樣選擇左上方黑色，另外在「粗細(W)」將數值調到 2.5pt。

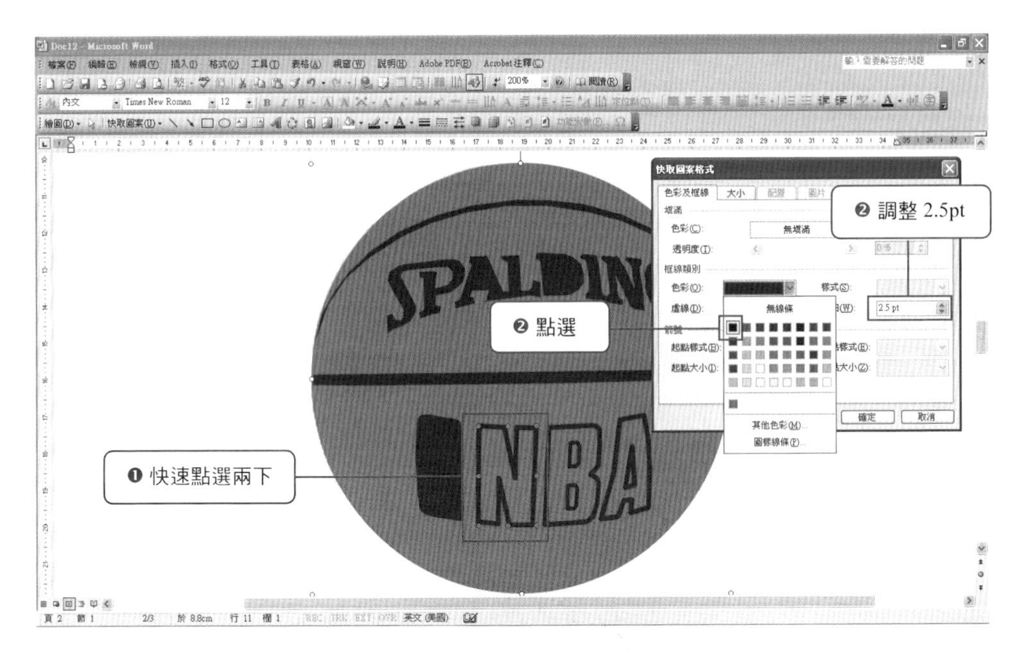

13 接著準備針對字體「D」與 MARK 中間反差部分進行處理，如果一開始沒畫出這些物件就依照描繪步驟，將畫面放大後，把順序調到最下一層，按照原圖再畫出來線條。

14 將選定物件進行與球體磚紅色同色的處理，如果讀者是從一開始就不間斷的做到這個階段，那麼在顏色區跟「其他色彩(M)」中間會出現先前設定的磚紅色，直接點選按下確定。出現跟背景一樣的顏色，完成本步驟。

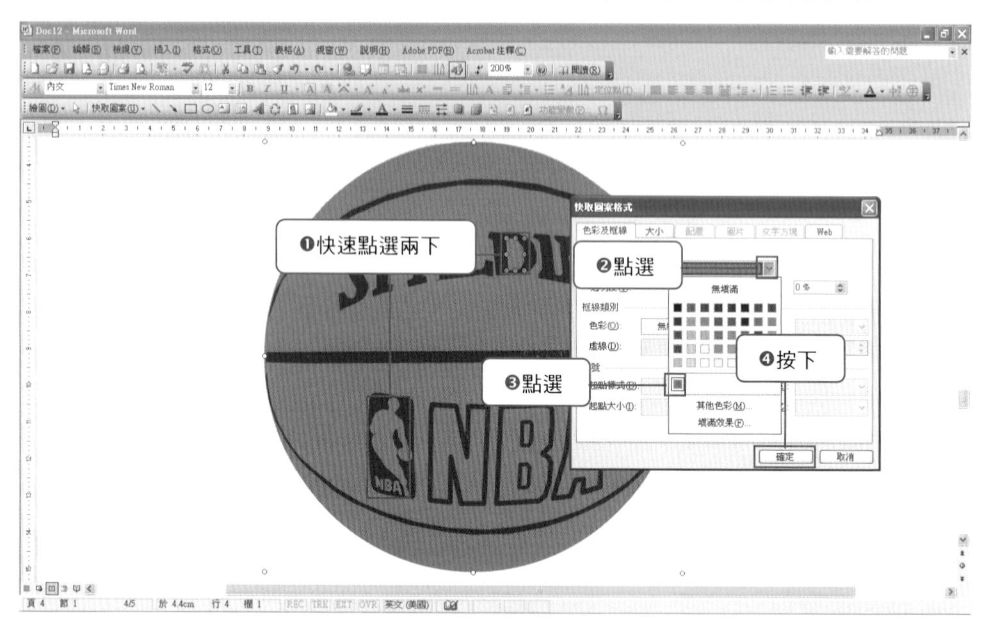

15 調整順序把最下層的原始圖檔叫出來，按下右鍵，「順序(R)」➔「移到最下層(K)」。

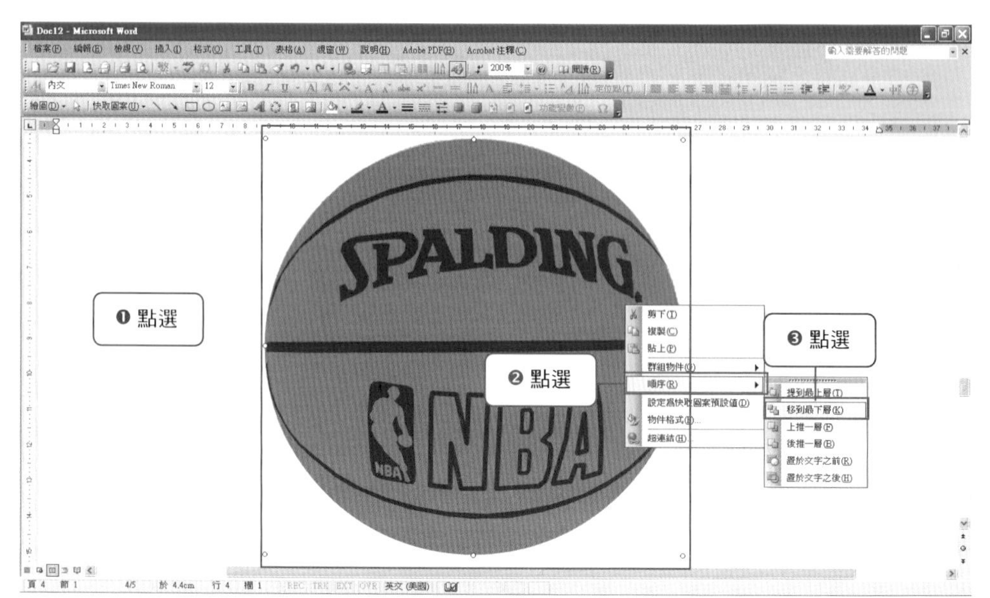

Step_06 描繪表面突起顆粒

1 由於表面顆粒相當小繪製不易，先將畫面比例調到最大 500%。

2 將畫面調整至中間位置，移動右邊與下方捲軸進行調整。

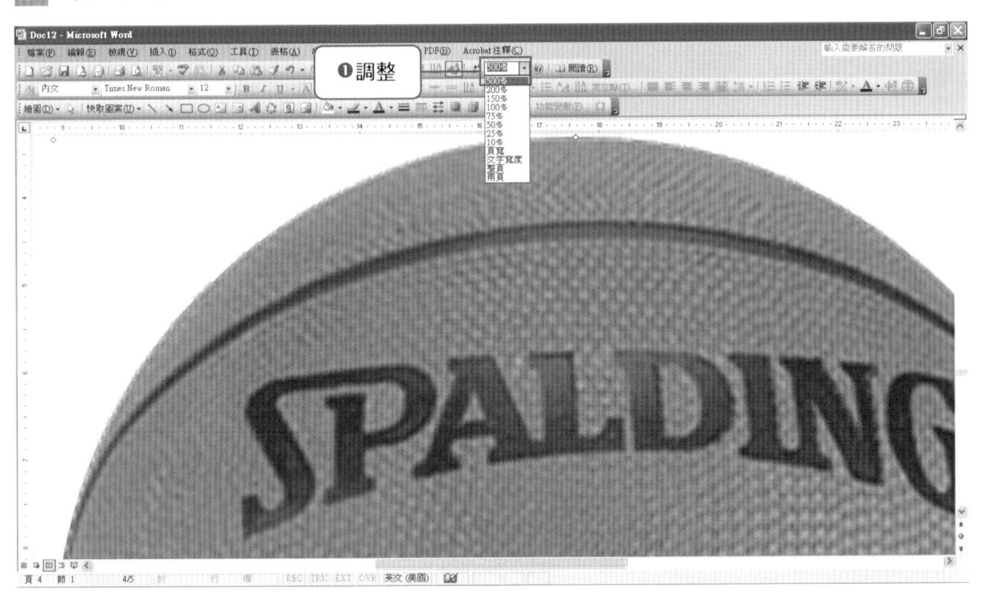

3 描繪小圓點，建議不要用「橢圓」工具畫，避免太過工整以致於大量複製時造成不自然。點選「快取圖案(U)」➔「線條(L)」➔「手繪多邊形」。

4 畫出不規則小圓點後，先複製同樣的物件，表面(上層)的用白色表現，陰影(下層)的用黑色表現，兩者先後順序應該是後面複製的會在上層。

5 連續點選小圓點物件(下層陰影)，叫出「快取圖案格式」。

6 「色彩及框線」➔「填滿」➔「色彩(C)」，下拉式選單選擇右上方灰-80%，按下確定。

7 取消線條，「框線類別」➔「色彩(O)」，選擇「無線條」。

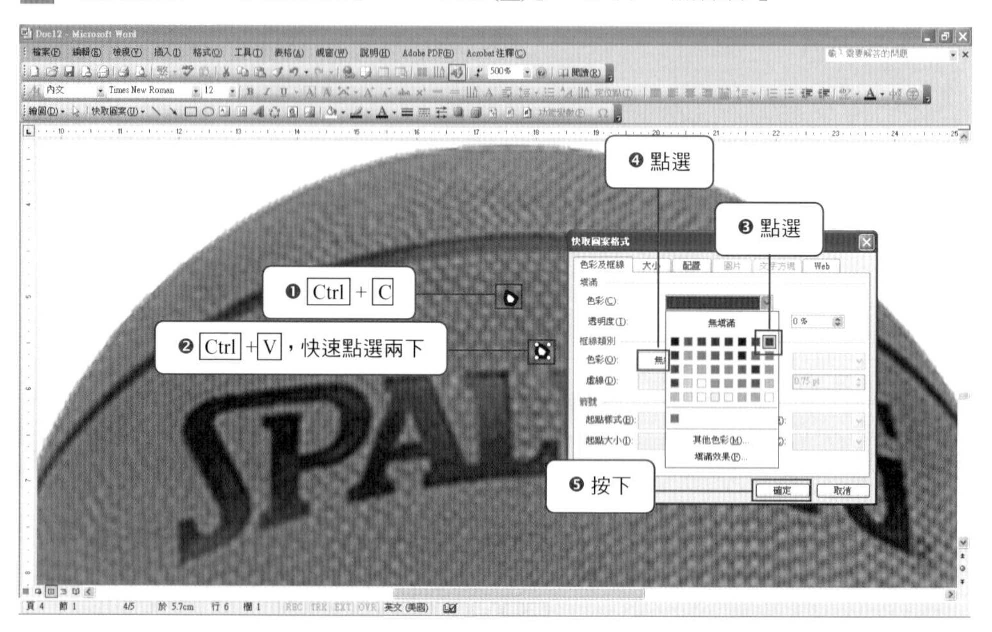

8 建議調整透明度，讓背後的磚紅色透出到表面，「色彩及框線」➔「透明度(T)」，建議調到 40%~60%，按下確定。

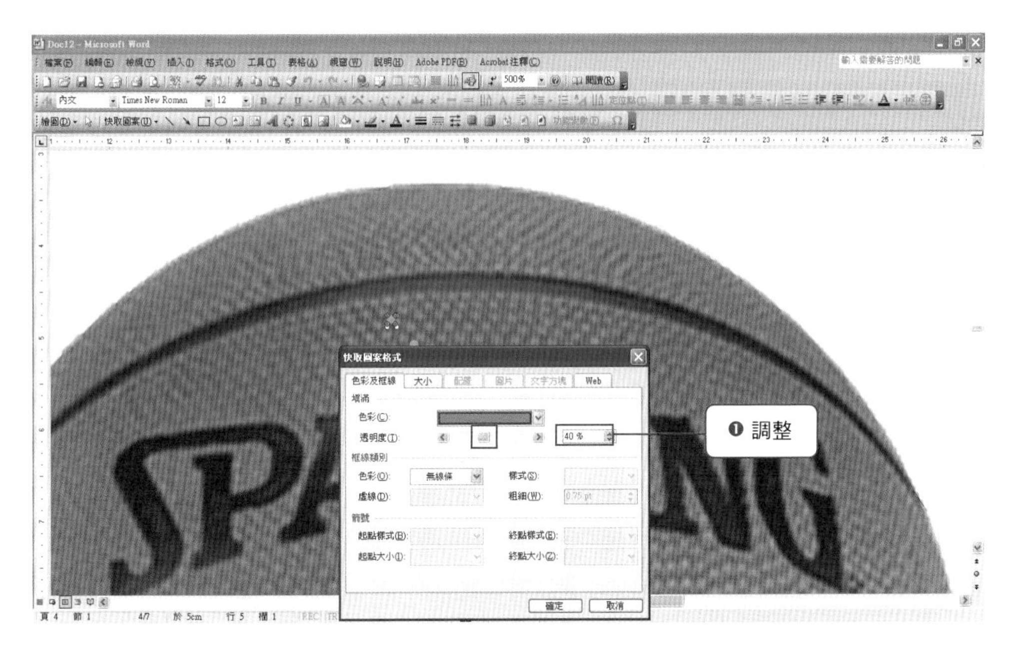

9 接下來開始處理白色部分，同樣連續兩次點選叫出「快取圖案格式」，因為小白點的亮光是中間往四周擴散的效果，因此依「色彩及框線」➔「填滿」➔「色彩(C)」點選，並選擇最下方的「填滿效果(F)」進行顏色擴散設定。

10 叫出「填滿效果(F)」先選擇「漸層」欄位，然後在「色彩」區點選「雙色(T)」，接著先在「色彩 1(1)」下拉式選擇白色。

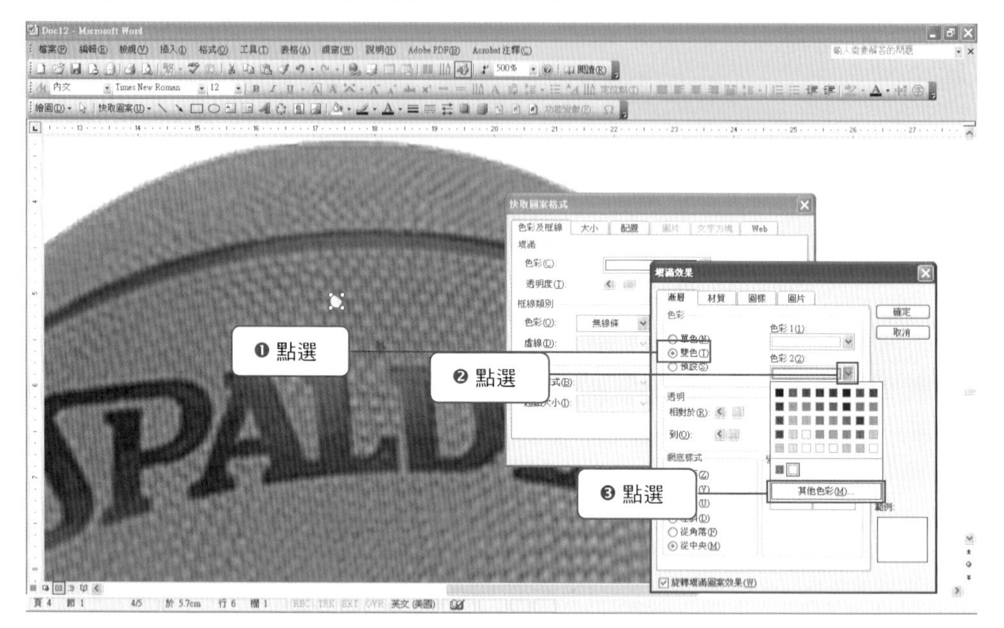

11 接著再到「色彩 2(2)」，選擇最下方的「其他色彩(M)」，出現色彩方框。

12 先選擇「標準」欄位，然後再到下方的灰階區選擇左上方的淺灰色，按下確定。

13 回到上一層，點選「網底樣式」欄位的「從中央(M)」，再點選「變化(A)」欄位，選擇左邊圖示(中白周圍灰)，按下確定。

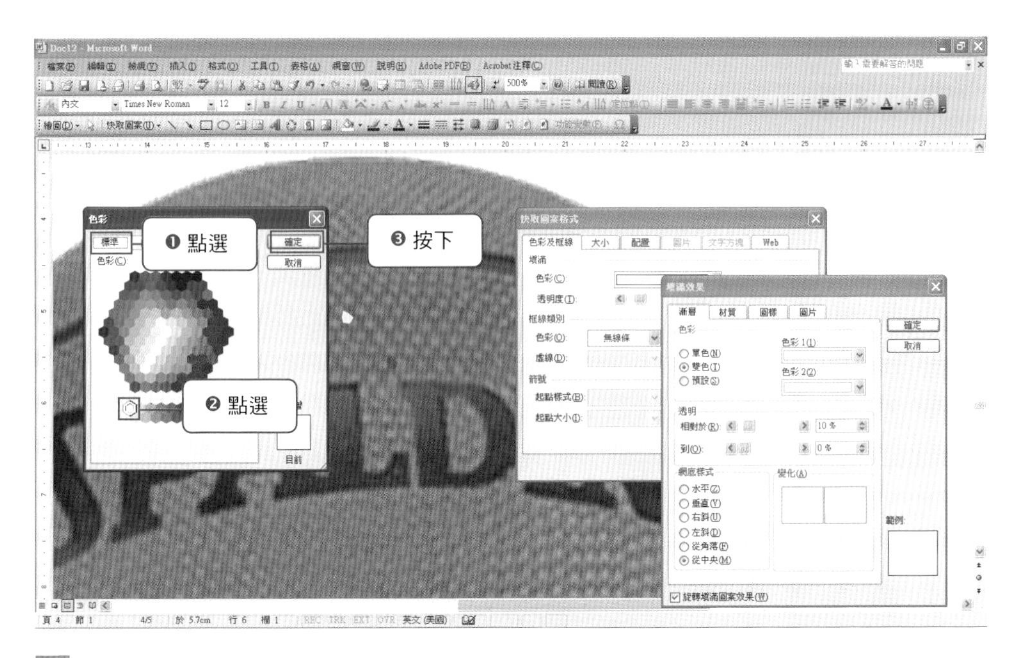

14 將小白點與陰影進行群組，先點選小白點。

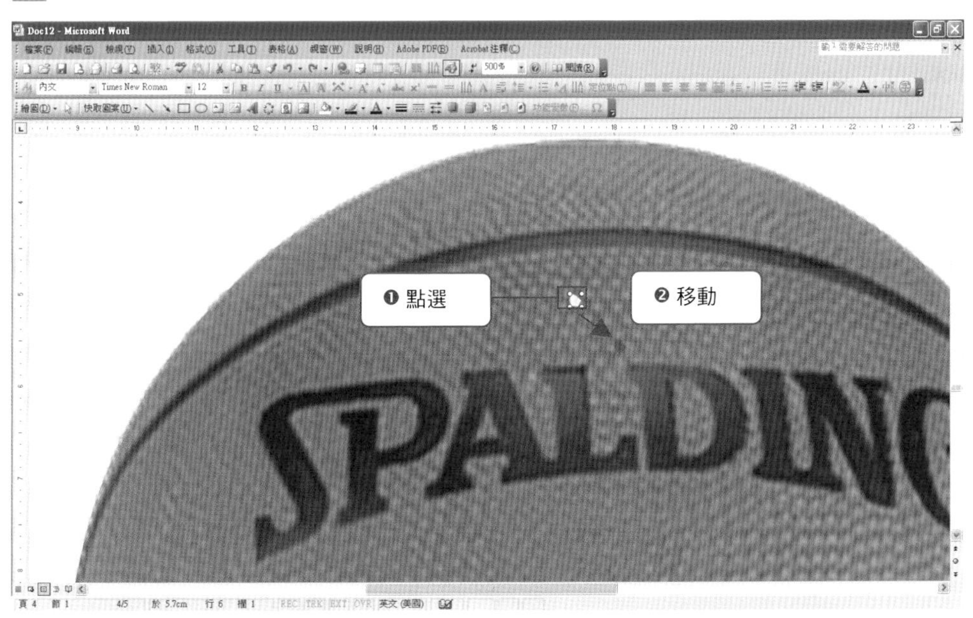

15 用滑鼠移動小白點到陰影上方，記住不可完全重疊，否則被覆蓋將無法呈現陰影效果。

16 對小白點與陰影進行群組，首先按住 Shift ，再分別點選小白點與陰影，再按下滑鼠右鍵，選擇「群組物件(G)」➔「群組 (G)」。

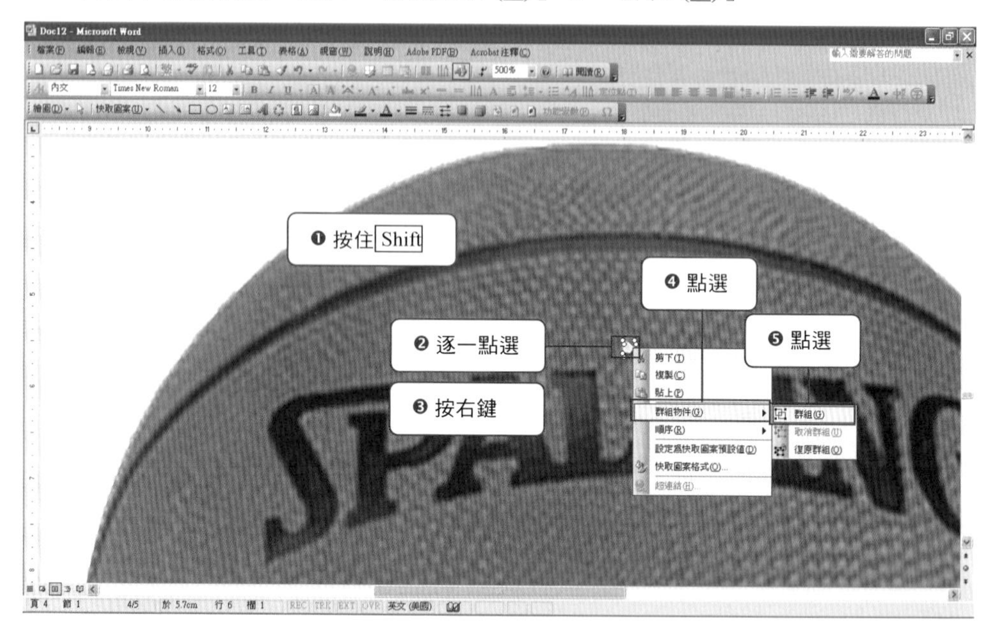

17 將群組的物件進行大量複製，點選剛完成群組的顆粒物件，按下 Ctrl + C 進行複製，再按下 Ctrl + V 貼上。

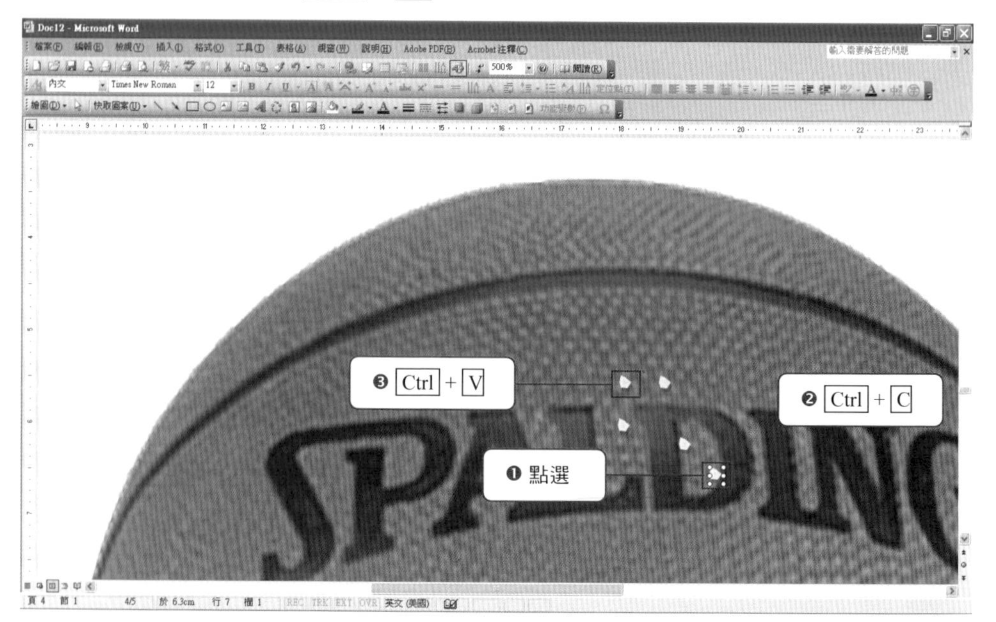

18 部分顆粒若是要以圓形物件製作的話，請點選繪圖工具列的「橢圓」，並且在籃球上隨意點選。

19 連續點選兩下橢圓物件，叫出「快取圖案格式」對話方框。

20 先取消線條，「色彩及框線」➔「框線類別」➔「色彩(O)」➔「無線條」。

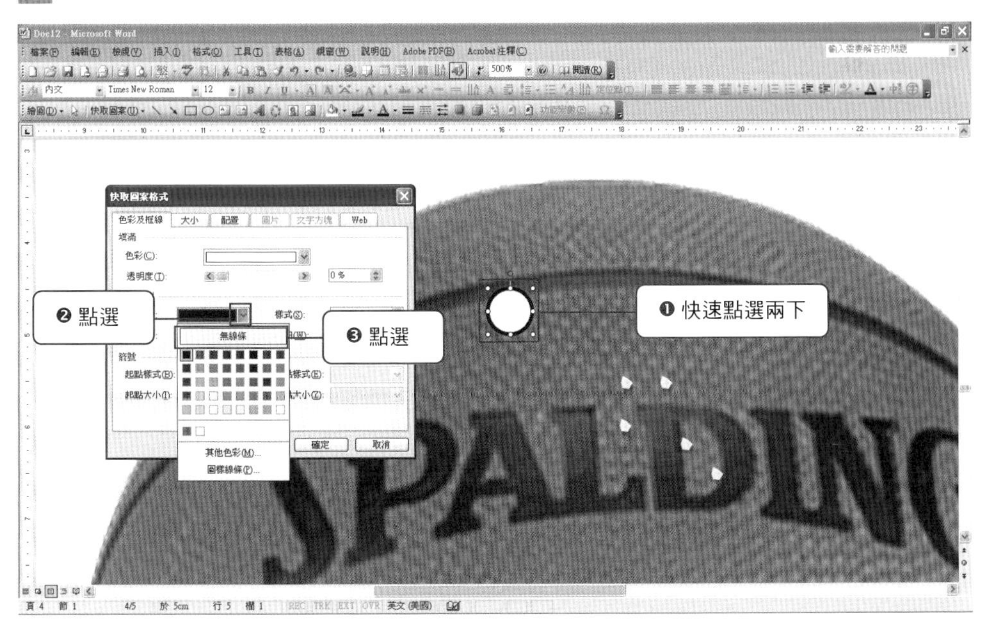

21 由於物件太大，因此請點選「大小」欄位，接著在「大小及旋轉」區內將「高度(E)」與「寬度(D)」都設成 0.06cm，按下確定。

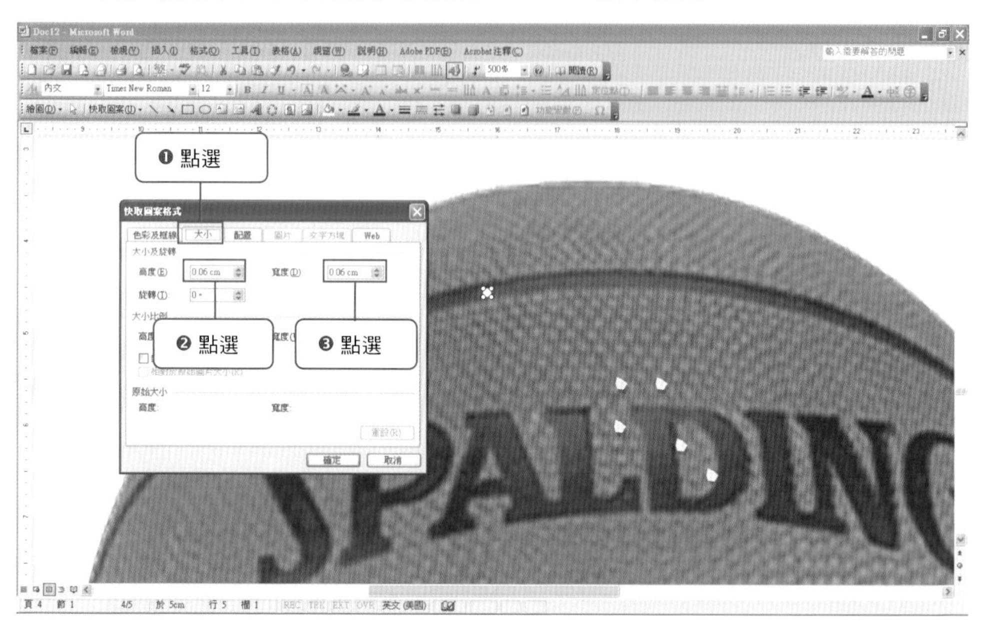

22 重複先前複製動作，製造一個同樣大小的陰影，點選白色亮點顆粒物件，按下 Ctrl + C 進行複製，再按下 Ctrl + V 貼上。

23 設定陰影屬性，連續點選叫出「格式化物件」對話方框，選定深灰色並設定透明屬性。

說明

為什麼是「格式化物件」對話方框而不是「快取圖案格式」對話方框？當你設定屬性前事先對相關物件進行群組後，出現的會是「格式化物件」對話方框，這時任何的動作都會影響到所有物件的設定。

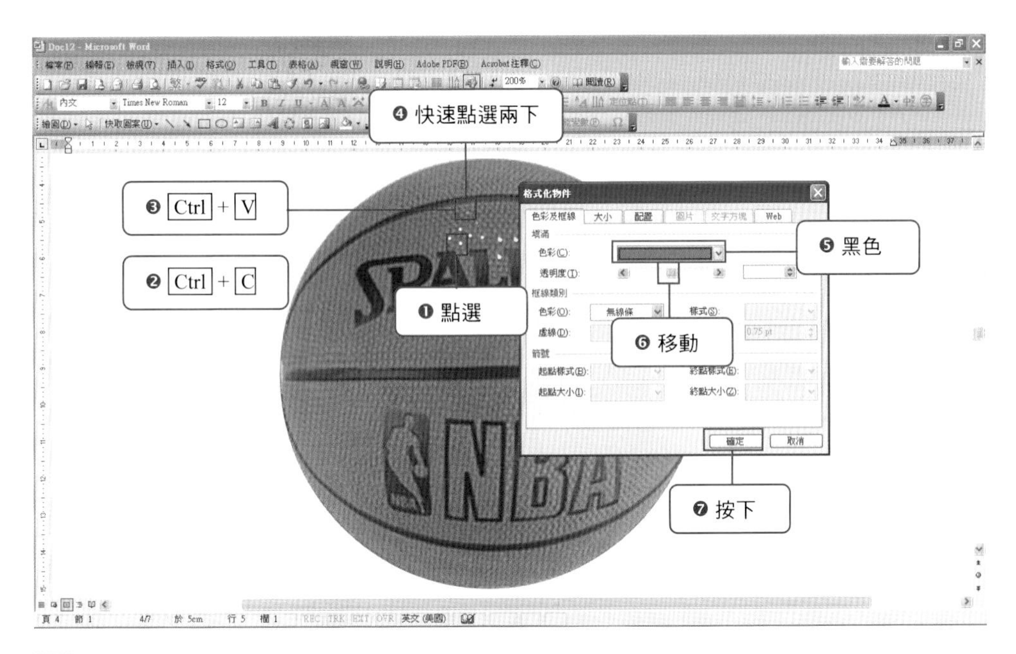

24 因為白色亮點要在陰影前面，記的按下右鍵把原來的白色亮點提到最前面。

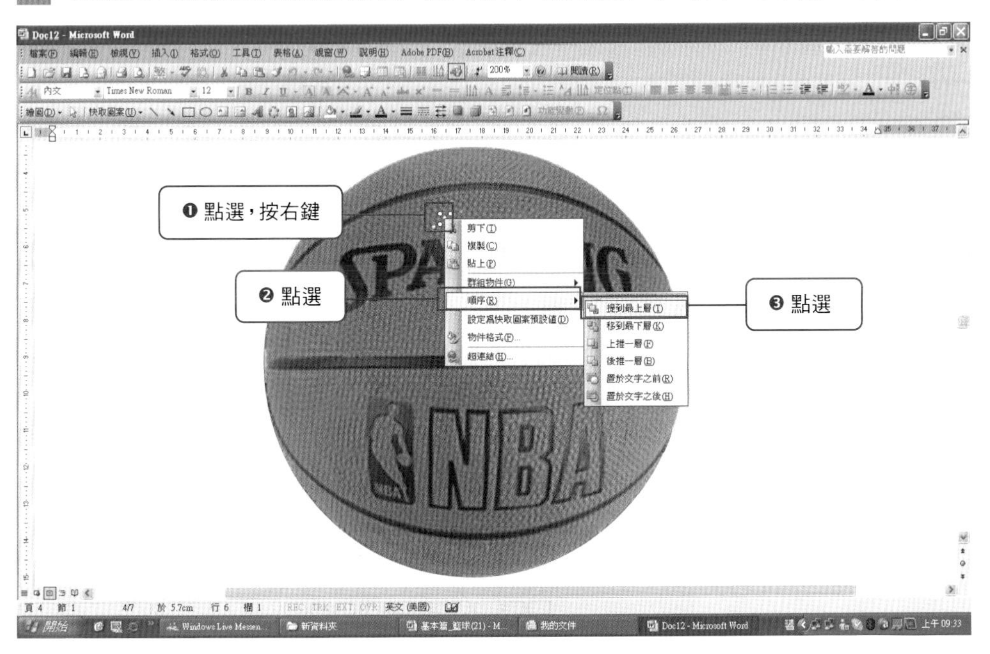

25 最後當複製各種不同形狀跟陰影的表面突起橡膠顆粒後，建議依照區域以黑色內凹橡皮條為界線進行分區物件的群組，待各區完成後最後再進行一次顆粒的總群組。

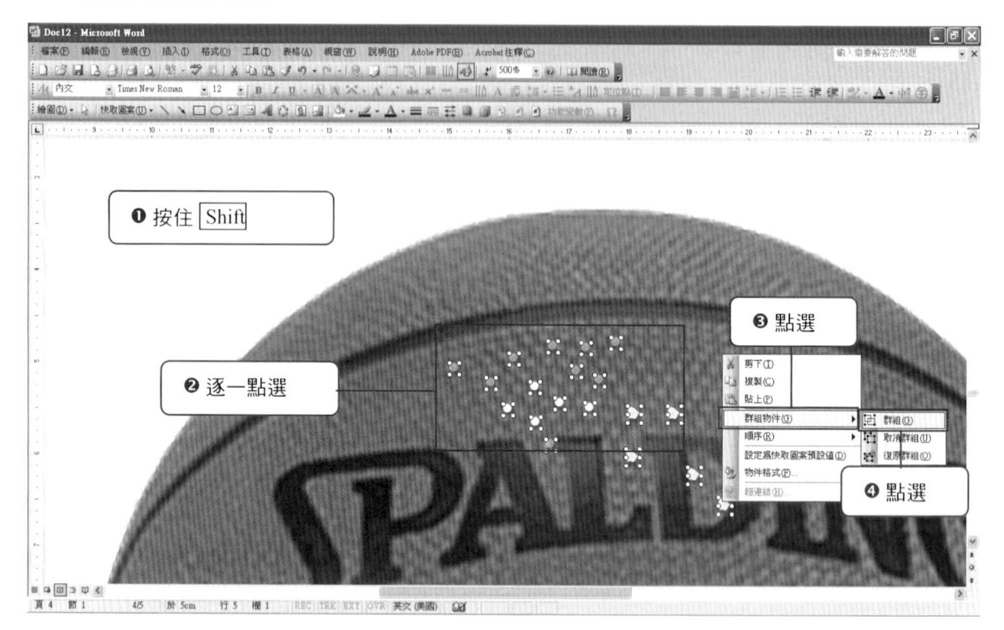

26 點選原始籃球圖檔按下右鍵，把順序調整到最下一層。

27 再分別點選表面顆粒群組以及英文字母與球體群組，同樣按下右鍵進行大群組。

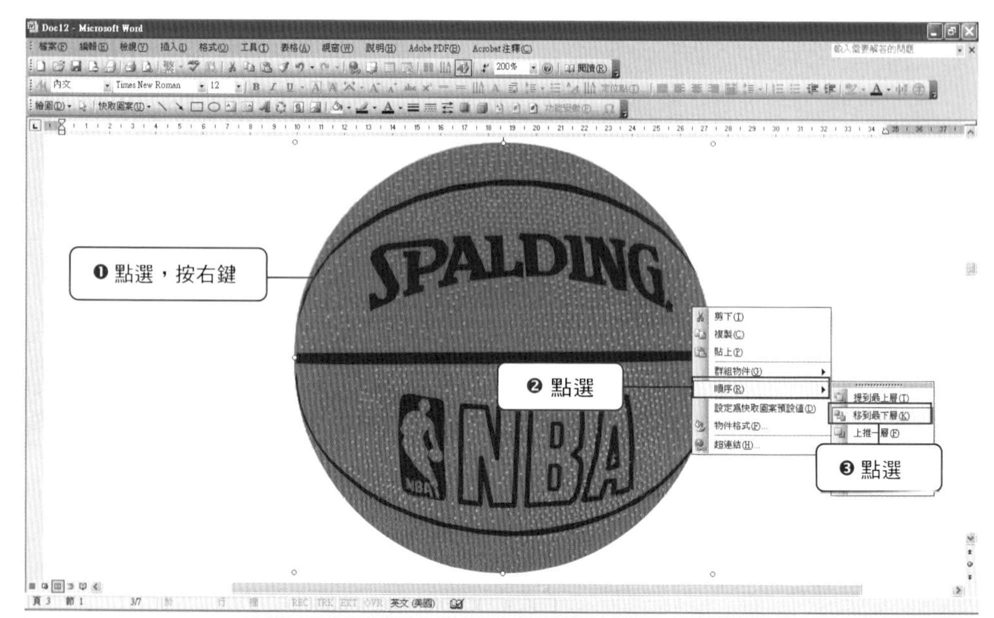

Step_07 強化表面光影效果

1 以「手繪多邊形」描繪出上、下方準備進行暗化的區域；再利用「橢圓」畫出左、右準備進行亮化的區域。

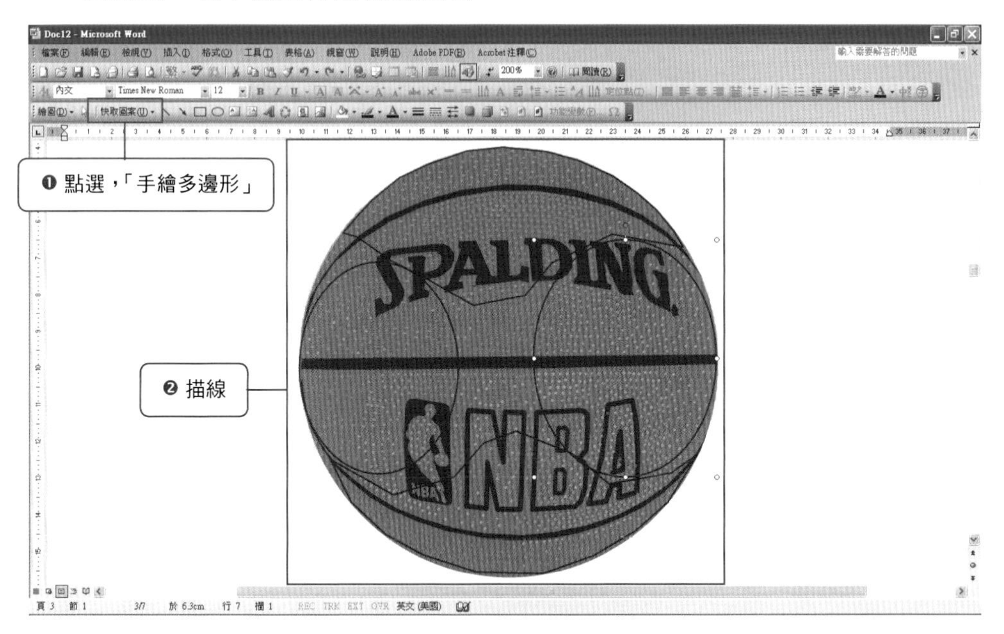

2 在「框線類別」區的「色彩(<u>O</u>)」設定成「無線條」；另外在到「填滿」區分別選定左上角的黑色(上下暗化效果)與右下角的白色(左右亮化效果)。

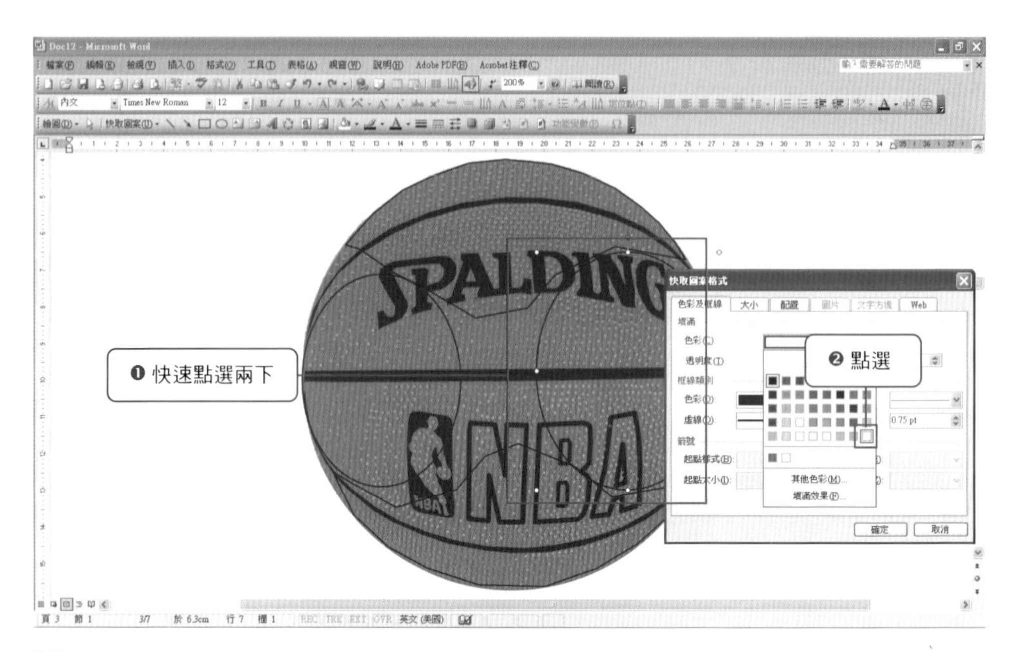

3 在「填滿」區的「透明度(T)」建議都設成 97%，按下確定。

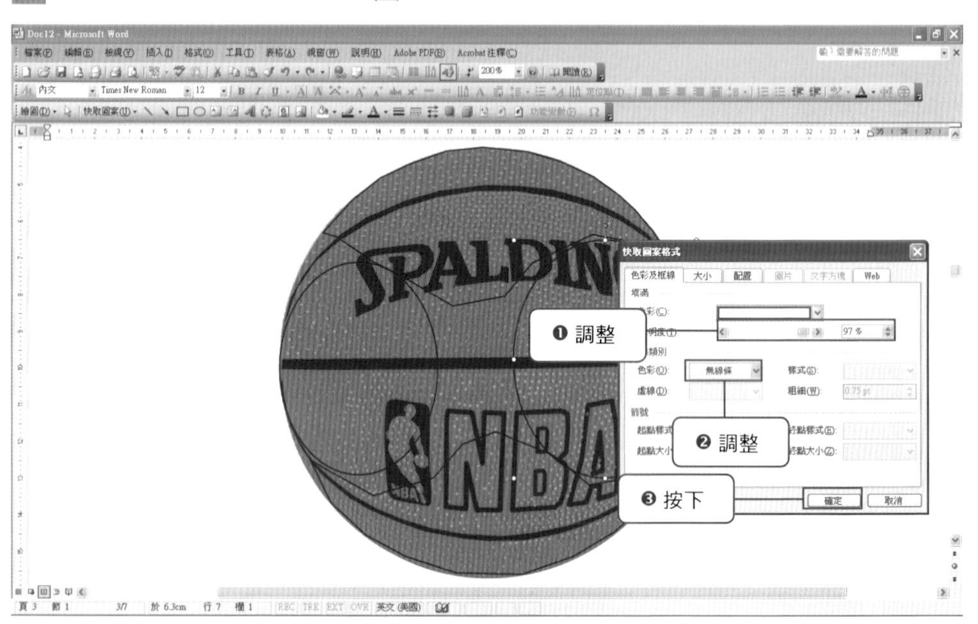

4 再點選陰影群組與下方的球體群組進行群組，完成籃球作品。

18 可樂

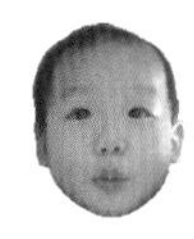

設計難度：★★★☆☆

擬真程度：80%

製作時間：約 1.5 小時

設計重點

1. 訓練逐步完成的技巧，同步進行描繪、著色、群組與順序動作
2. 表面水滴圖案與紋路的處理

Step_01 首先先插入一張要設計的圖檔(可樂檔名：0005-29)

1 選擇「插入(I)」➔「圖片(P)」。

2 再選擇「從檔案(F)」並按下滑鼠。

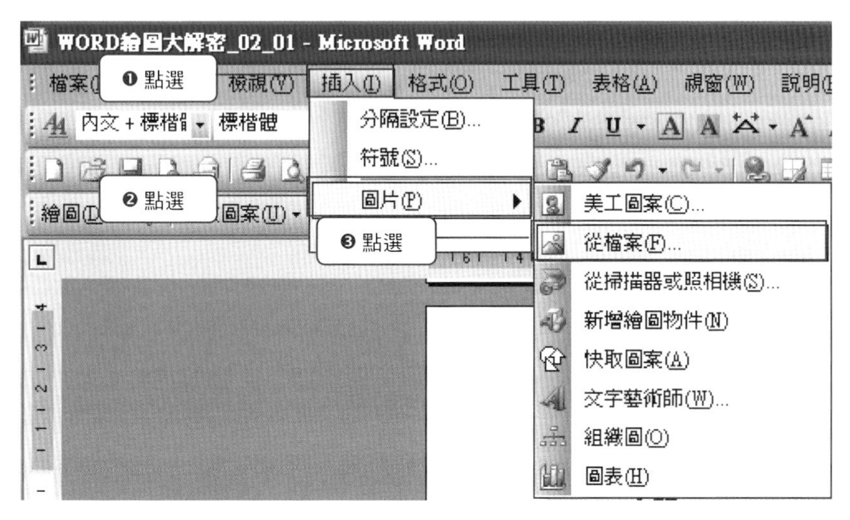

3 出現「插入圖片」對話方框，選擇圖檔來源，按下 插入 鈕。

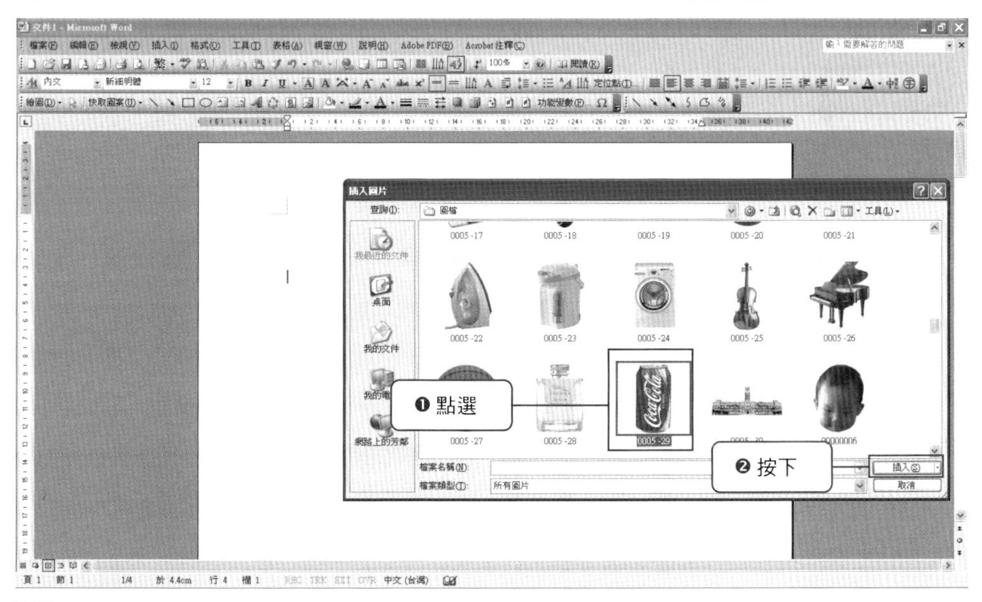

4 完成 Step_01。

Step_02 改變插入物件(0005-29)屬性

1 點選插入圖片，將滑鼠移至圖片上方並按下右鍵，此時出現下圖選擇方框。

2 選擇「設定圖片格式」一欄並按下滑鼠。

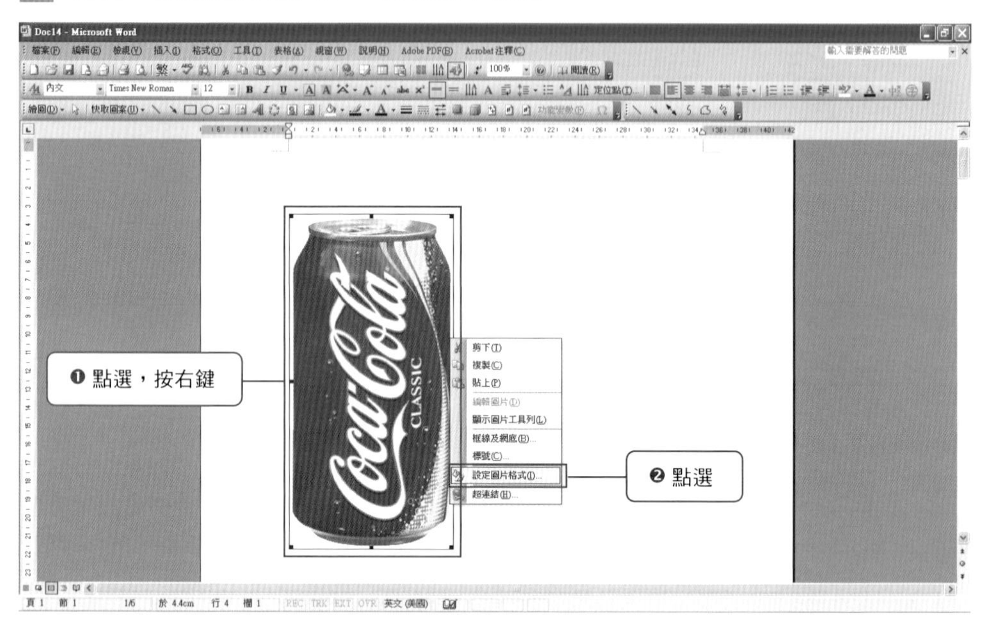

3 當按下滑鼠後會出現「設定圖片格式」對話方框。

4 在「配置」欄位內的「文繞圖的方式」區內，將原來的「與文字排列(I)」改成「文字在後」(F)，按下確定。

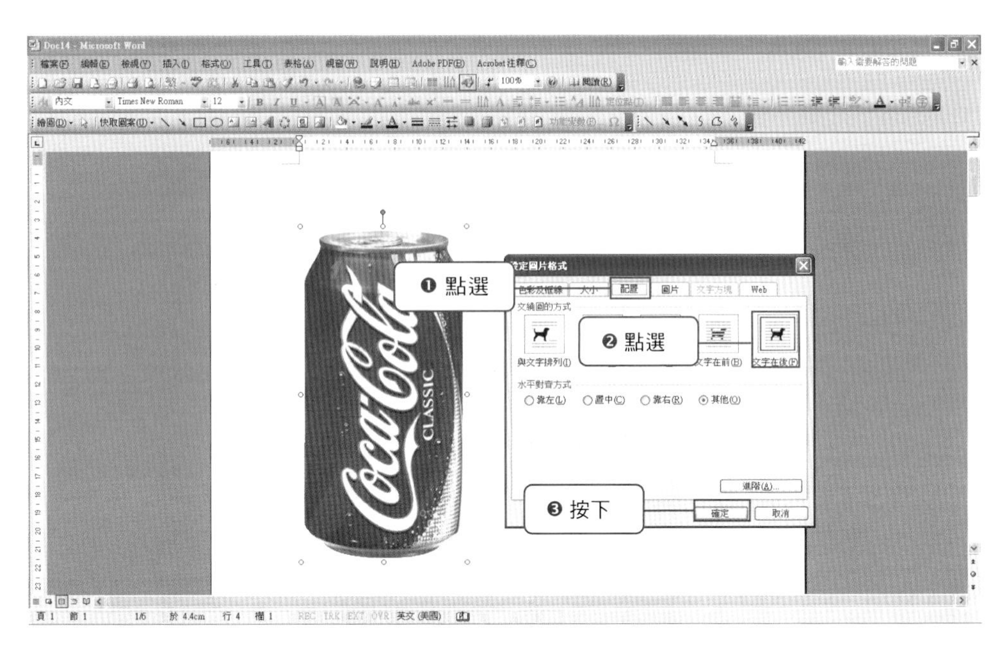

5 完成 Step_02。

Step_03 確定物件繪圖順序以及群組關係

說明

可樂作品物件主要聚焦在瓶身質感的設計，因此必須同時兼顧到金屬質感與表面圖案細微的描繪，著重在將物件放大顯示比例再修飾的動作。

4 完成 Step_03。

Step_04 依照設定群組的物件開始描繪物件線條

1 將物件調整至最適大小，本案例設定顯示比例建議設定為 120%。

2 調整物件至中央位置，用滑鼠分別移動上下、左右捲軸。

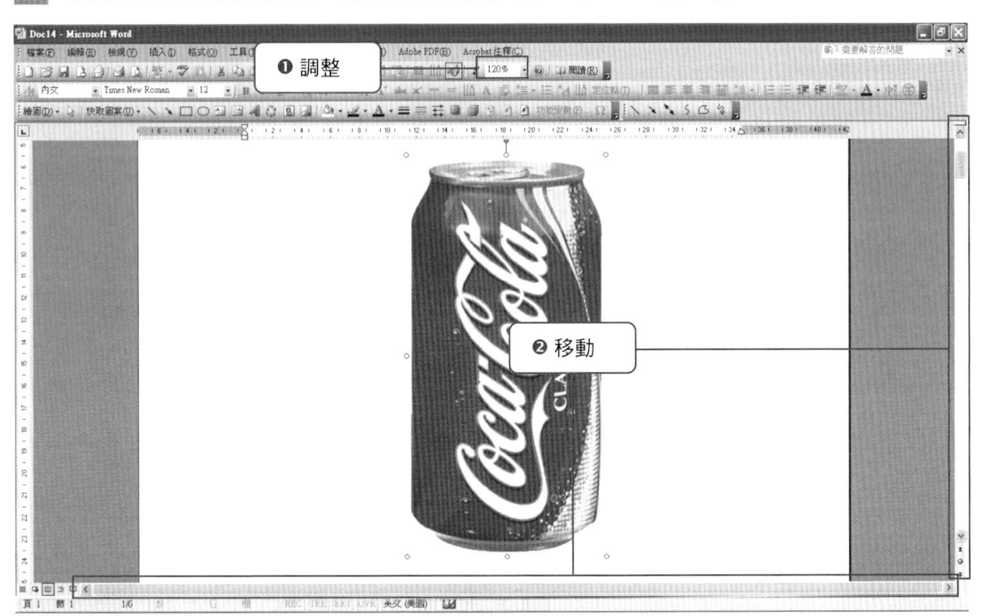

3 先點選可樂瓶身，避免出現「請在此繪圖。」繪圖方框。

4 開始進行物件線條描繪，到左上方的繪圖工具列點選「快取圖案(U)」➔「線條(L)」➔「手繪多邊形」，此時出現「＋」繪圖狀態。

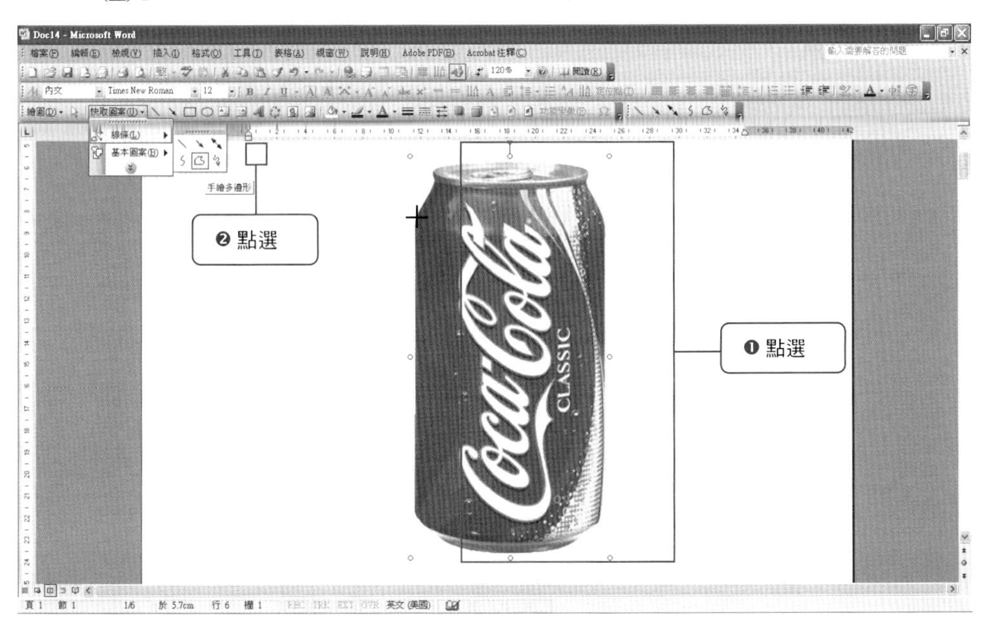

5 沿著可樂瓶身，分別畫出上瓶蓋、瓶身以及下方的鋁座，記得按住 Alt 鍵再進行描繪，否則無法對準。

6 完成後按下右鍵進行群組，按住 Shift 鍵，分別點選剛完成的瓶蓋、瓶身以及鋁座物件。

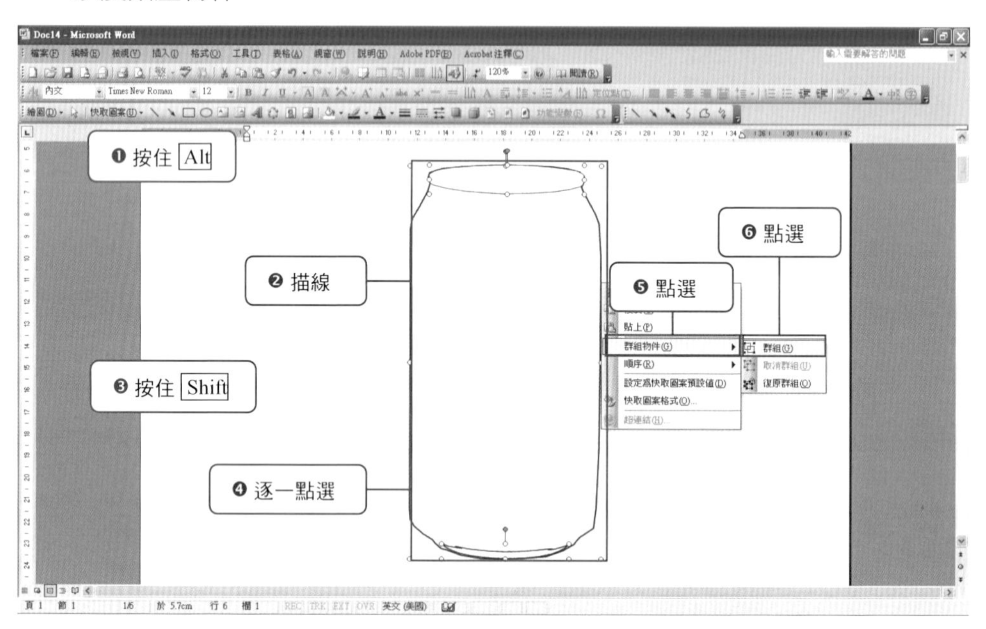

7 將完成群組的物件送到最下方，露出原來的可樂圖檔，繼續進行其他部分的描繪，點選物件按下右鍵，選擇「順序(R)」➔「移到最下層(K)」。

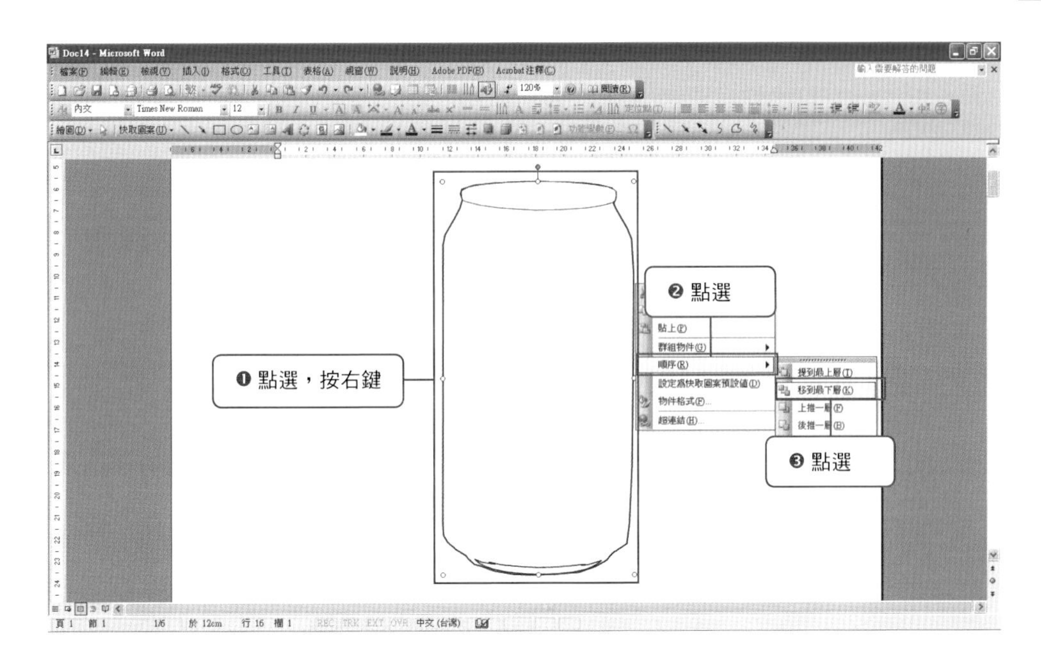

說明

另外提供一個筆者常用不用更動順序的方法，那就是把原本中間填滿部份進行鏤空，就可以直接再進行物件的描繪。

連續點選物件，出現「格式化物件」對話方框，在「框線類別」區選擇任一顏色(為方便讀者辨識，筆者選擇深藍色)，接著再到「填滿」區的「色彩(C)」欄內，選擇「無填滿」。

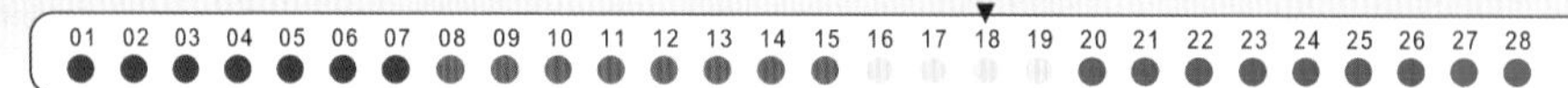

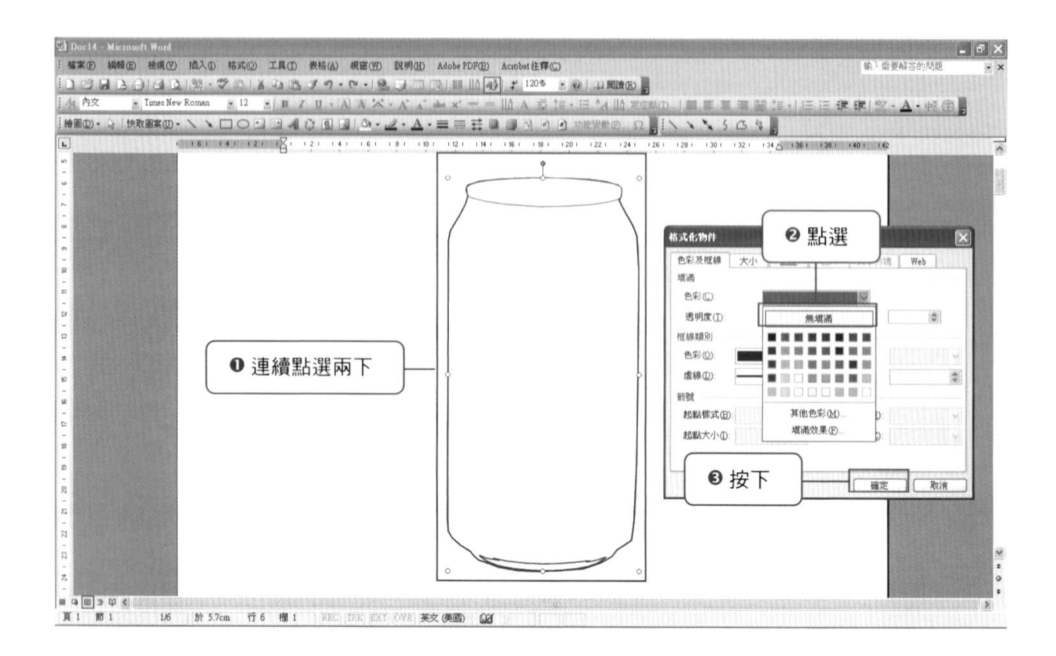

出現下圖只有線條搭配原始圖檔的結果，這種技巧將於其他章節再特別介紹。

8 回到原先的步驟七，當原本底層的可樂圖檔露出來後先複製一個到旁邊，並且把原來的物件在送到最下方，點選可樂圖檔按右鍵，選擇「順序(R)」➔「移到最下層(K)」。

9 進行著色，針對所需要進行著色的物件，予以設定單色或漸層顏色，先點選物件，因為已經進行群組，會在整個瓶身周圍出先八個白色小圓點，再對要進行著色的物件點選一次，這時只會在被選定的物件周圍出現八個灰色小圓點。

10 再連續點選兩下，叫出「快取圖案格式」對話方框，設定對應的顏色，記得要取消線條，「框線類別」➔「色彩(O)」➔「無線條」。

說明

上下單色(灰色)部份，可以直接在填滿區的「色彩(C)」中，選擇右邊預設的灰階黑白色彩，若不夠則可以點選下方的「其他色彩(M)」，出現下圖「色彩」對話方框，這時顏色較原本預設的多出許多，在對照可樂圖檔的顏色擇一確定。

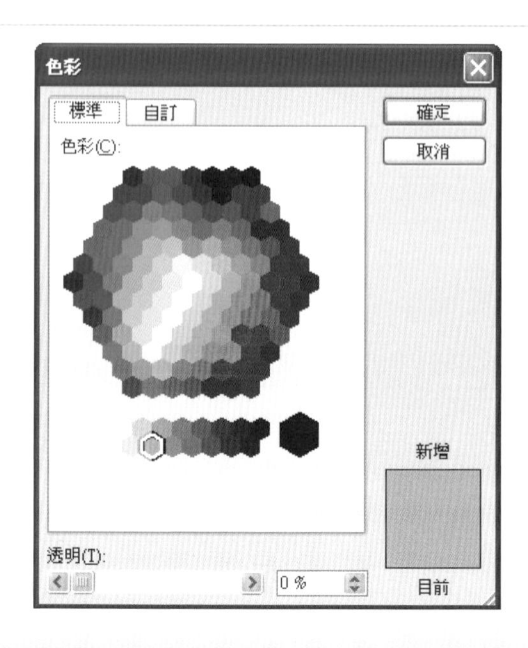

說明

1. 至於可樂瓶身部份，為了呈現金屬光影效果，要使用到漸層效果，因此一開始選擇「色彩」➔「填滿」對話方框最下面的「填滿效果(F)」，出現下圖「填滿效果」對話方框。

2. 點選「漸層」欄位，「色彩」區選擇預設的單色，「網底樣式」區選擇「垂直(V)」，「變化(A)」區選擇右下方的漸層圖案。

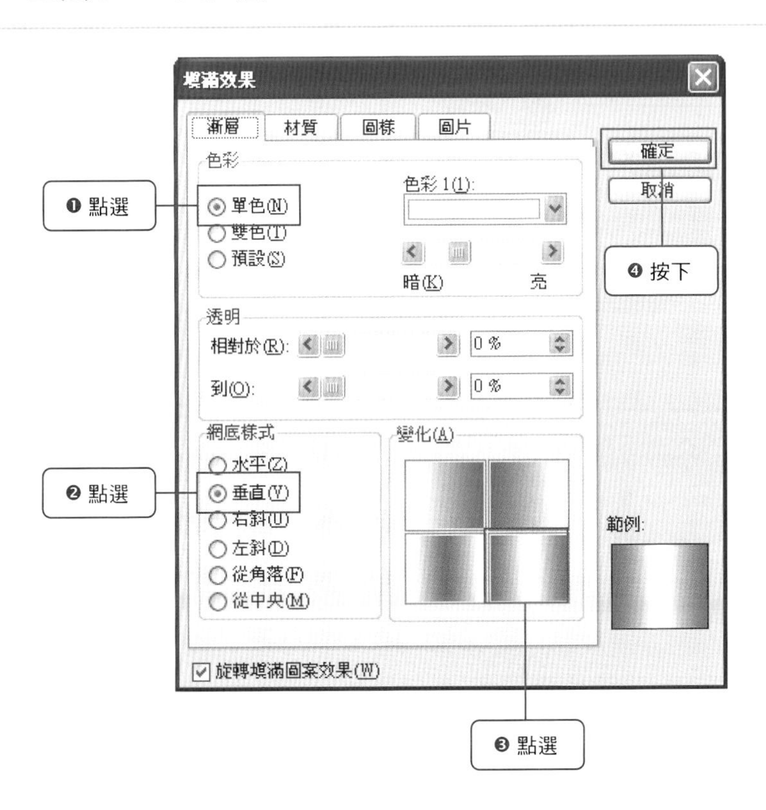

11 調整一下順序，把著色完成的物件送到最下層，選擇「順序(R)」➔「移到最下層(K)」。

12 接著描繪表面的顏色，先進行左邊的紅色漸層，首先描繪出形狀。

13 連續點選描繪物件，叫出「快取圖案格式」對話方框，同樣選擇「色彩」➔「填滿」對話方框最下面的「填滿效果(F)」，出現下圖「填滿效果」對話方框。

14 分別在「色彩 1(1)」與「色彩 2(2)」選擇磚紅與更深色的磚紅色。

說明

1. 顏色設定可以參考以下作法，選擇下方的「其他色彩(M)」叫出「色彩」對話方框。
2. 先處理「色彩 1(1)」部分，點選「自訂」欄位，點選磚紅色(「紅色(R)」數值 154；「綠色(G)」數值 42；「藍色(B)」數值 30)。
3. 接著處理「色彩 2(2)」部分，這時作法請參考下圖(快取圖案格式)的說明。

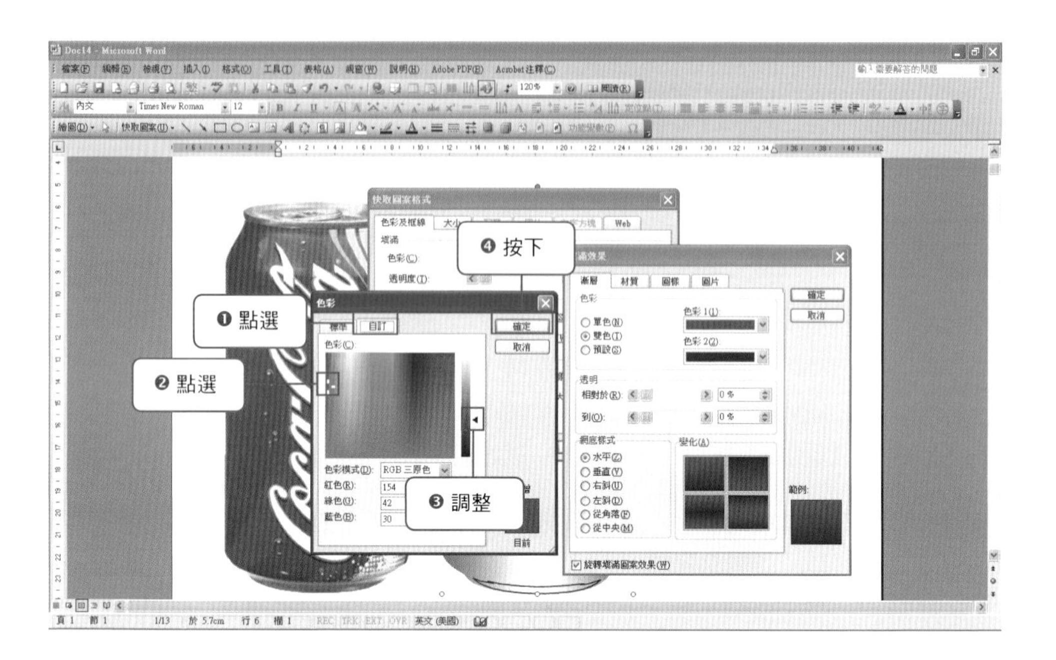

說明

1. 一般來說，剛剛所設定的磚紅色會出現在「填滿」區下拉式選單的「無填滿」跟「其他色彩(M)」之間。

2. 依據筆者的習慣，會先直接點選剛剛設定的磚紅色再進行「色彩 2(2)」的填色。

3. 這樣的作法只要調整「自訂」欄位內右邊的捲軸，往下拉就可以快速調整到同色系更深色的顏色，避免「色彩 1(1)」與「色彩 2(2)」兩種顏色漸層過程中產生不協調的情況。

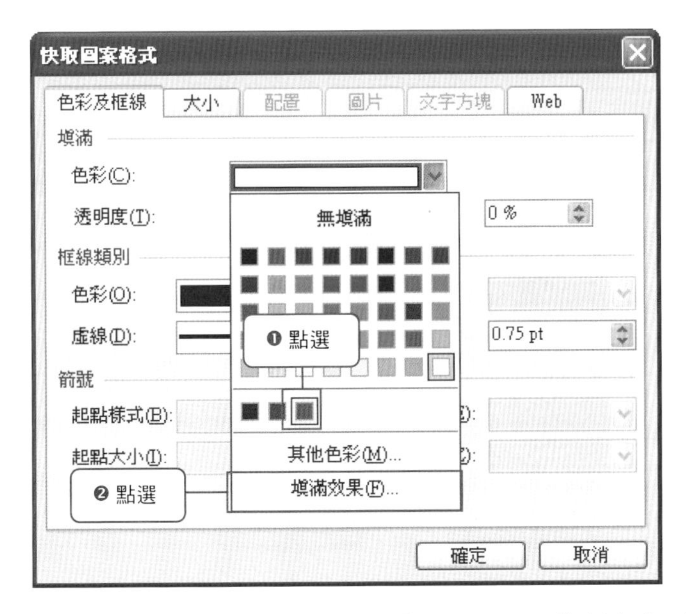

15 捲軸出現「色彩 1(1)」設定的顏色，將「色彩 2(2)」的顏色往下拉到深色，並在「網底樣式」區點選「水平(Z)」，再到「變化(A)」區選擇漸層效果圖案，按下確定。

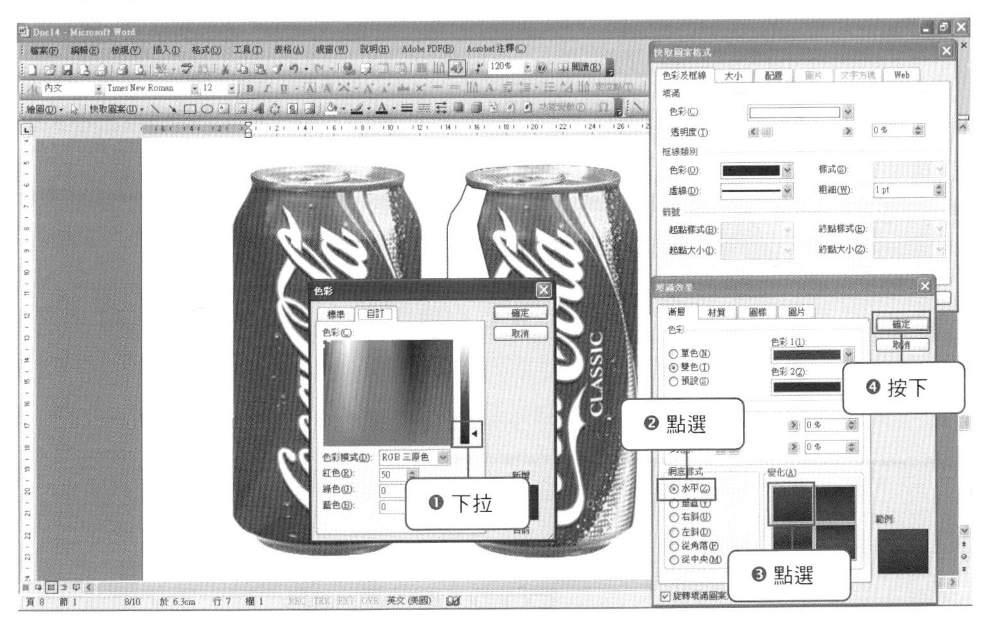

16 回到上一層，進行透明度設定，讓前景鮮豔色彩與背景鋁金屬顏色進行融合，建議將透明度設成 10%(「填滿」➔「透明度(T)」)，按下確定。

17 其他顏色請依照同樣的步驟完成繪製與上色，接著再按右鍵進行群組(先按住 Shift 再逐步點選其他物件)。

18 再點選完成群組的顏色物件與上方或下方先前的物件進行再一次的群組。

19 完成瓶身顏色的上色動作後，再繼續上層英文字體的描繪，細部的部份記得先放大比例後再描繪。

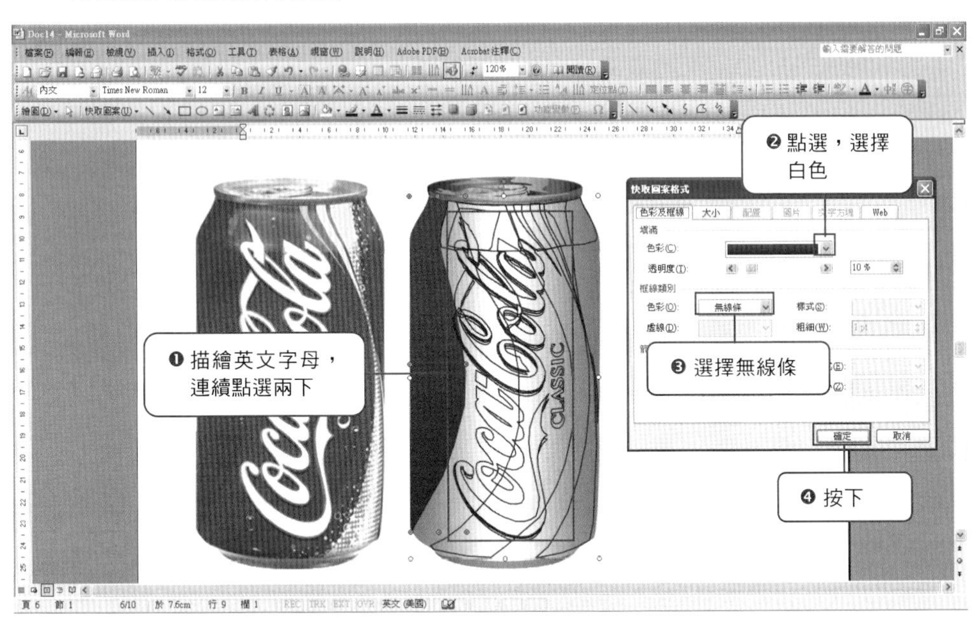

20 因為陰影的部份較不規則，無法利用複製物件變黑後送到下層的快速製作方法，因此還是要針對陰影部份逐一描繪出陰影物件。

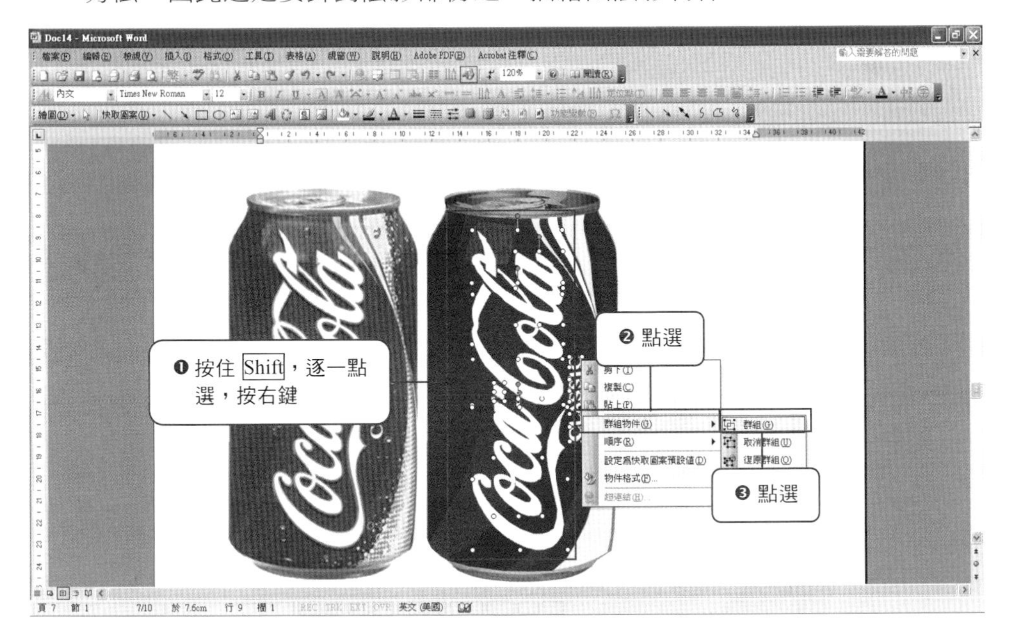

說明

再回顧一下可樂的上色步驟方法，❶先完成整體鋁製瓶身的漸層效果❷瓶身的上色與融合(透明度 10%)❸字母與亮影。

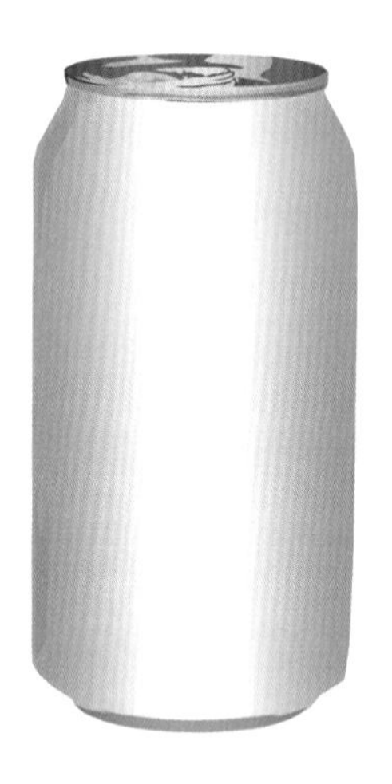

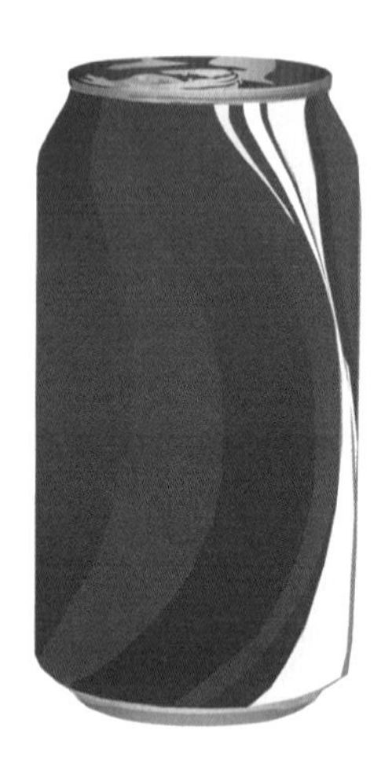

說明

有沒有可能先完成各項物件的描繪，最後再一次上色呢？答案是很難，因為實際成品有太多的物件，過程中只要其中一個物件順序組合錯誤，造成原本在上方的圖層被掩蓋掉的話，就有可能無法正確呈現最終作品的逼真效果。

21 接續步驟 19 字母陰影處理部分，先將上方物件送到最下層，露出原始圖檔，再進行陰影的描繪。

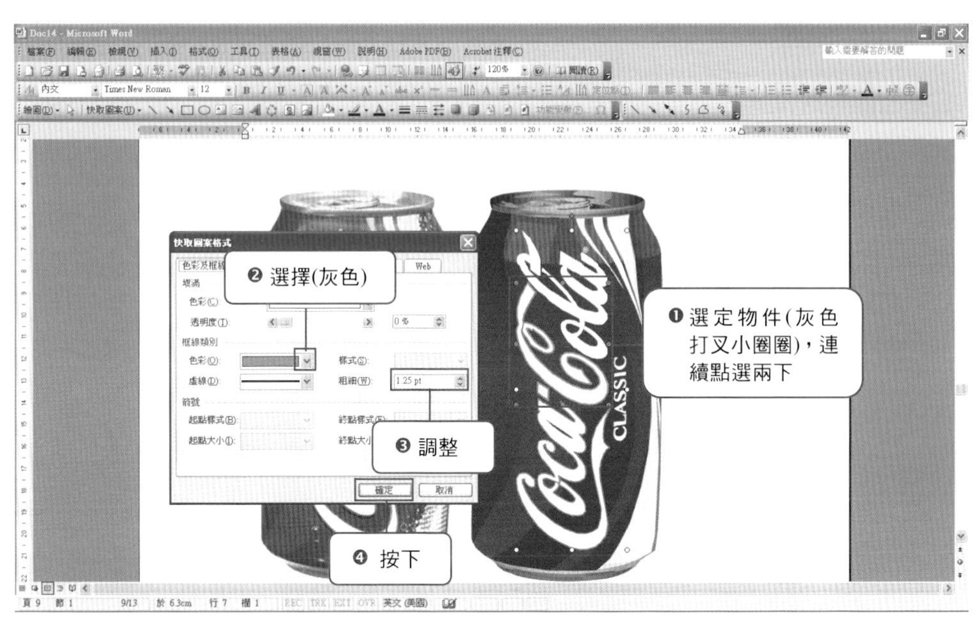

22 細部的描繪部份，可以放大畫面比例後再進行動作。

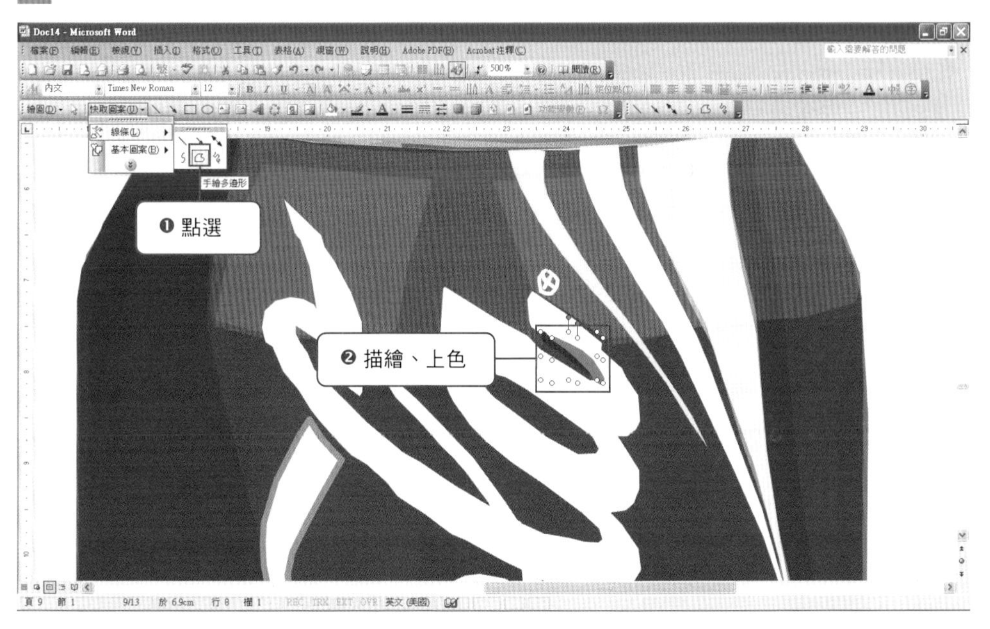

23 描繪過程中建議不斷的調整順序並參酌旁邊的複製圖檔比對，設定好顏色後再進行英文字母陰影部份的群組。

Step_05 進行最後表面細部修飾

此步驟為了提供讀者另一個選擇，特別不採用原先的調整順序作法，而是利用旁邊對比物件進行描繪物件，完成後再移到正確位置。

1 放大顯示比例，建議調整到 500%。

2 將複製圖檔移到最下層並移動位置。

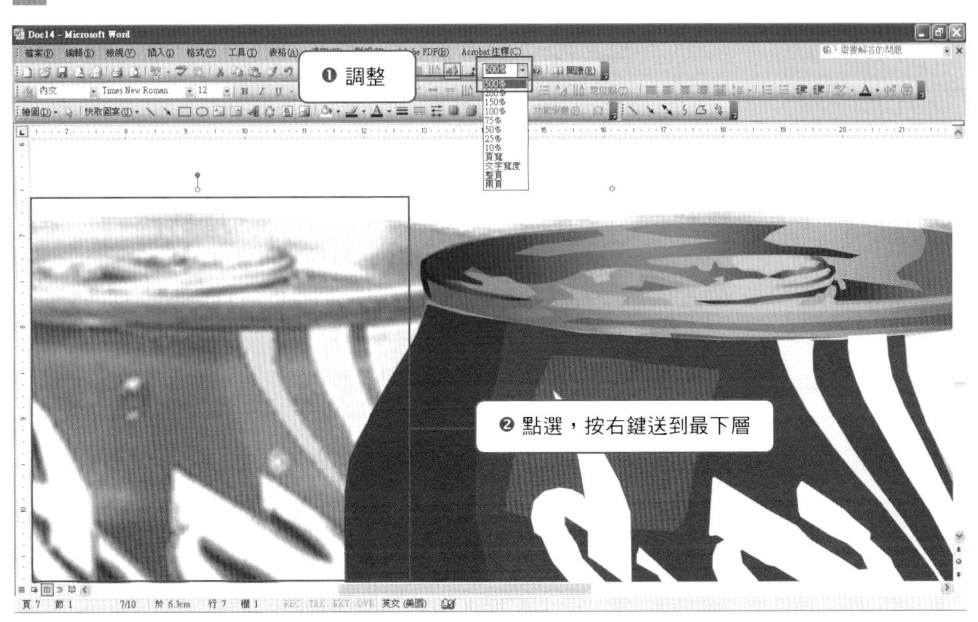

3 用「手繪多邊形」工具再次進行小水滴的繪製，先依照表面畫出形狀。

4 按下右鍵選擇「快取圖案格式」，去掉線條(「框線類別」選擇「無線條」)，在「填滿」色彩區選擇右排第二個灰色，按下確定。

5 先將小水滴拉到旁邊，接著再針對小水滴上方的白色亮點進行描繪。

6 重複著繪製的步驟，先去線條並且在「填滿」區選擇白色，然後再將透明度設成 10%。

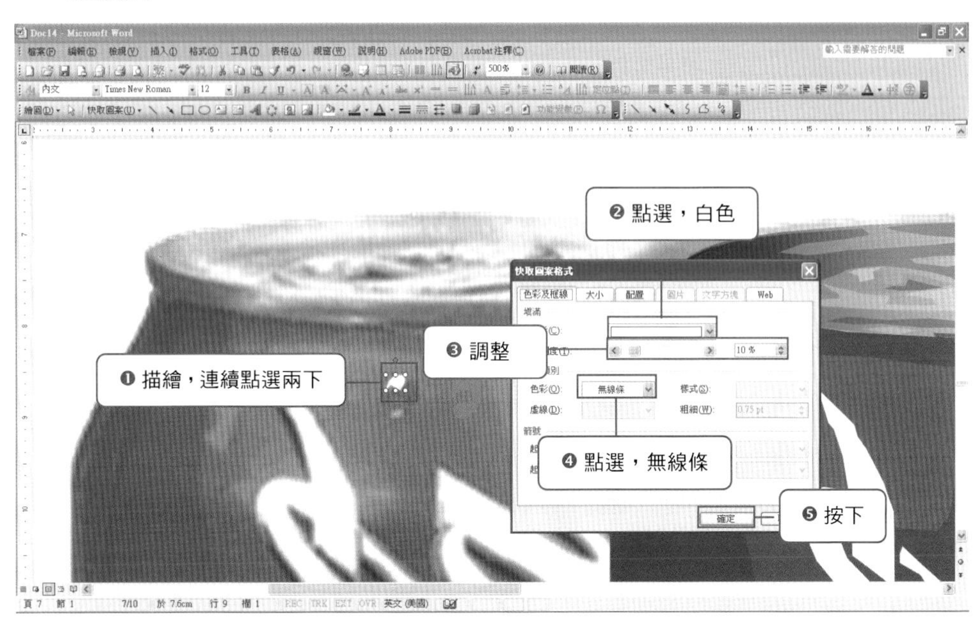

7 將原本深灰色的水滴物件拉回來，分別用 Shift 點選剛完成的兩個小水滴物件，接著按下右鍵完成群組。

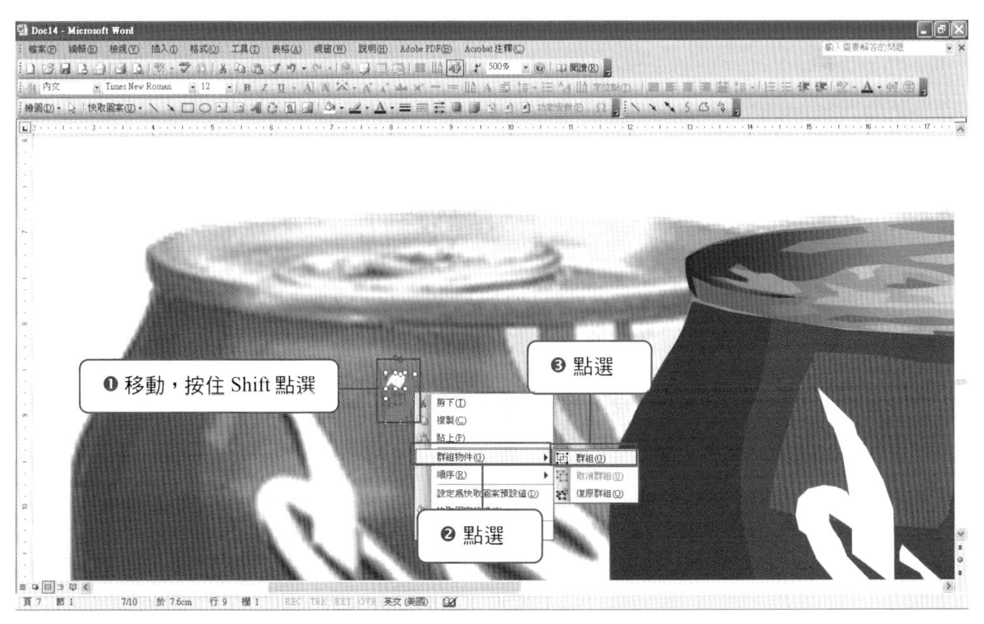

8 將顯示比例調到 120%，對照小水滴位置，調整到繪製物件正確位置，其他物件的繪製工作依此類推。

9 部分細部物件建議用一筆到底的技巧，讓相連接獲相當靠近的物件一筆從頭到尾畫好，避免要不斷的群組物件。

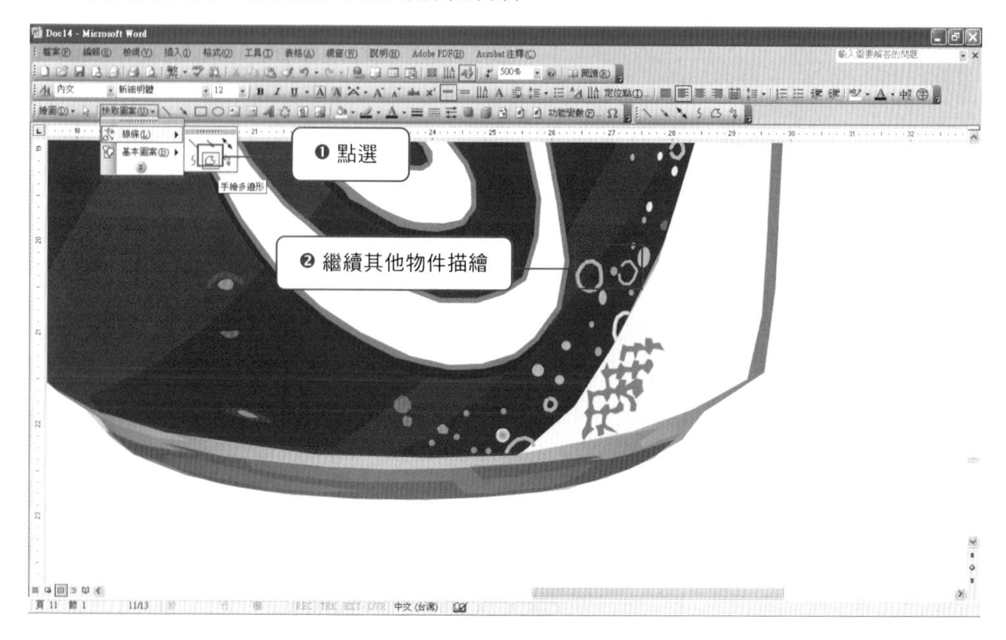

10 當各區細部物件完成描繪與上色時，建議分區完成群組，最後再與下層的群組物件進行最後群組。

11 完成可樂作品。

19 電動刮鬍刀

設計難度：★★★☆☆

擬真程度：80%

製作時間：約 1.5 小時

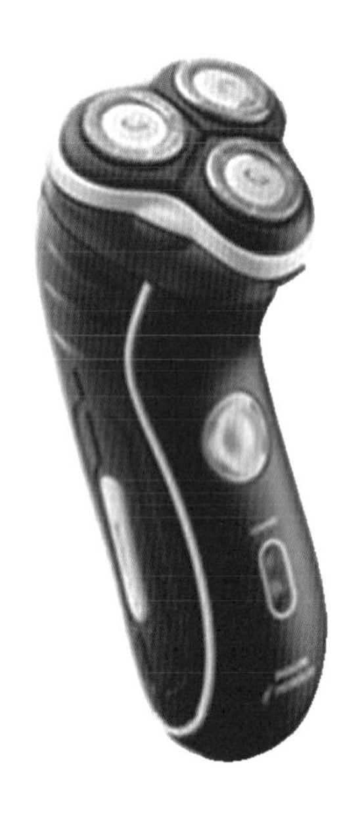

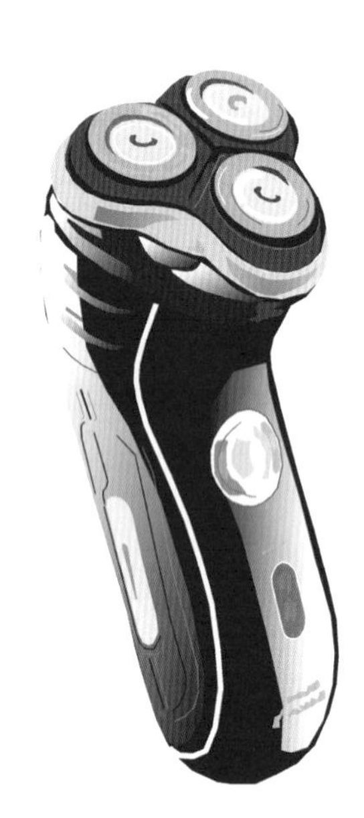

設計重點

圓形物件與線條物件的製作

Step_01 首先先插入一張要設計的圖檔(電動刮鬍刀檔名：0005-18)

1 選擇「插入(I)」➔「圖片(P)」。

2 再選擇「從檔案(F)」並按下滑鼠。

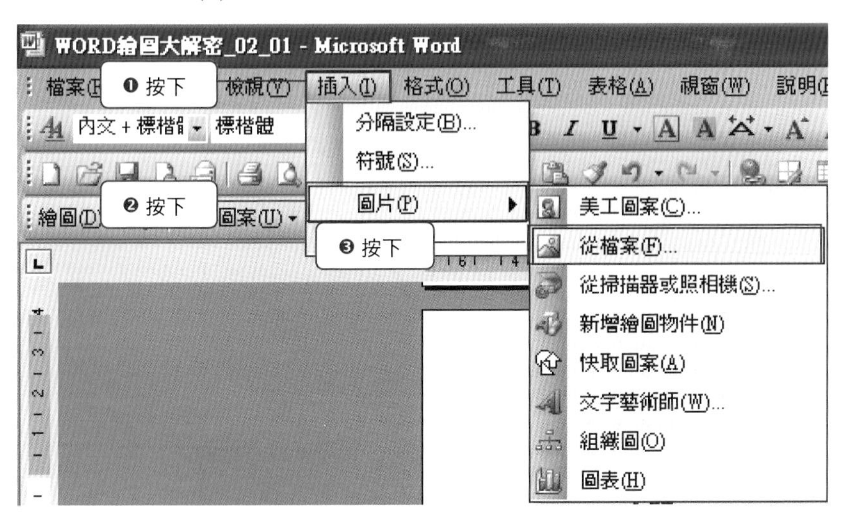

3 出現「插入圖片」對話方框，選擇圖檔來源，按下 插入 鈕。

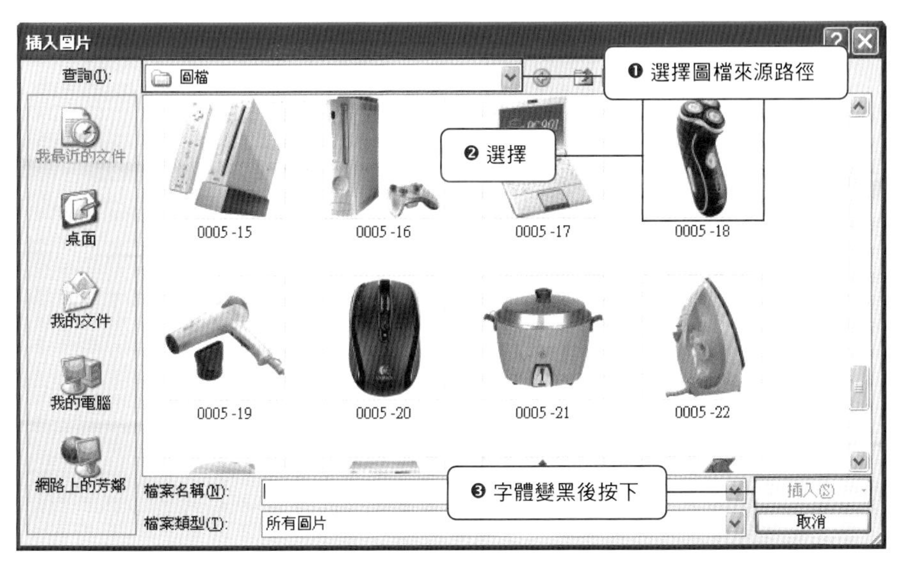

4 完成 Step_01。

Step_02 改變插入物件(0005-18)屬性

1 點選插入圖片，將滑鼠移至圖片上方並按下右鍵，此時出現下圖選擇方框。

2 選擇「設定圖片格式」一欄並按下滑鼠。

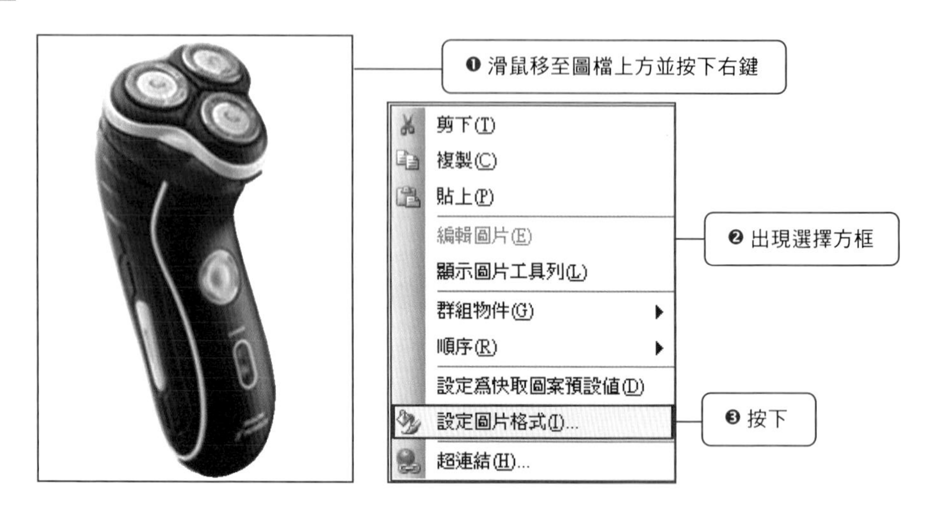

3 當按下滑鼠後會出現「設定圖片格式」對話方框。

4 在「配置」欄位內，將原來的「與文字排列(I)」改成「文字在後(F)」，按下確定。

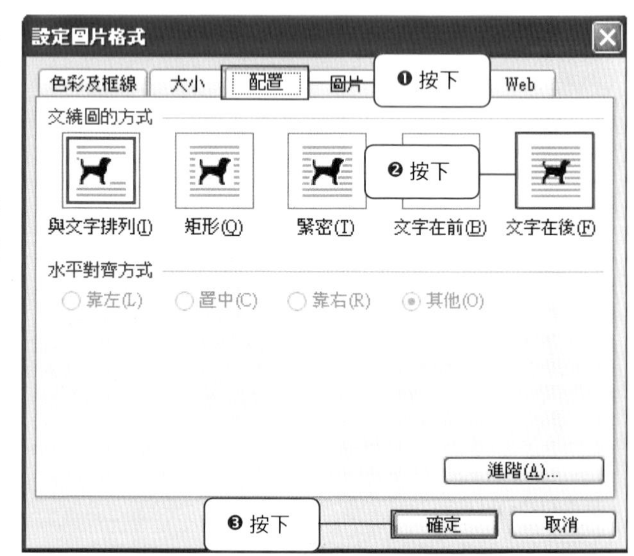

5 完成 Step_02。

Step_03 確定物件繪圖順序以及群組關係

說明

電動刮鬍刀作品物件本身並不複雜，比較強調色澤跟細部圓圈的處理，基本上電動刮鬍刀要快速做到相似並不難，但要做到很逼真就需要相當的耐心重複比較原圖與設計出來的物件感覺，不斷的修改。

1 群組_刀頭

塑膠外殼+金屬刀片

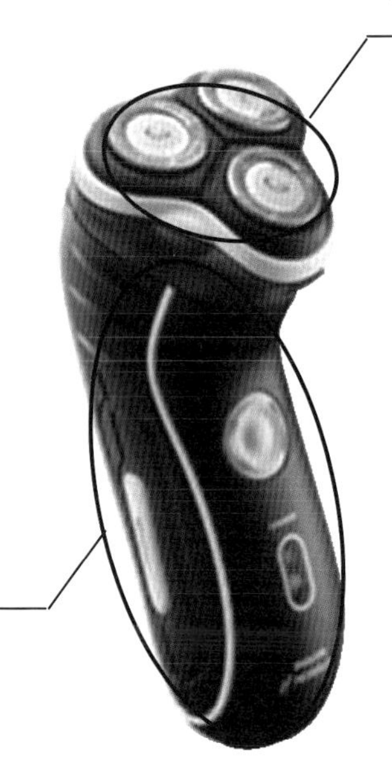

2 群組_刀身

塑膠外殼+半透明配件

3 完成 Step_03。

Step_04 依照設定群組的物件開始描繪物件線條

1 將物件調整至最適大小，本案例顯示比例建議設定為 100%。

2 調整物件至中央位置，用滑鼠分別移動上下、左右捲軸進行位置調整。

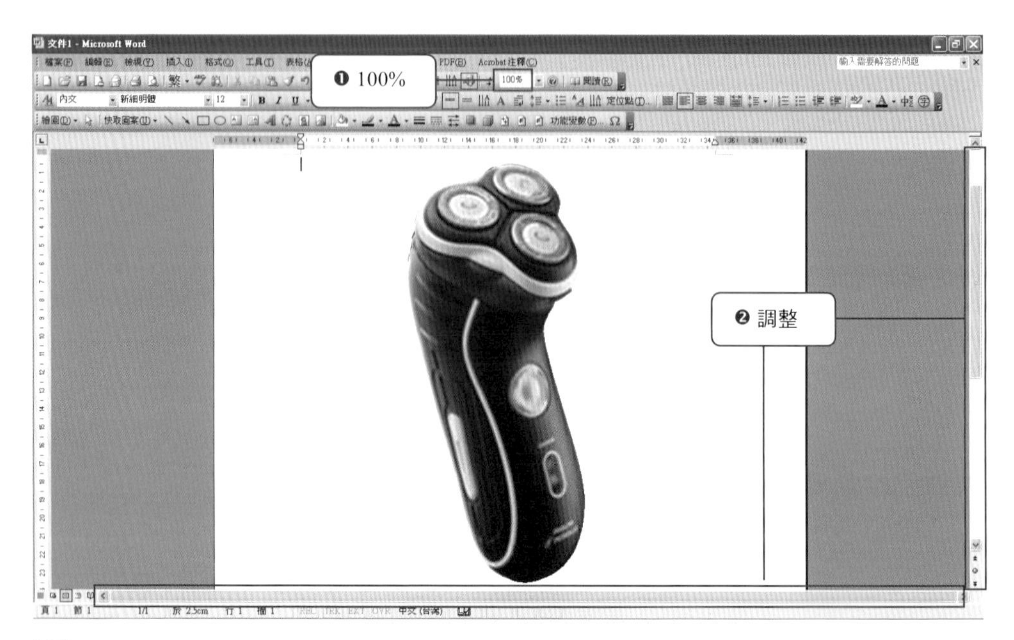

3 點選「電動刮鬍刀」，按下左鍵選取，滑鼠物件出現被選取狀態。

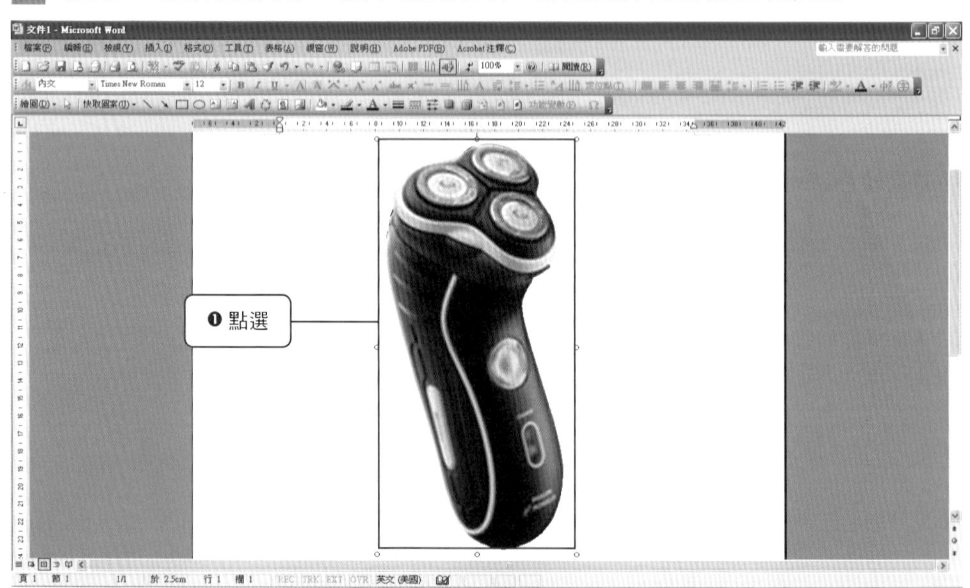

說明

事先選取物件可以避免出現繪圖方框的情況，另外一種方法則是當出現繪圖方框按 Esc 取消。

4 接下來請準備繪圖工作，先點選「快取圖案(U)」，再點選「線條(L)」。

5 選擇「手繪多邊形」一欄並按下滑鼠，出現「十」繪圖狀態。

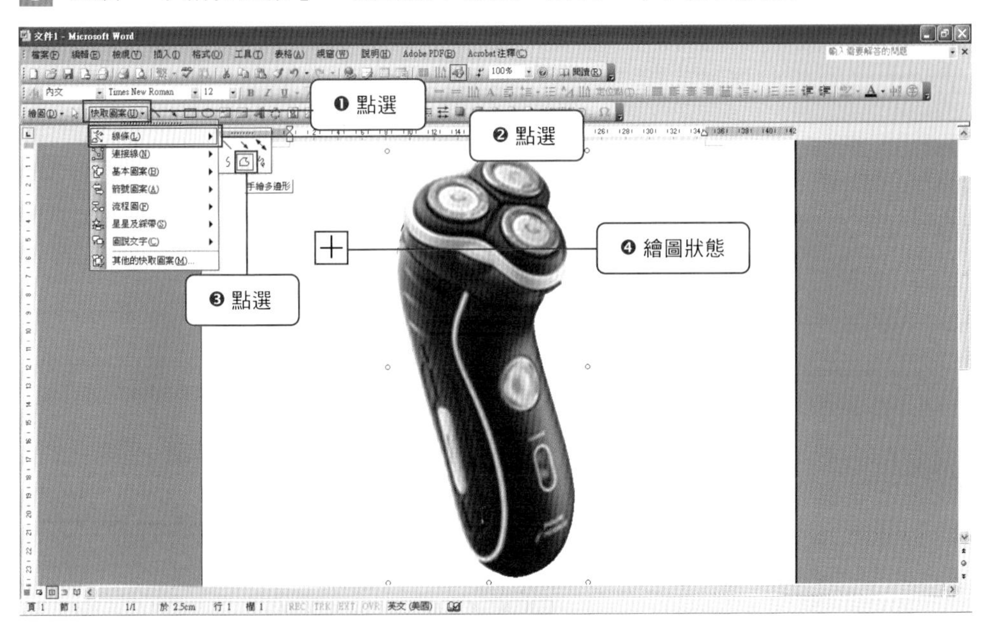

若剛才未進行第 5 點的選取步驟就直接點選「手繪多邊形」的繪圖工具，這時就會出現如下圖的「請在此繪圖。」畫面。這時如果直接描繪的話，會出現三種可能的狀況(分述如下)，都於後續的作業產生相當的麻煩，這時可以按 Esc 取消。

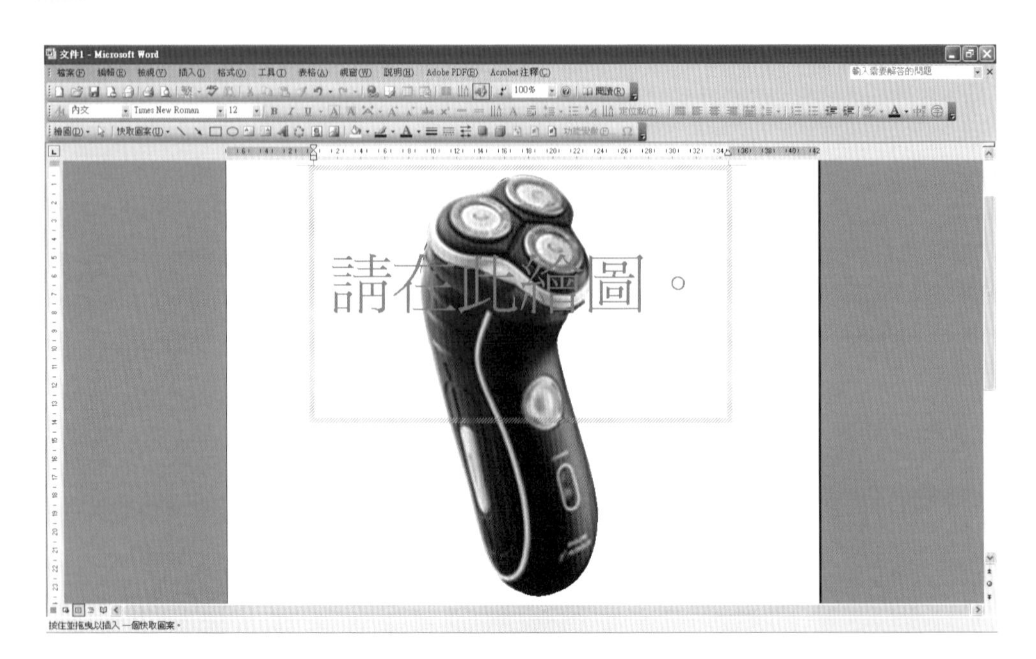

若按下 Esc 取消「請再此繪圖。」畫面後，滑鼠呈現「十」繪圖狀態。

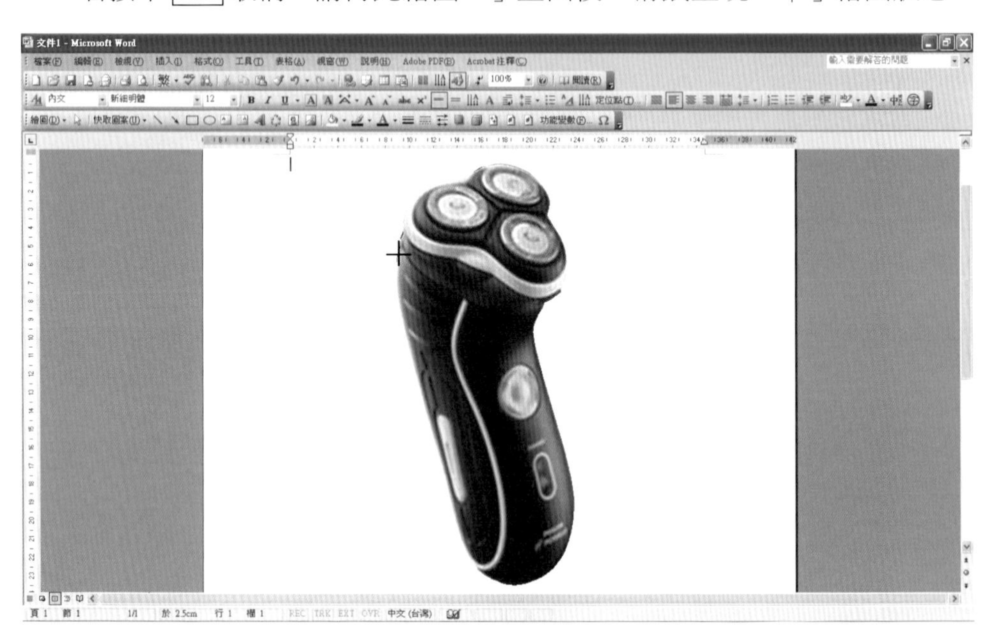

若是在「請在此繪圖。」畫面下直接畫圖的話，會出現三種可能的狀況，第一種是所繪的物件超過圖框大小時，當完成物件連結後，「請在此繪圖。」框自動消失(如下圖)。

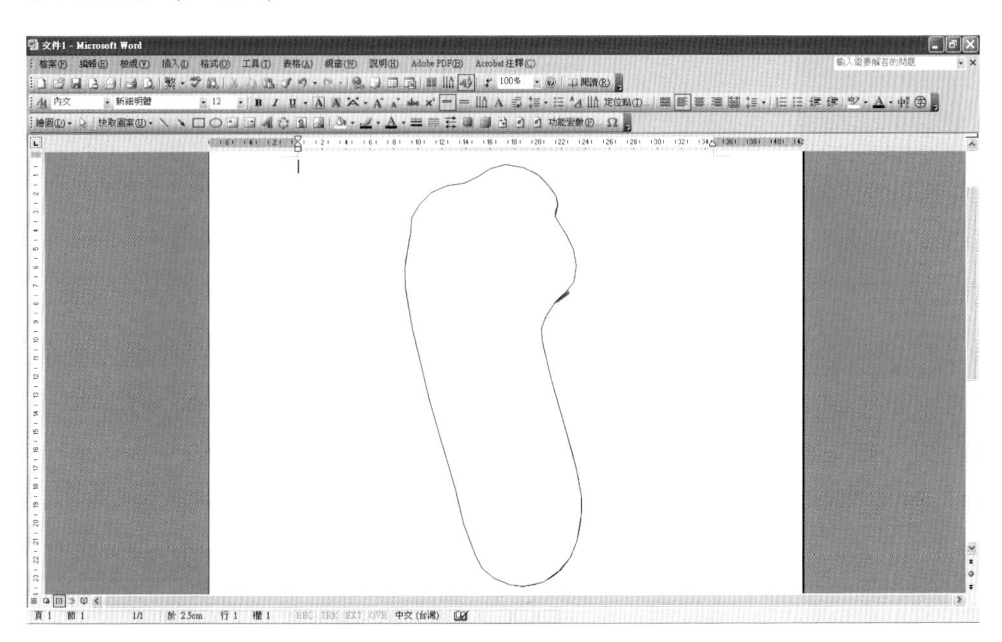

第二種是所繪的物件並未超過圖框的大小，並且在標的物件的表面進行描繪，當完成物件連結後，所繪的物件會消失不見，只留下繪圖選取痕跡(如下圖)，等於做了一次白工。

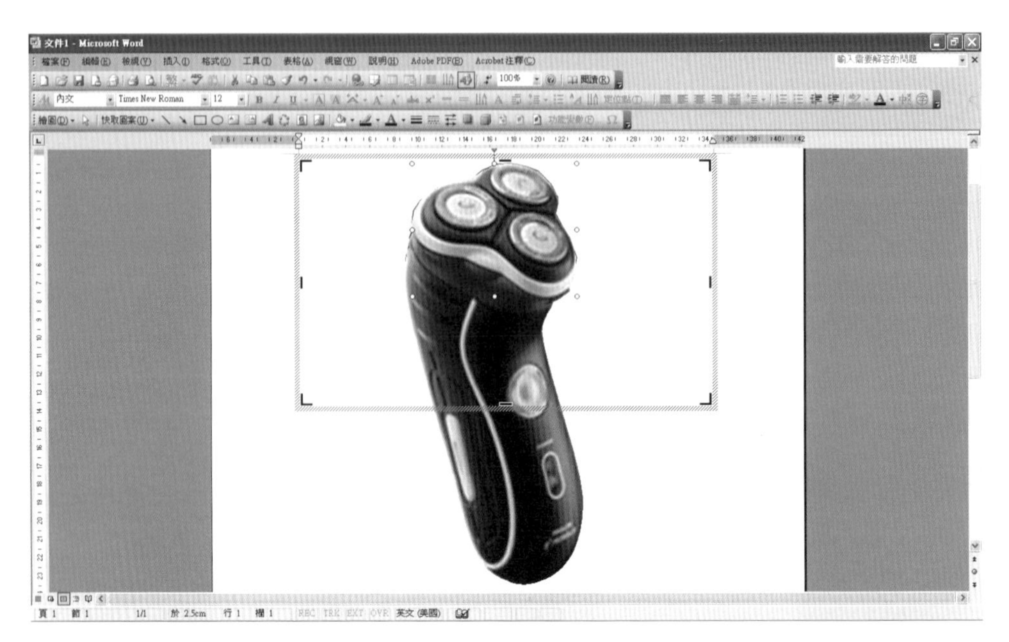

第三種的情況基本上不太會發生，它是所繪的物件並未超過圖框的大小，但不在標的物件的表面進行描繪，因此當完成物件連結後，所繪的物件依然存在(如下圖)實務上很難發生此需求。

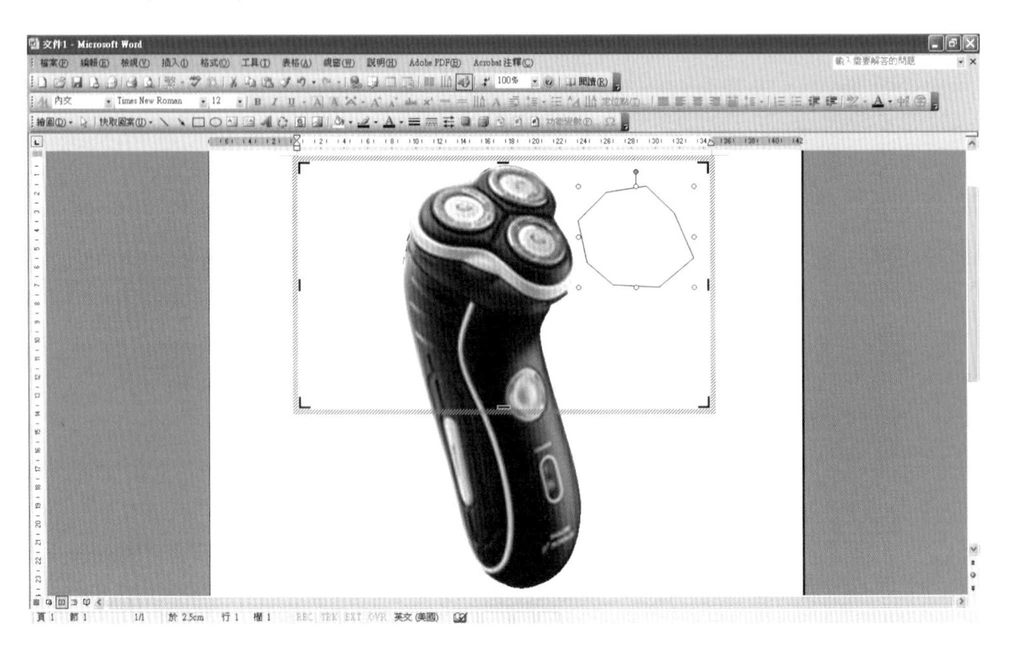

6 接下按下 Alt 鍵不放，沿著欲描繪的物件路徑沿途按下滑鼠左鍵確定。

7 完成物件線條描繪，黑色線條不易顯示，下圖以藍色表示框。

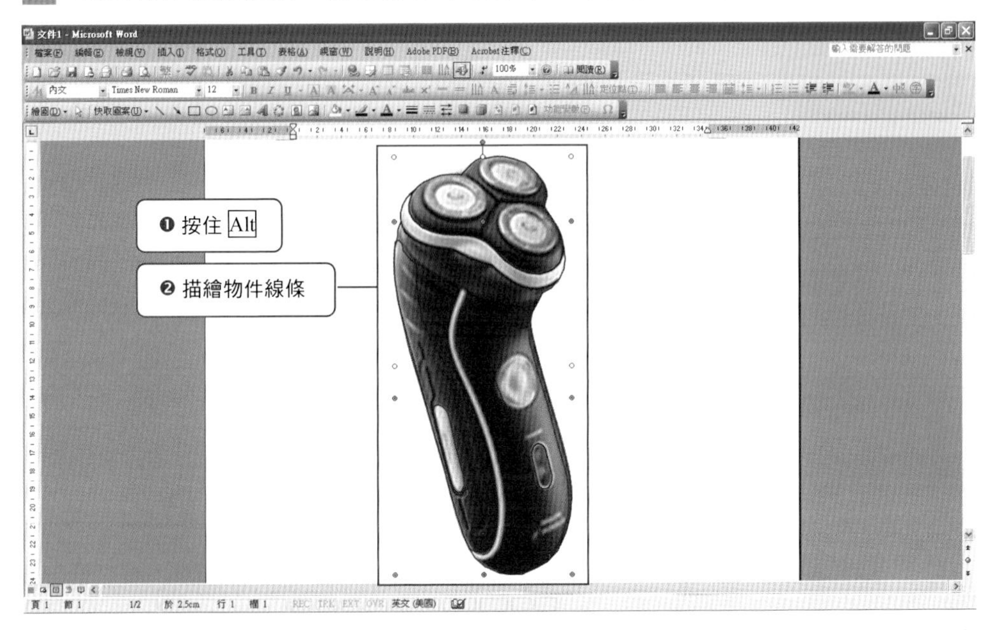

8 先按住 Shift 鍵不放，再按下滑鼠左鍵逐一點選欲連結的物件。

9 當點選完畢後，建議不要放開 Shift 鍵，再按下滑鼠右鍵叫出群組對話方框。

10 選擇「群組物件(G)」➔「群組(G)」，完成群組。

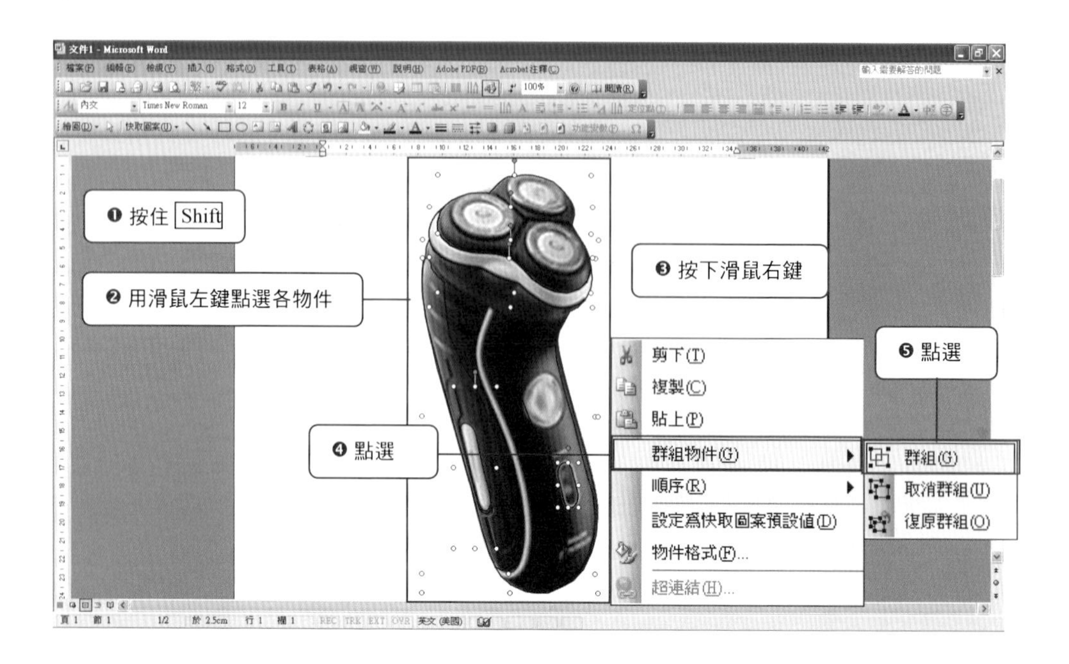

接下來同樣有兩種方式可以進行，一個是繼續描繪細部線條(右下圖)，另一個則是先上基底顏色(左下圖)。

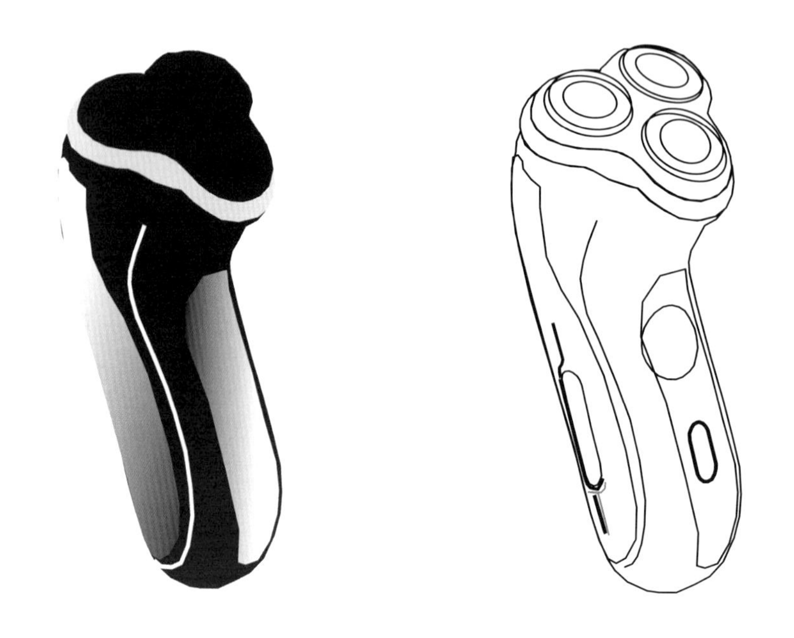

Step_05

筆者同樣選擇先進行基本物件底色的處理再進行表面物件的細部修飾，所以先依照下列步驟進行各物件的基本填色動作。

1. 先點選欲進行填色的物件，因為已經進行群組的動作，會在周圍出現八個小白點，接著在同一物件進行二次點選，出現八個灰色小圈圈。接著再用滑鼠左鍵點選兩下，出現「快取圖案格式」對話方框。
2. 選擇左上方黑色圖案，按下確定。

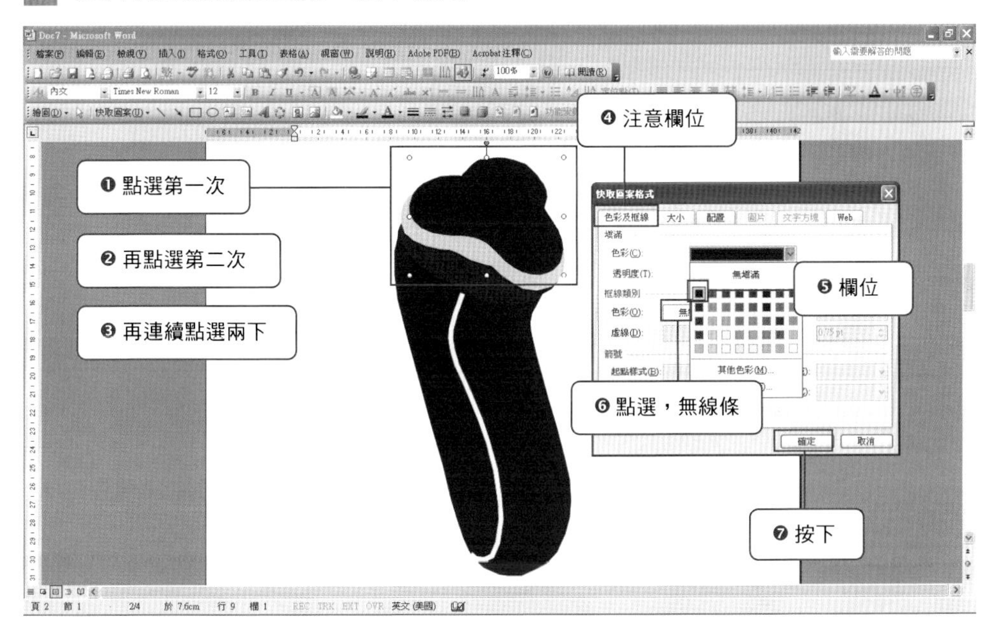

3. 依照上述步驟點選灰色金屬環部分，當出現「快取圖案格式」對話方框後，這次選擇的是灰色。讀者可以在色彩盤的右邊一排灰階選擇灰色，或顏色不夠接近的話，可以點選下方的「其他色彩(M)」。
4. 點選「標準」欄位，下方出現更多的灰階顏色。

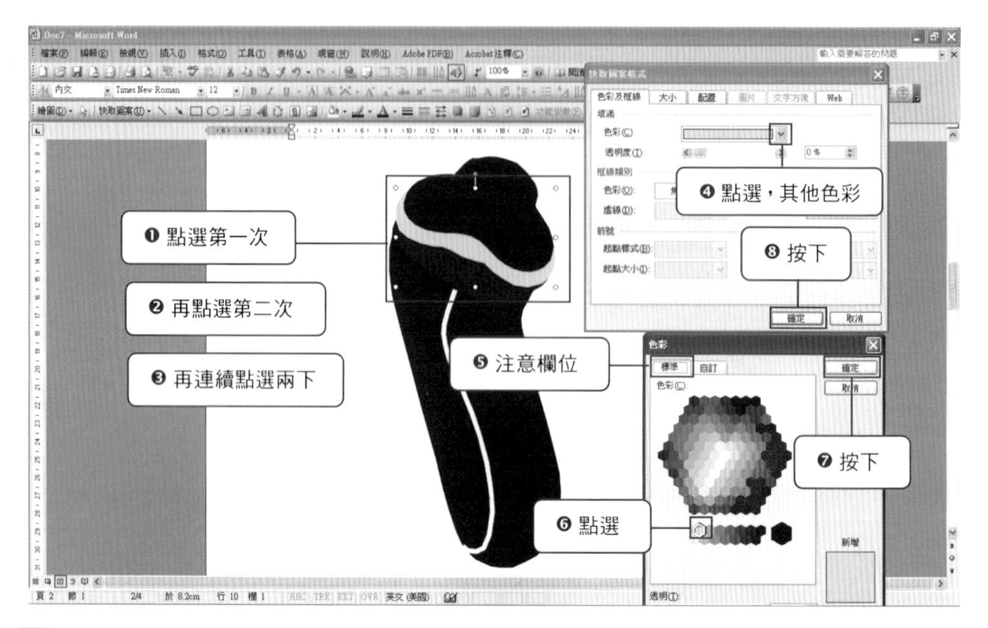

5 接下來製造漸層物件，依照上述步驟點選欲進行漸層的物件，再叫出「快取圖案格式」對話方框。接著到「色彩及框線」欄位，點選「填滿」區的「色彩(C)」，選擇最下方的「填滿效果(F)」，出現「填滿效果」對話方框。

6 點選「漸層」欄位，在「色彩」區先點選「雙色(T)」，「色彩 1(1)」與「色彩 2(2)」分別選擇白色與黑色；網底與樣式區點選「右斜(U)」；「變化(A)」區點選左上角圖案。

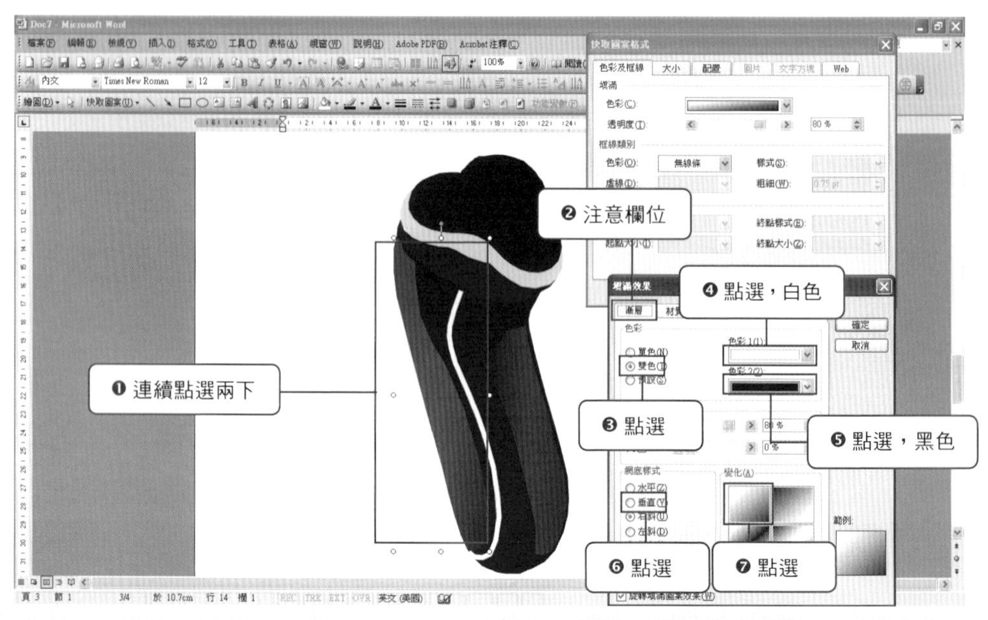

Step_06

當完成基本物件著色後，即開始進行細部處理，這個步驟關係到作品的擬真程度。因此需要運用放大技巧來處理

1. 接下來的步驟準備處理細節，首先先調整物件順序，把最下層的原始圖片叫出來。
2. 點選滑鼠按下右鍵，先選擇「順序(R)」，再選擇「送到最下層(K)」。

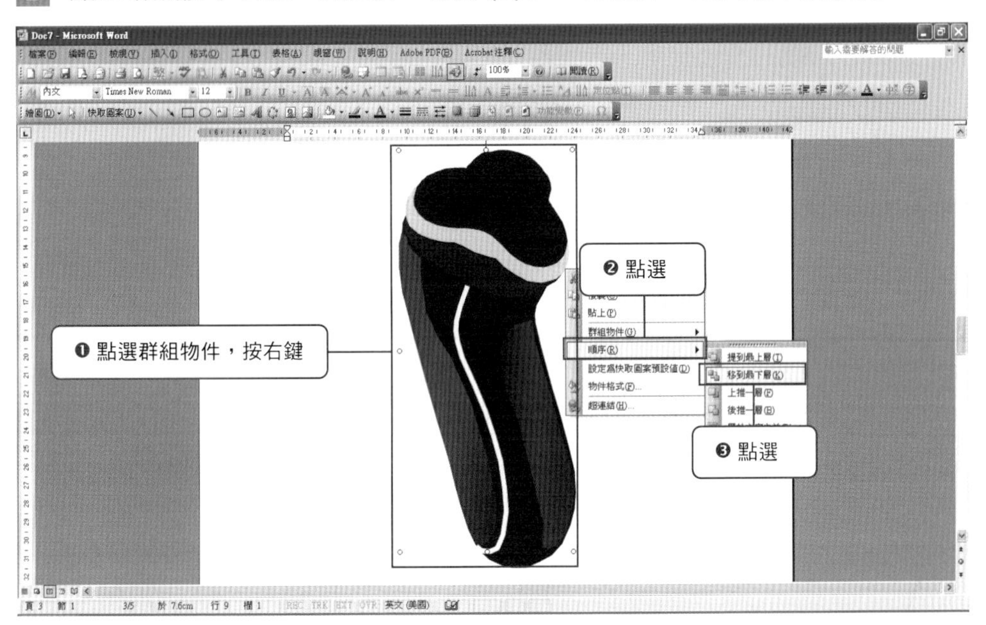

3 原本在最下方的圖檔此時被送到最前方。

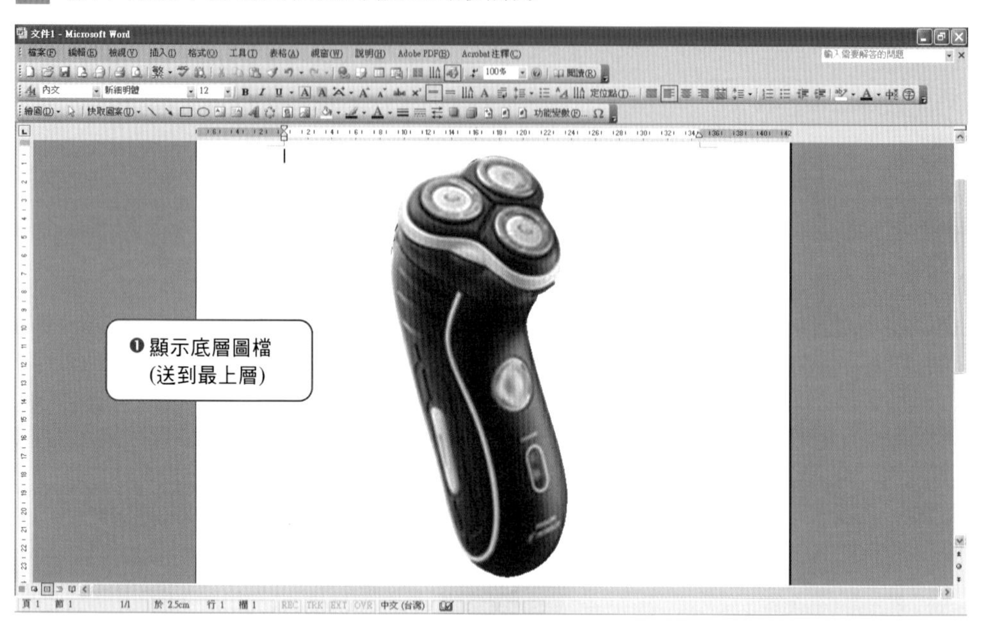

4 調整「顯示比例」，用滑鼠點選後輸入「260%」再按下 Enter 。

5 移動右邊的上下捲軸以及下方的左右捲軸，將物件調到中央位置。

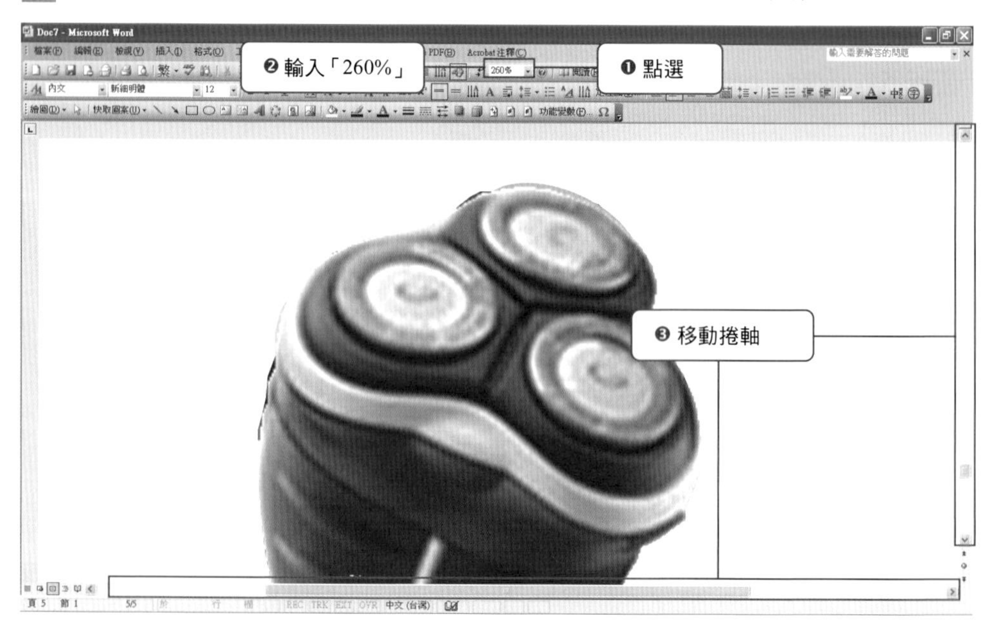

6 點選圖檔，避免出現「請在此繪圖。」畫面。

7 選擇繪圖工具列上的「橢圓」，在電動刮鬍刀圓形刀口任意畫出一橢圓。

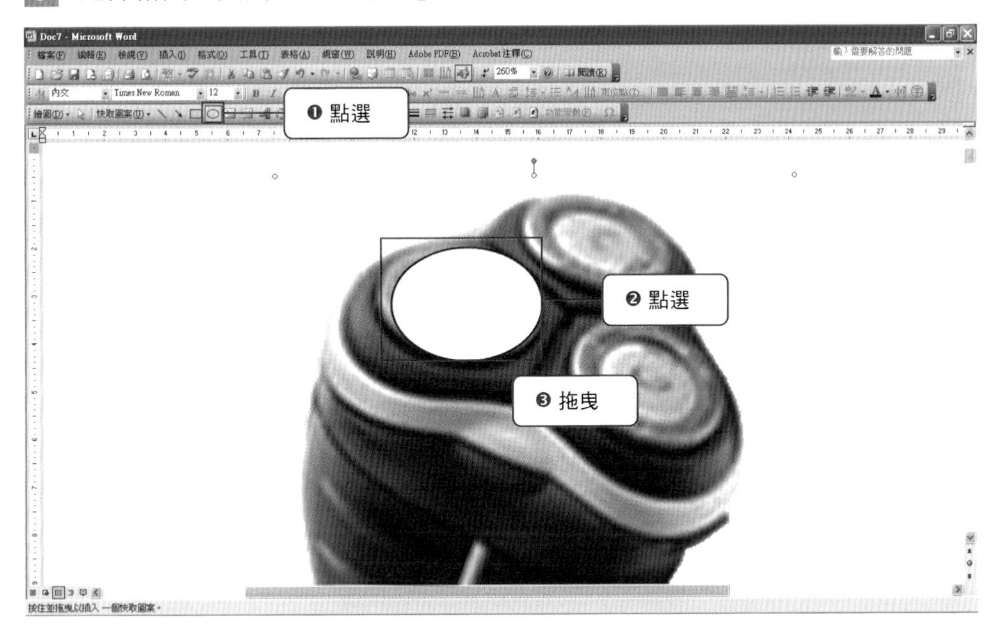

8 由於看不到背景圖檔位置，這時可以利用設定透明度的技巧來解決。

9 先兩次快速點選物件，叫出「快取圖案格式」，在「填滿」區「色彩(C)」選擇任一顏色，再到「透明度(T)」調整值為 50%。

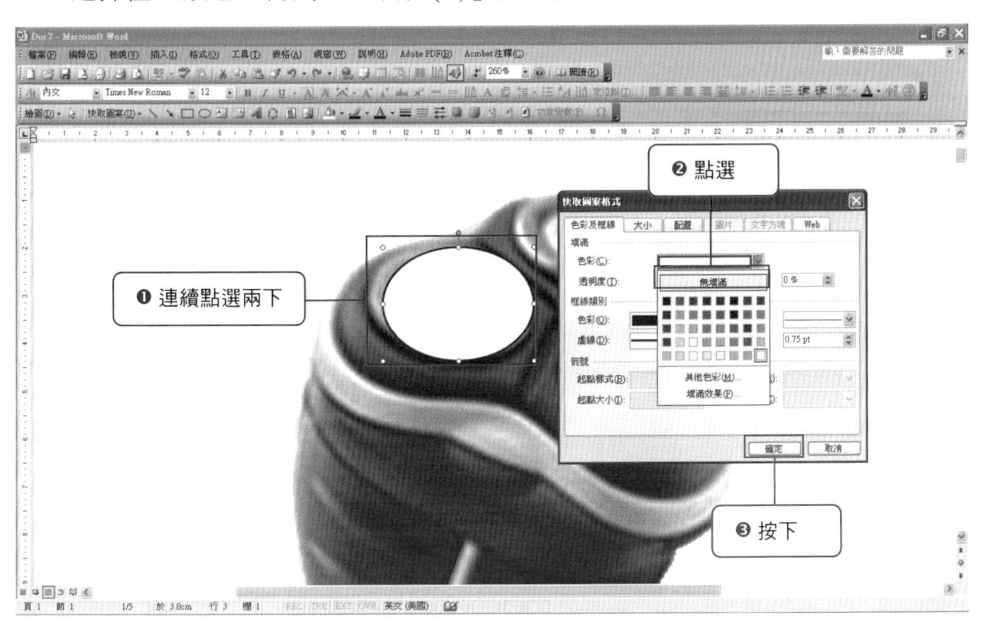

10 這時背景可以清楚地看到位置，用滑鼠將橢圓調整至符合刀片的大小以及正確的位置。

11 接著描繪刀片區的陰影，點選「快取圖案(U)」➔「線條(L)」➔手繪多邊形去邊(把「框線類別」區的「色彩(O)」設定為無線條)與填色(把「填滿」區的「色彩(C)」設定為黑色)。

說明

一般處理陰影可採取兩種方式，一種是直接複製(Ctrl + C)一個同樣的物件，按下右鍵設定陰影屬性後移到下方，調整位置做出陰影的感覺；另一種方式則是用外加陰影的方式，直接再描繪下方的陰影。

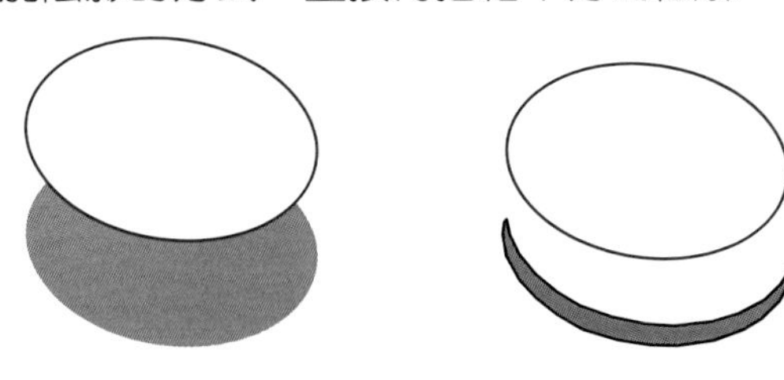

12 用同樣的方式畫出三個橢圓刀片，並且進行群組，按右鍵「群組物件(G)」➔「群組(G)」。

13 完成群組後，快速點選三個橢圓刀片中的任一物件，因為已經進行群組，所以出現的對話方框名稱是「格式化物件」而不是「快取圖案格式」，一旦進行任何設定將針對群組內的所有物件共同改變。

14 因為要點選淺灰色，右邊所提供的灰色過深，因此選擇下方的「其他色彩(M)」。

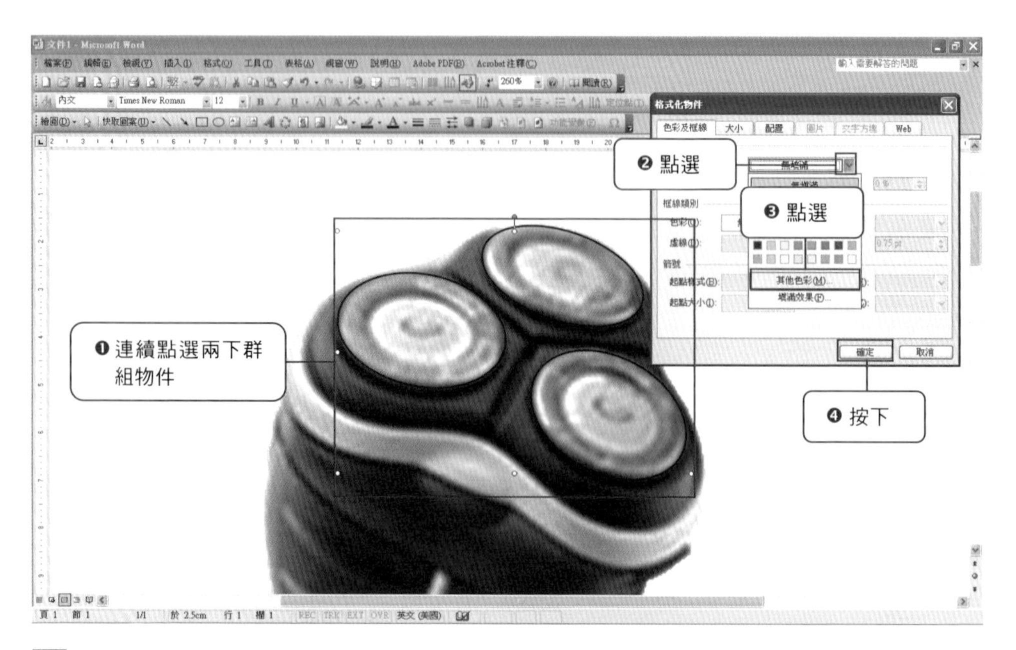

15 點選「其他色彩(M)」後，出現「色彩」對話方框，點選「標準」欄位並點選下方的淺灰色，按下確定。

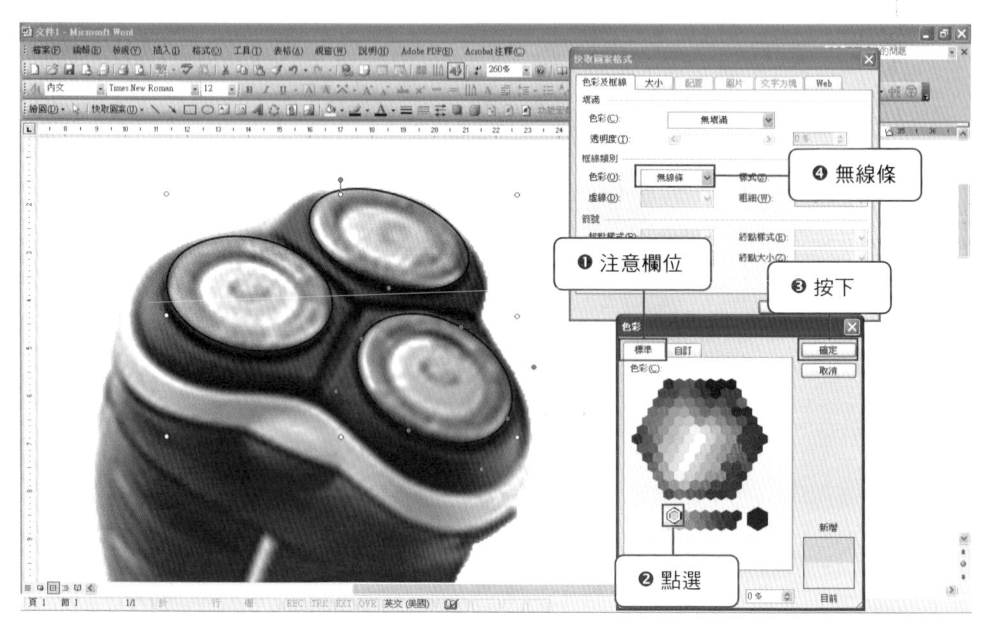

16 此時三個刀片變成下圖淺灰色。

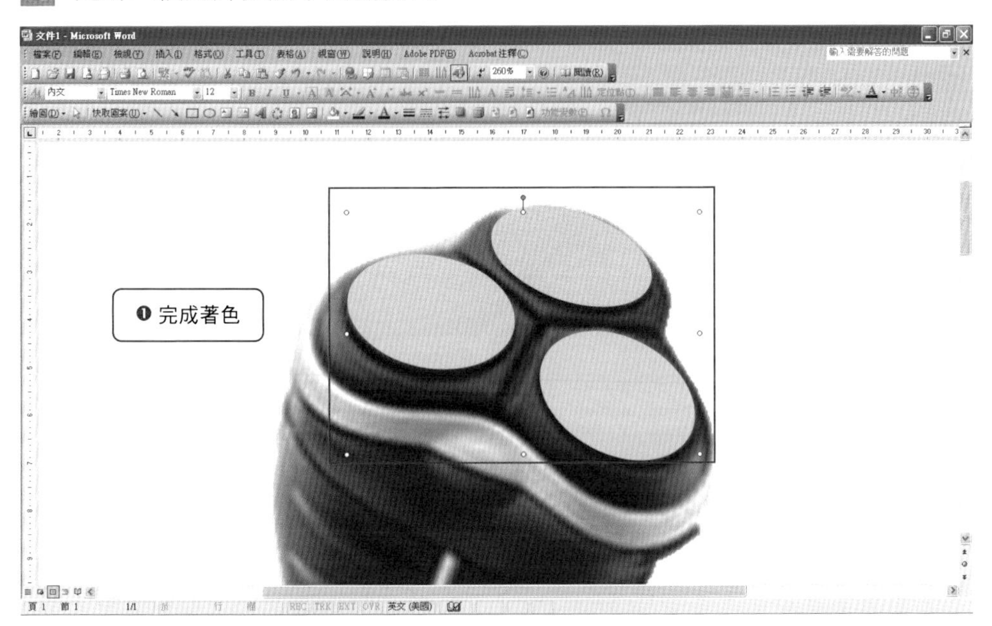

17 再點選「快取圖案(U)」➔「線條(L)」➔手繪多邊形，準備描繪陰影。

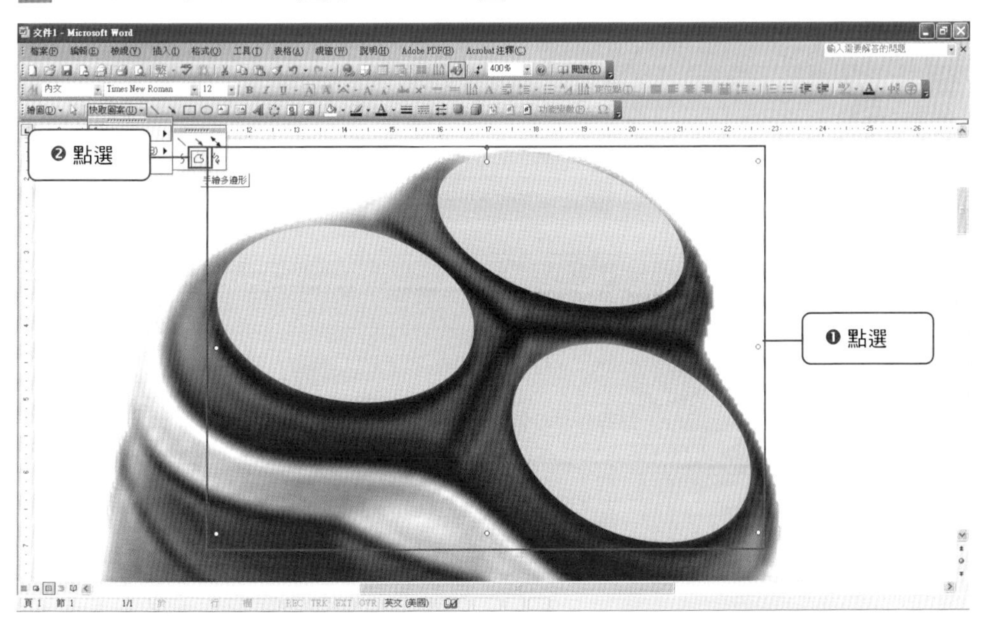

18 按住 Alt 鍵，沿著陰影區描繪出準備著色的區域。

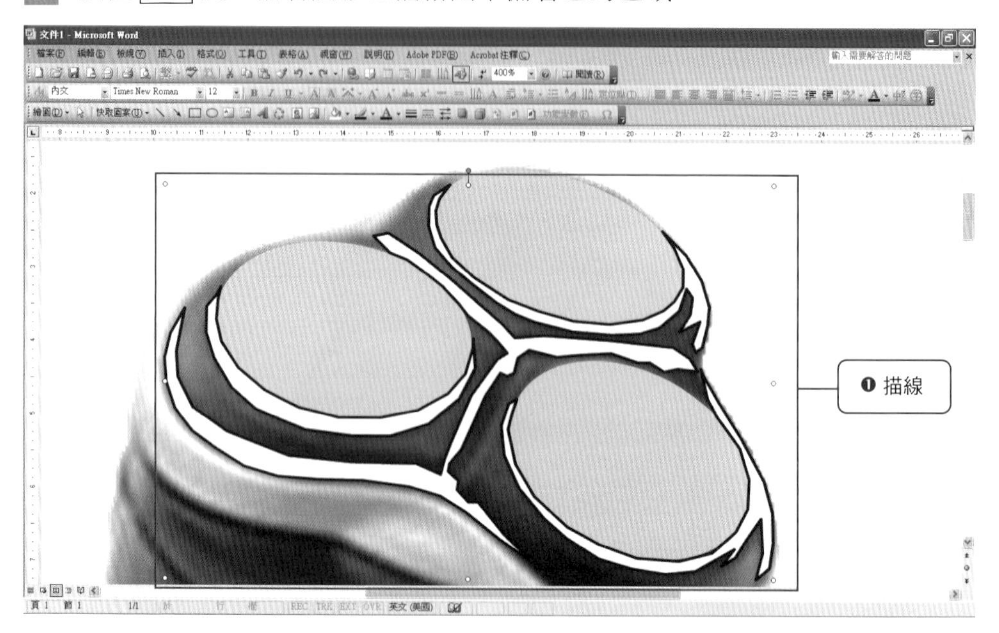

19 同樣去邊(把「框線類別」區的「色彩(O)」設定為無線條)與填色(把「填滿」區的「色彩(C)」設定為黑色) 。

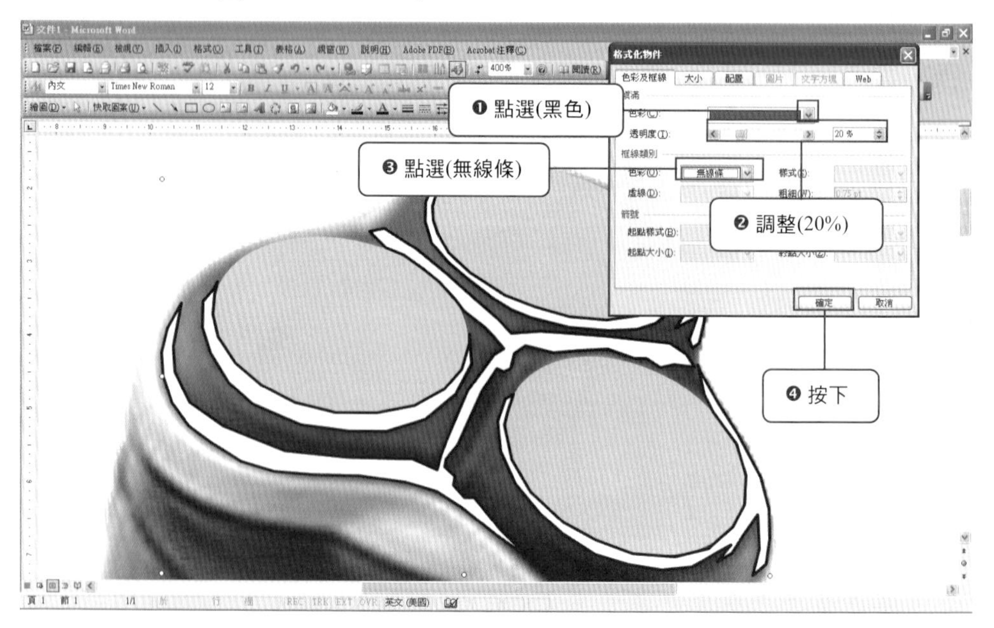

20 完成陰影區的物件製作，記得進行群組。先按住 Shift 鍵並逐一點選陰影物件，按右鍵，「群組物件(G)」➔「群組(G)」。

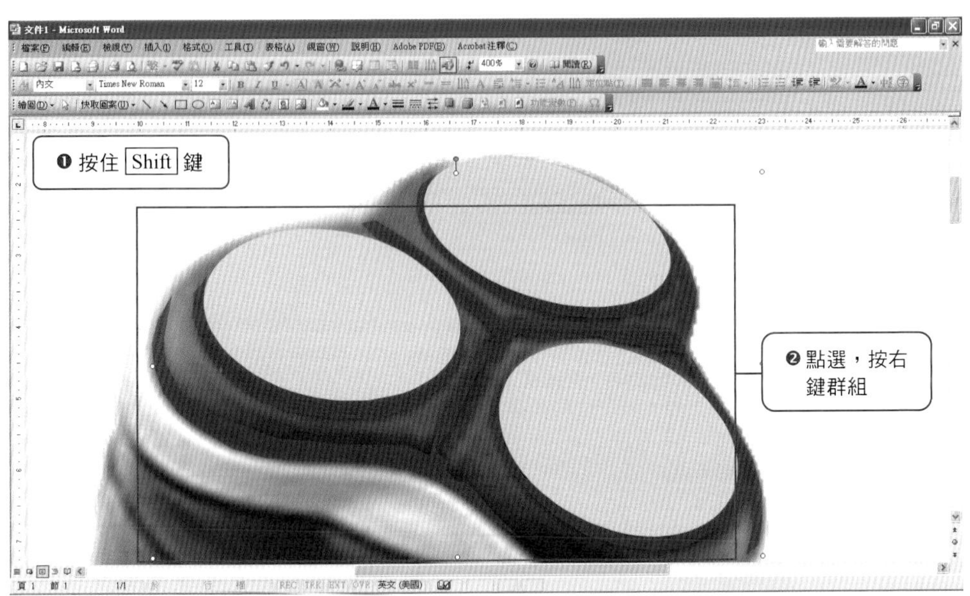

21 接著再針對亮光區描繪出區域，同樣按住 Shift 鍵，逐一點選亮影物件進行群組。先「快取圖案(U)」➔「線條(L)」➔手繪多邊形➔ Shift ➔點選➔右鍵➔「群組物件(G)」➔「群組(G)」。

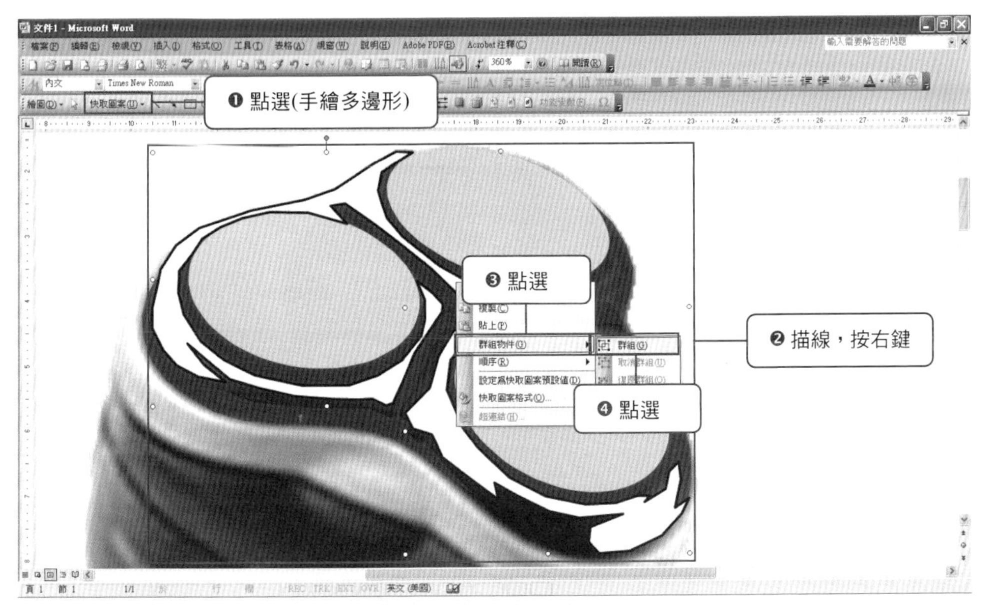

22 連續點選兩下白色亮影物件，叫出「快取圖案格式」對話方框。在「色彩及框線」欄位內的「填滿」區的「色彩(C)」設成白色，並將同一區內的「透明度(T)」值調成 70%。

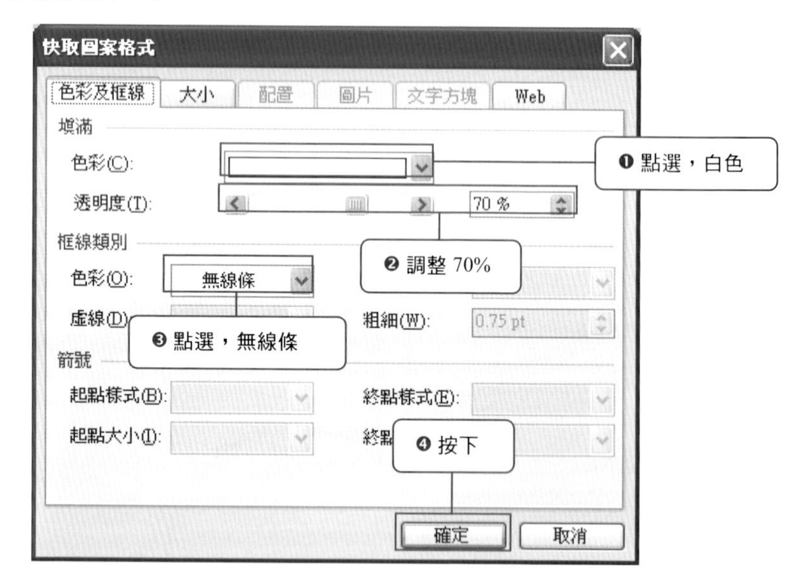

23 最後把表面的圓形刀片物件、陰影物件、亮光強化物件再進行一次群組的動作，按住 Shift 逐一點選刀片物件、陰影與亮影物件，按右鍵，「群組物件(G)」➔「群組(G)」。

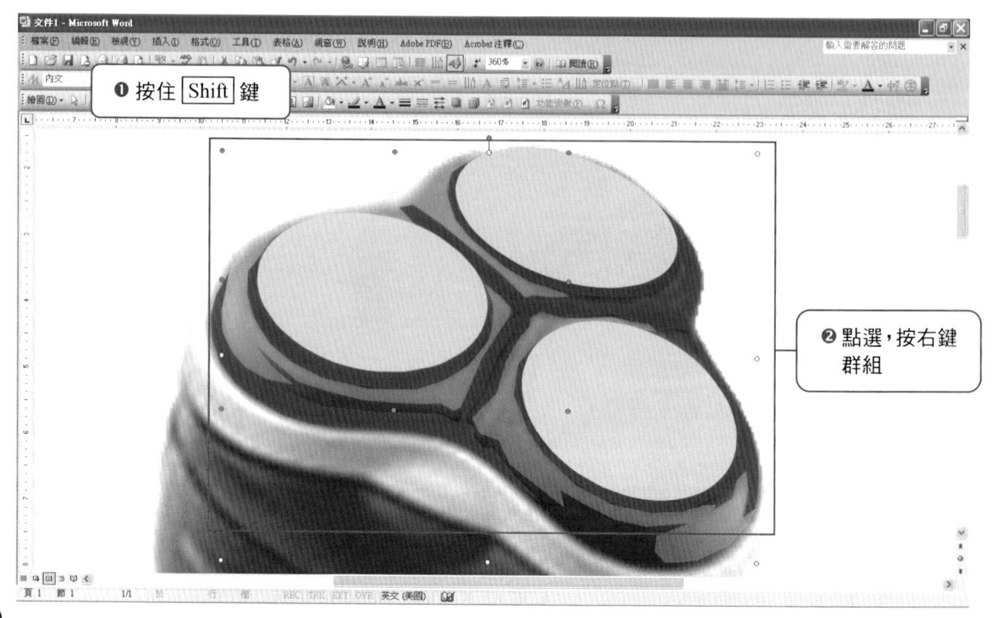

24 接下來調整顯示比例 260%。

25 點選下面的原始圖檔，按 Ctrl + C 再按 Ctrl + V 貼上。

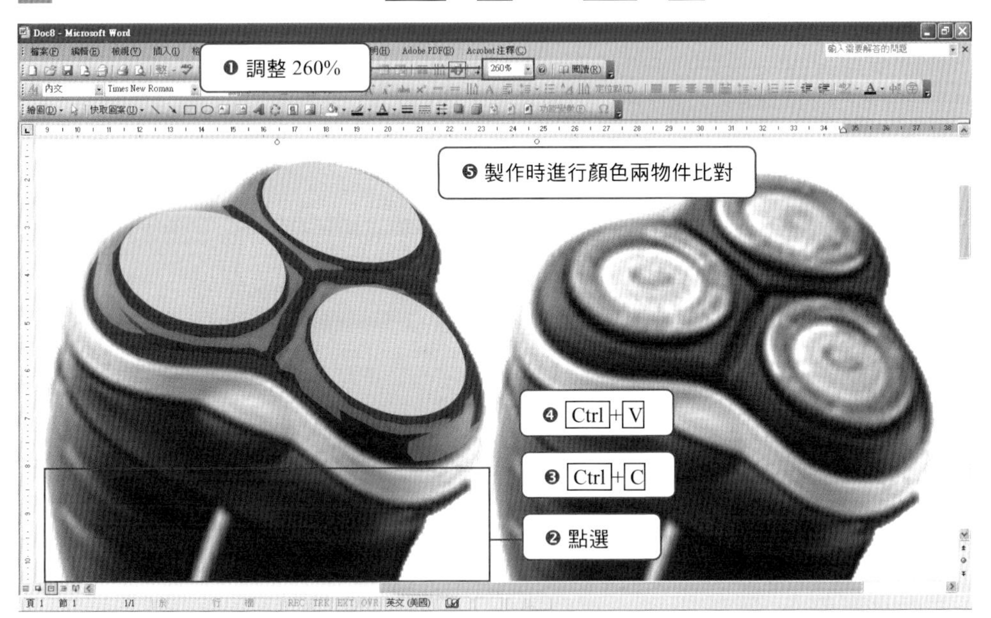

26 把完成繪圖的物件送到最下層，繼續描繪細部物件。先點選已完成的物件並按下右鍵，點選「順序(R)」➔「送到最下層(K)」。

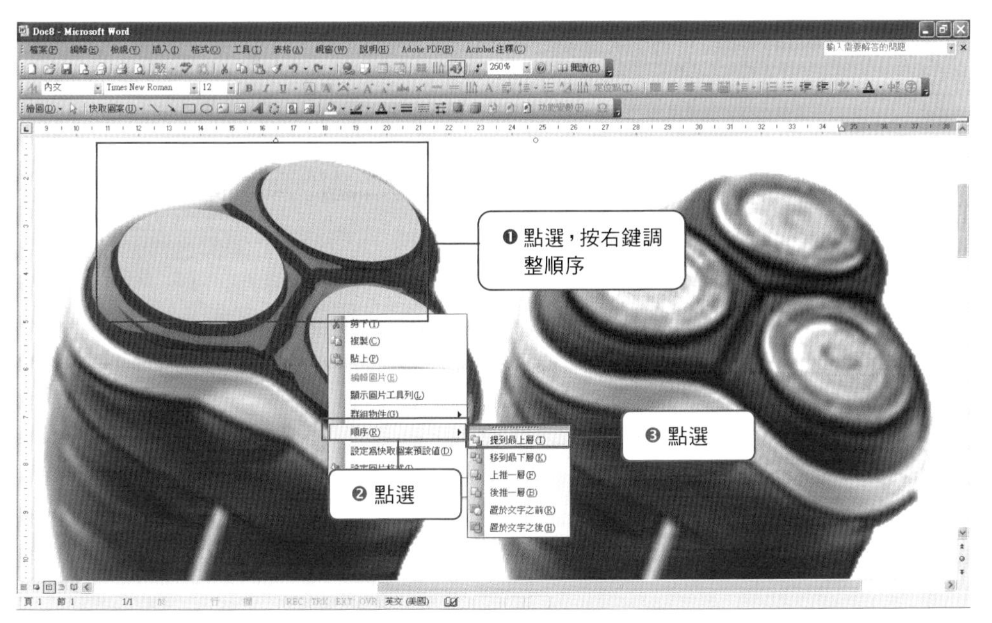

27 露出原本被掩蓋在底下的原始圖檔，這時可以繼續描繪。

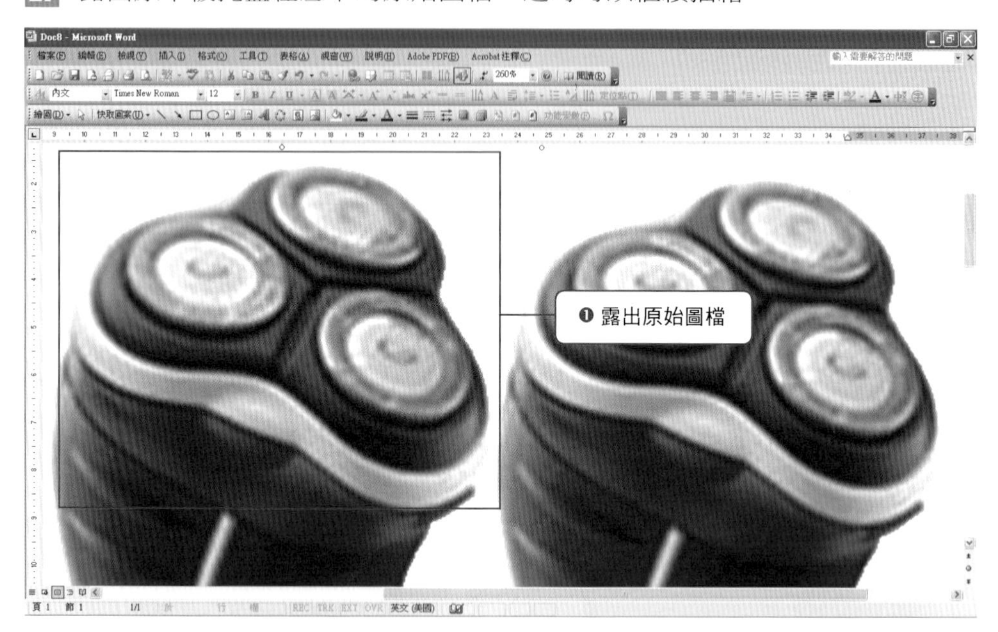

28 用工具列的「橢圓」描繪工具畫出亮光區的造型，填上白色並設定半透明(透明度(T)設 80%)。去邊(線條(L))，「框線類別」的「色彩(O)」選擇無線條。

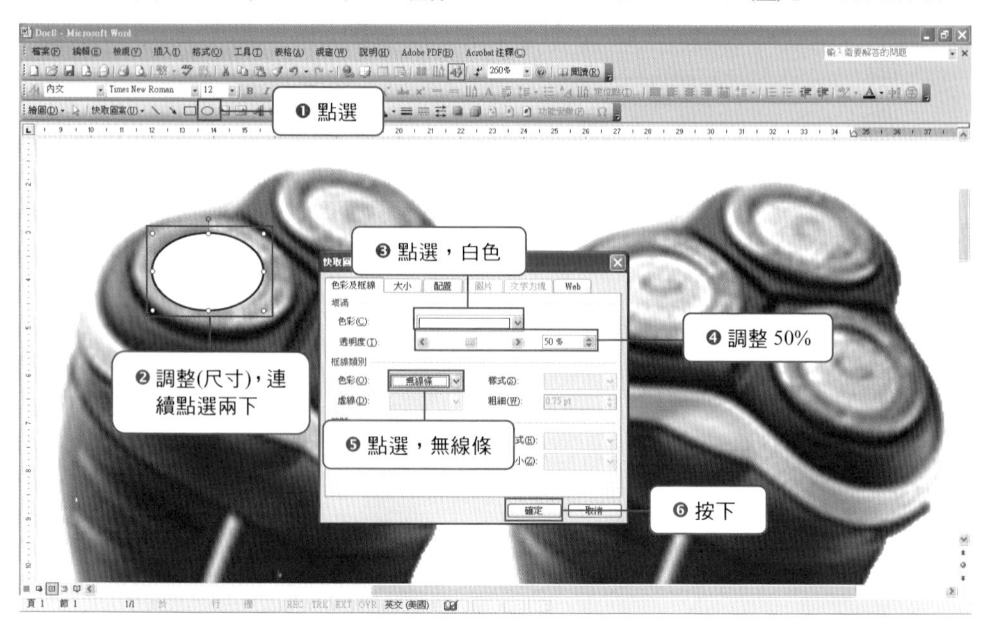

29 完成下圖半透明的亮光效果物件後，點選半透明白色物件。上方出現小綠點控制鈕，可用滑鼠操作順時針或逆時針旋轉，依照背後的尺寸與位置調整大小。(Shift + Alt 用滑鼠拖曳調整大小)

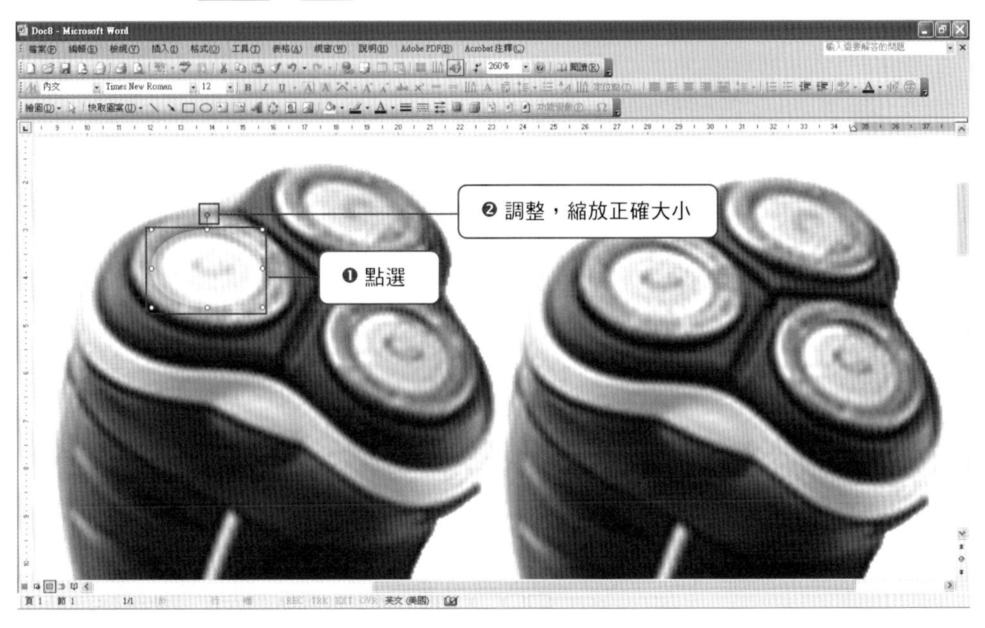

30 點選亮光效果物件，上方出現綠色小圈圈的控制點，用滑鼠依照順時鐘方向調整位置直到與原始圖檔相符。

31 同樣在其他兩個刀片區製作同樣光影，建議直接複製(Ctrl + C ➔ Ctrl + V)過去，在重複縮放與旋轉的動作直到與標的物件相符。

32 將完成光影物件進行群組，按右鍵，「群組物件(G)」➔「群組(G)」。

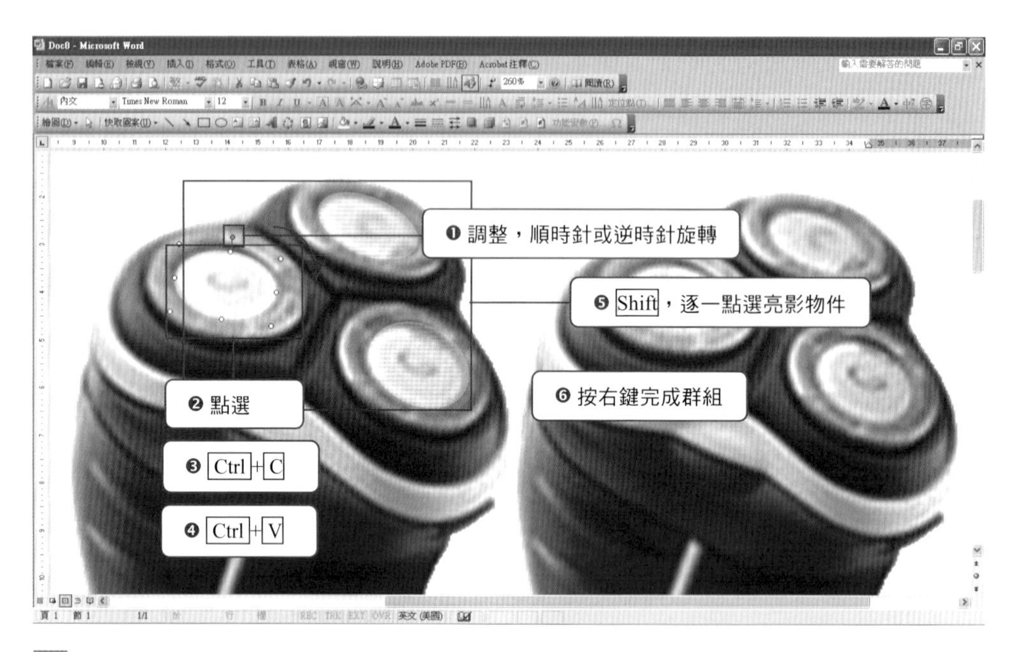

33 移動捲軸到下方，同樣進行細部物件的處理。

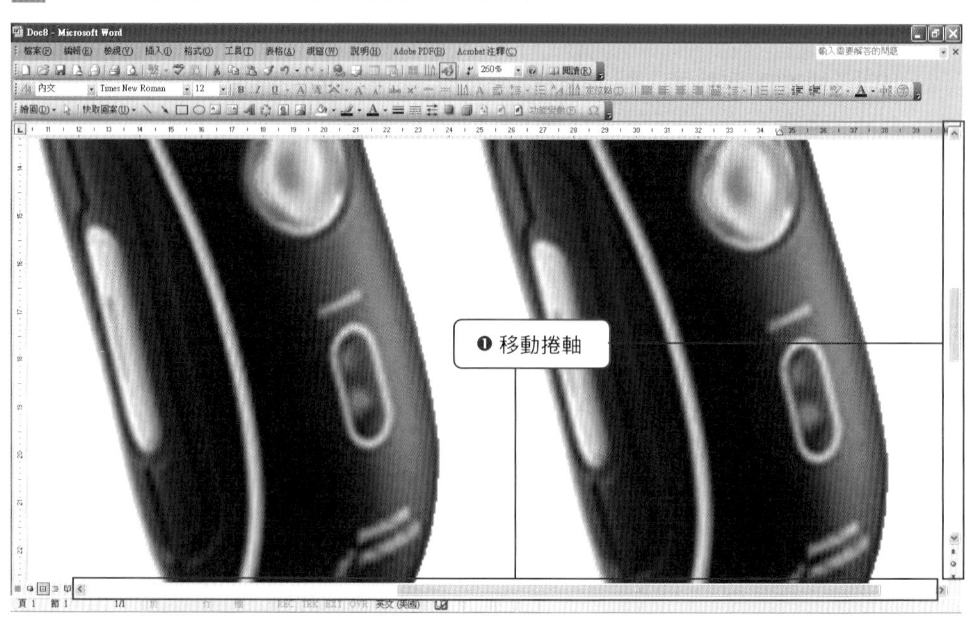

34 點選「手繪多邊形」工具，依白色線條描繪出橢圓形狀物件，接著進行屬性設定。

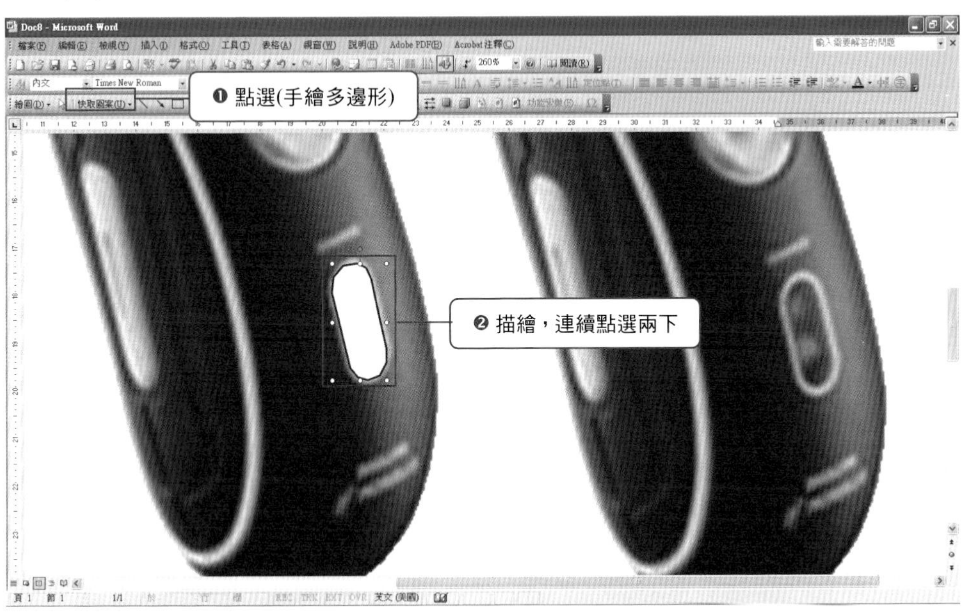

35 出現「快取圖案格式」對話方框，去掉中間填滿色(「填滿」區➔「色彩(C)」➔無填滿；「框線類別」區➔「色彩(O)」➔白色)並且把現調設成白色，同時加粗(3pt)。完成後建議將完成物件送到下層(點選按右鍵➔「順序(R)」➔移到最下層(K))。

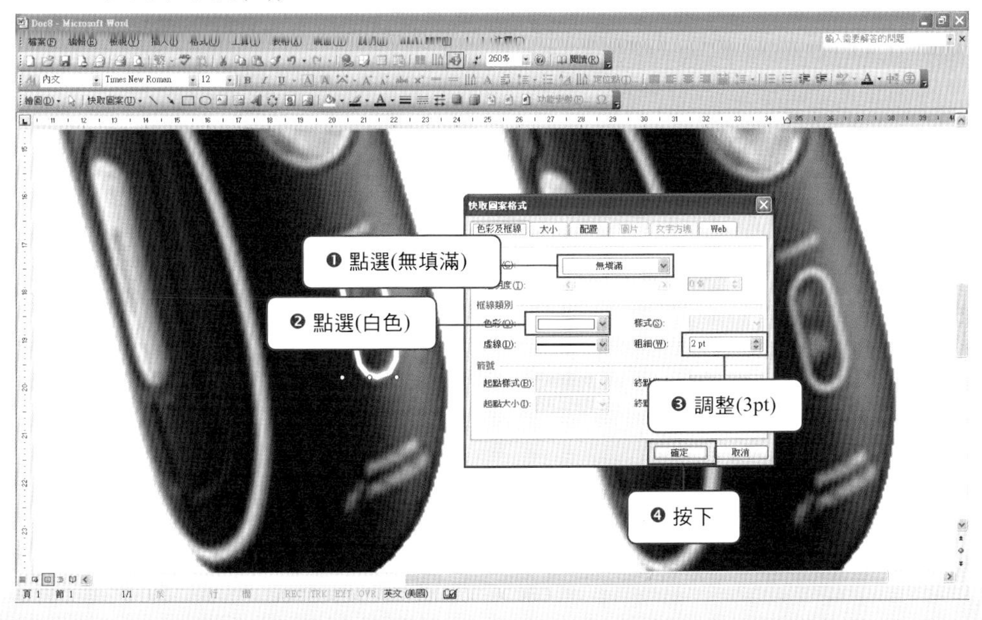

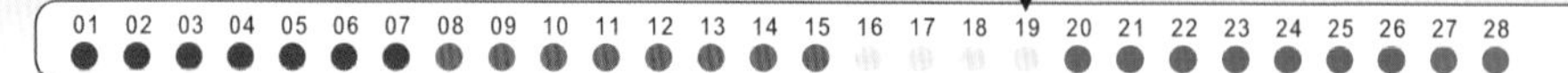

36 再描繪中間白色半透明物件，依照先前的程序進行描繪、連擊，叫出「快取圖案格式」對話方框，「填滿」區➔「色彩(C)」➔白色；「框線類別」區➔「色彩(O)」➔無線條。

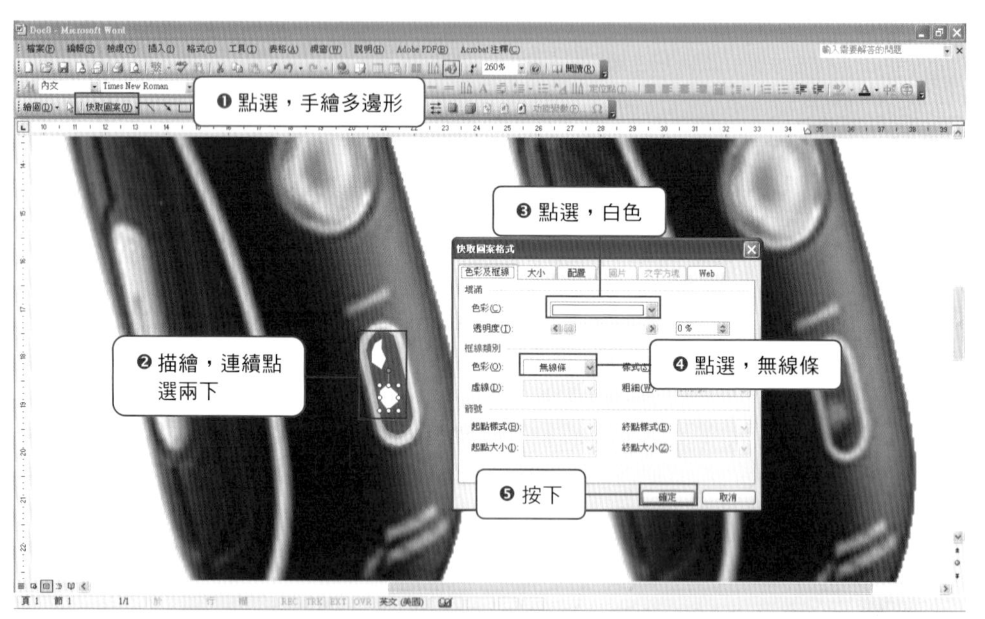

37 完成兩個白點物件後，記得再進行群組動作。按住 Shift 並逐一點選，按右鍵，「群組物件(G)」➔「群組(G)」。

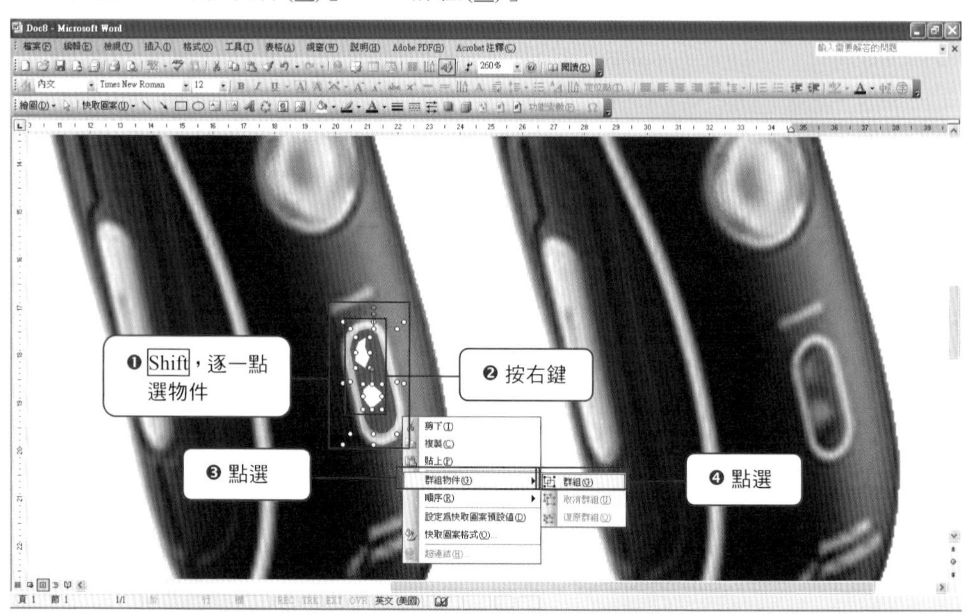

38 接著處理表面綠色半透明質感，點選「手繪多邊形」工具，依樣畫出物件形狀，並點選墨綠色。

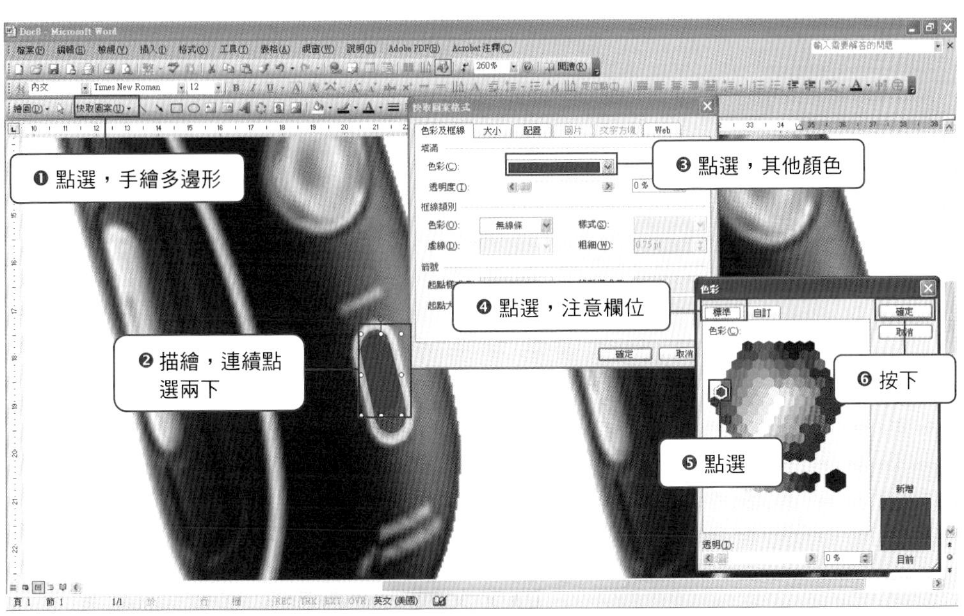

39 再將墨綠色物件透明度設成 50%，「填滿」區➔「透明度(T)」➔50%。

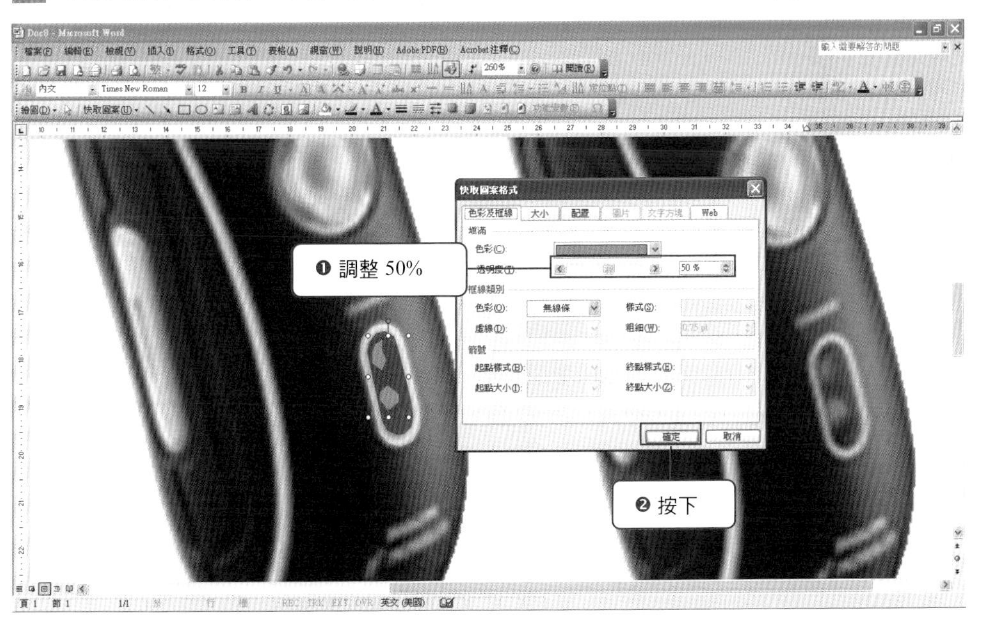

40 再修飾細節，上方的圓形半透明物件用同樣的方式處理，而 logo 文字部分因為字體過小，直接用「手繪多邊形工具」畫出大致形狀即可。

41 剩下的配件用單色物件處理模式。

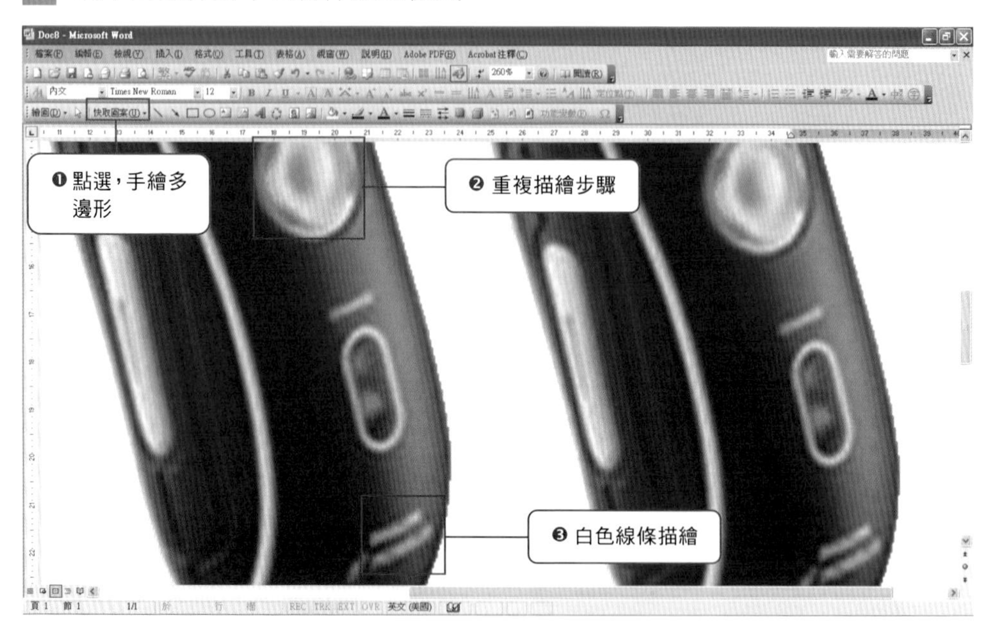

42 最後處理表面亮光部分，同樣畫出大致形狀即可。

43 連續點選叫出快取圖案格式對話方框。

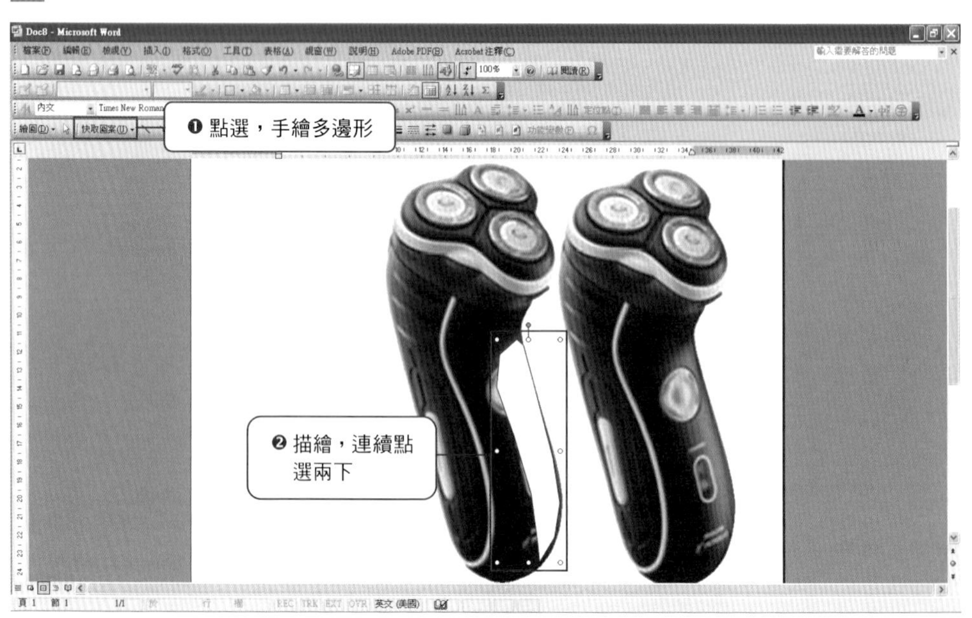

44 到「填滿」區的「色彩(C)」選擇最下面的「填滿效果(F)」，依照下圖指示用漸層設定光影並且設定透明度。

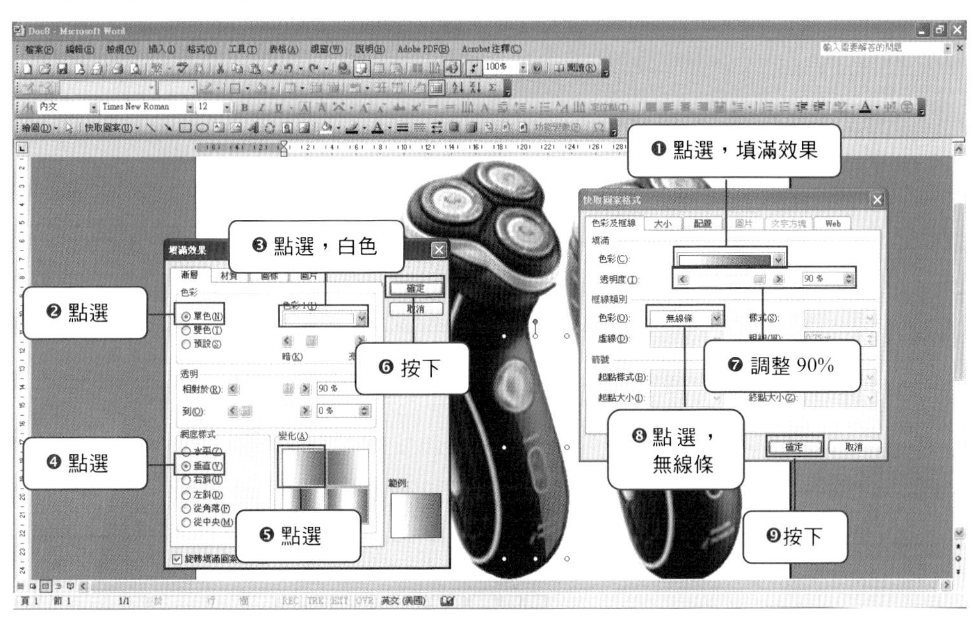

45 完成最終電動刮鬍刀作品。

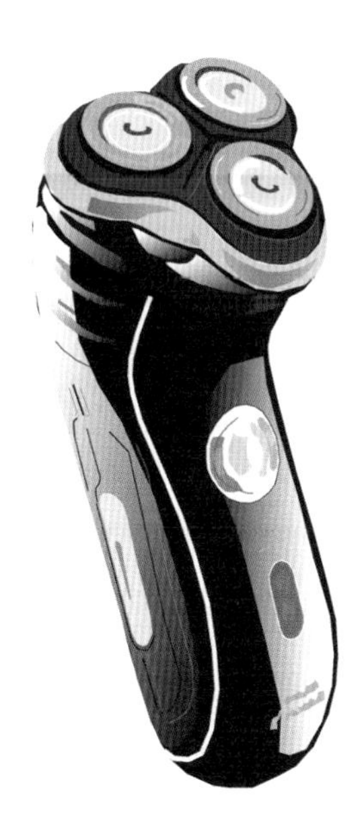

筆記頁

Part 4 快速設計指引篇

經過前面幾篇實例的練習後，本篇除了基本操作步驟外，將著重在提示不同設計對象的設計重點提示。

- 20 eeePC
- 21 電視遊樂器
- 22 滑鼠
- 23 香水
- 24 啤酒
- 25 觸控式手機
- 26 手機

20 eeePC

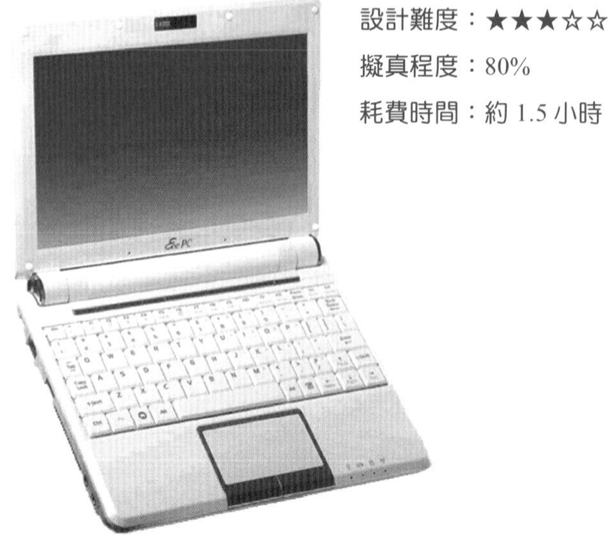

設計難度：★★★☆☆

擬真程度：80%

耗費時間：約 1.5 小時

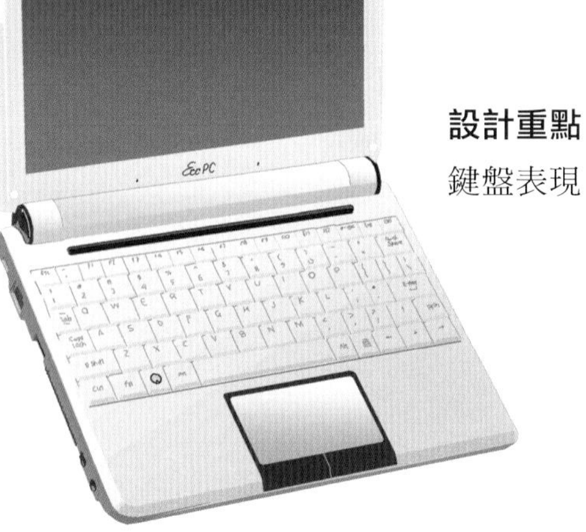

設計重點

鍵盤表現

Step_01 首先先插入一張要設計的圖檔(eeePC 檔名：0005-17)

1 選擇「插入(I)」➔「圖片(P)」。

2 再選擇「從檔案(F)」並按下滑鼠。

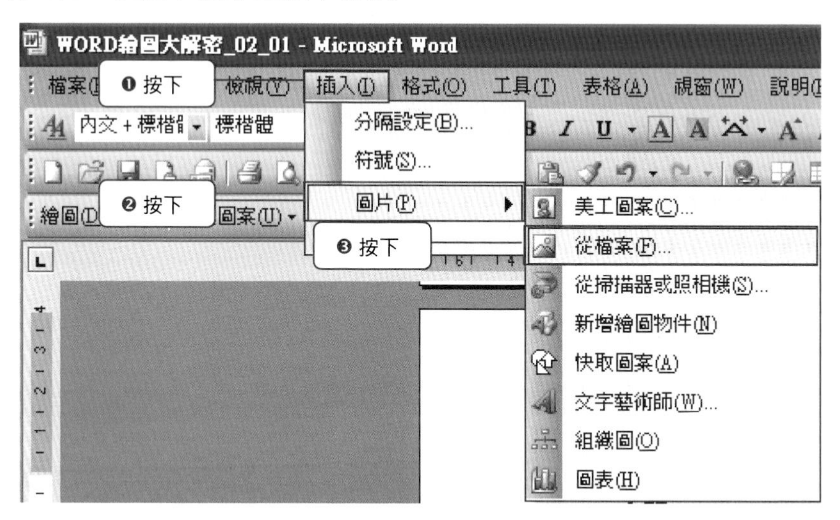

3 出現「插入圖片」對話方框，選擇圖檔來源(檔名：0005-17)，按下 插入 鈕。

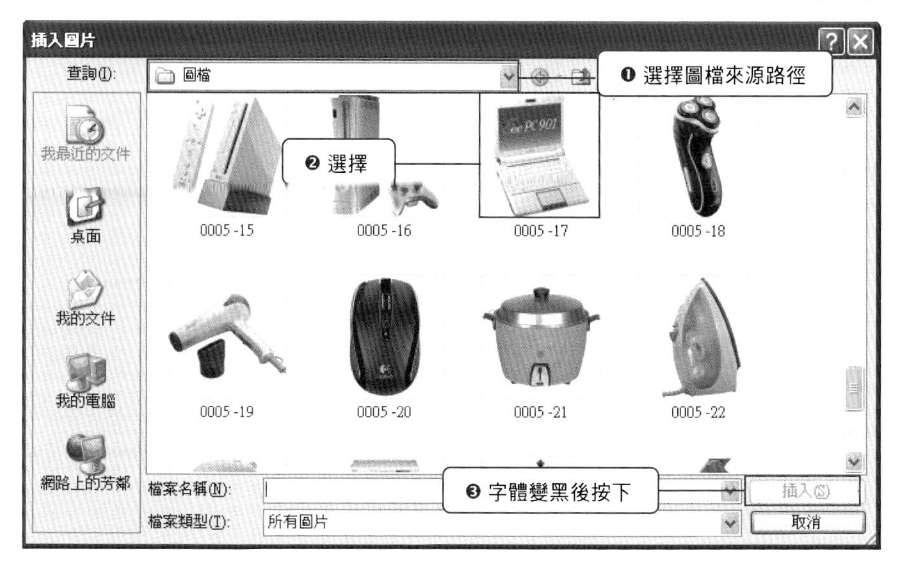

4 完成 Step_01。

Step_02 改變插入物件(0005-17)屬性

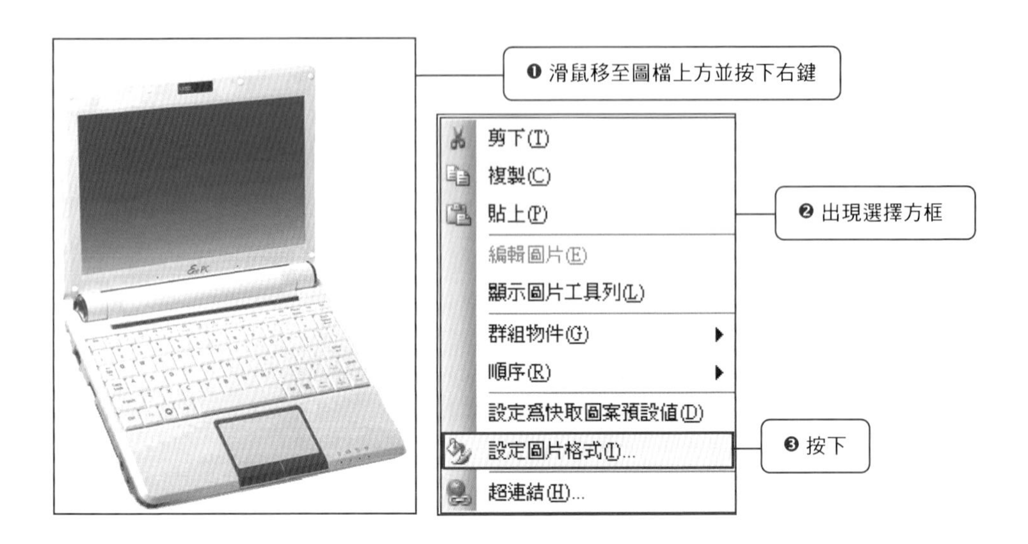

1. 當按下滑鼠後會出現「設定圖片格式」對話方框。
2. 在「配置」欄位內的「文繞圖的方式」區，將原來的「與文字排列(I)」改成「文字在後(F)」，按下確定。

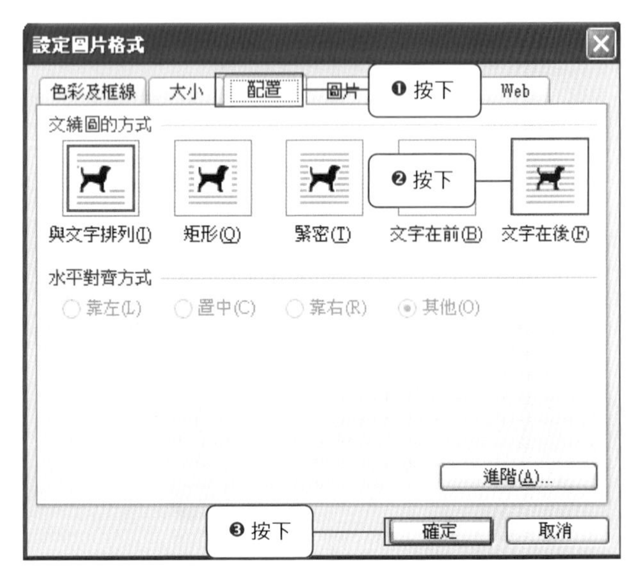

3. 完成 Step_02。

Step_03 確定物件繪圖順序以及群組關係

說明

eeePC 作品主要是在鍵盤上英文字與數字鍵的描繪，描繪過程中同樣需要不斷的使用縮放技巧以及調整順序，重複比對每一個製作的細部物件與原圖檔是否一致，最後才能完成以下逼真的作品。

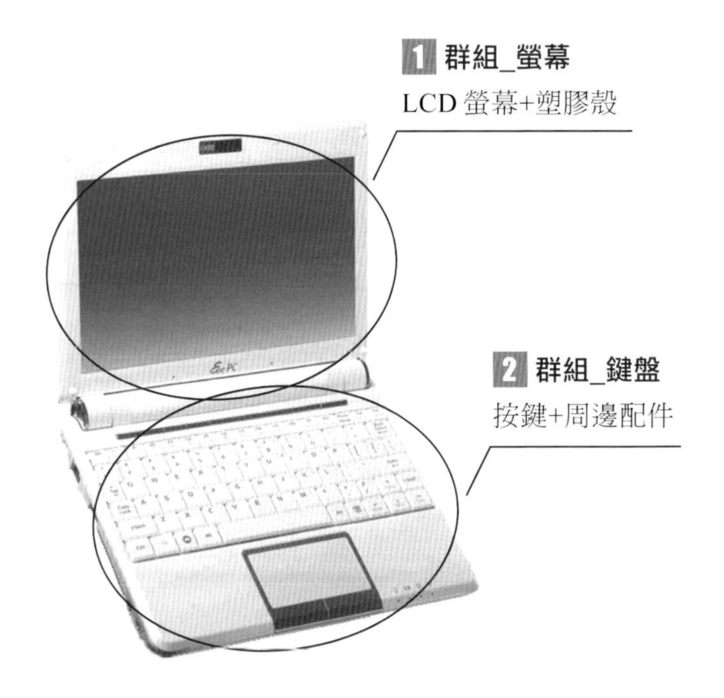

3 完成 Step_03。

Step_04 依照設定群組的物件開始描繪物件線條

1 將物件調整至最適大小，本案例顯示比例剛好設定為 100%。

2 調整物件至中央位置，用滑鼠分別移動上下、左右捲軸。

3 點選「滑鼠」，按下左鍵選取，滑鼠物件出現被選取狀態(圖片周圍八個白色小圈圈)，避免出現「請在此繪圖。」的對話方框。

4 到「快取圖案(U)」➔選擇「線條(L)」➔再點選「手繪多邊形」。

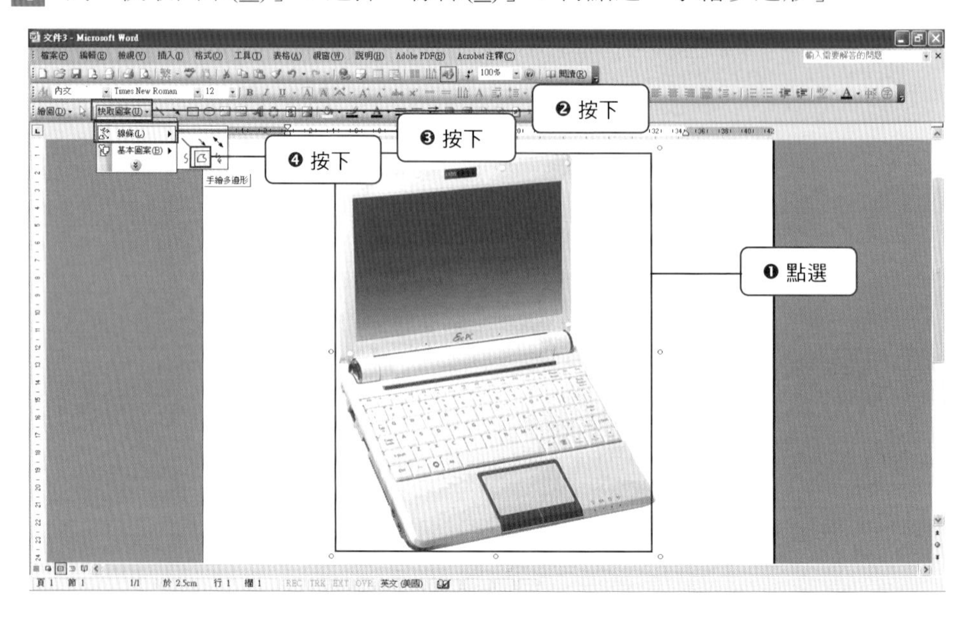

5 接下按下 Alt 鍵不放，沿著欲描繪的物件路徑沿途按下滑鼠左鍵確定。

6 完成物件線條描繪，黑色線條不易顯示，下圖以紅色表示。

7 先按住 Shift 鍵不放，再按下滑鼠左鍵逐一點選欲連結的物件。

8 當點選完畢後，建議不要放開 Shift 鍵，再按下滑鼠右鍵叫出群組對話方框。

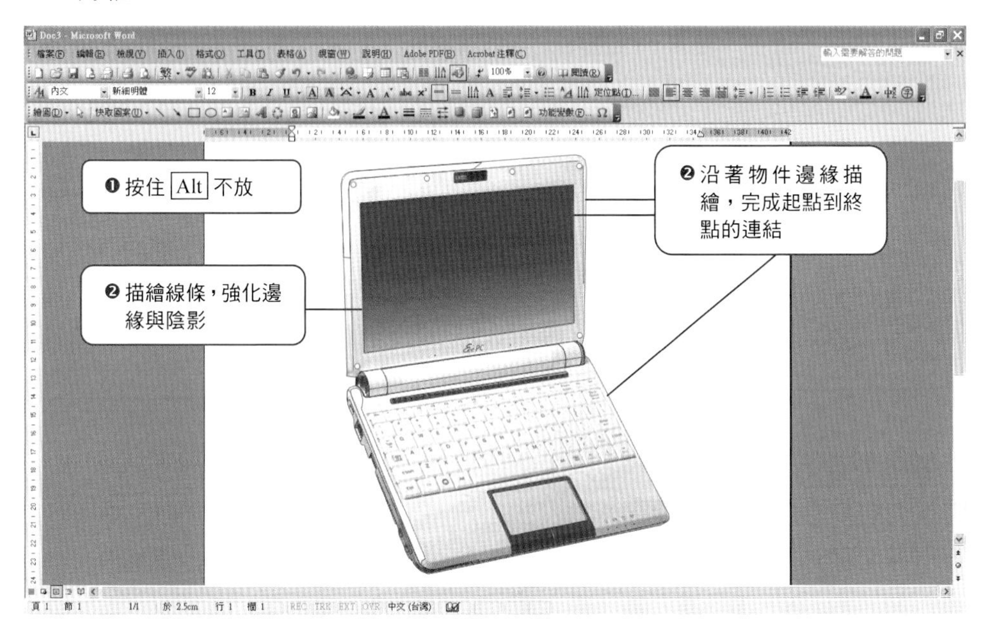

說明

在進行描繪時，物件解構的概念相當的重要。例如上方的螢幕塑膠蓋與 LCD 螢幕同樣是四方形物件，但以順序來看，塑膠蓋應該是在 LCD 螢幕的後方，因此建議先描繪較大尺寸的塑膠蓋，然後再描繪框框中間的螢幕。至於下方的鍵盤區同樣可以先就主要的結構體先描繪出來，再慢慢以組合的方式描繪出周邊以及中間的連結桿。

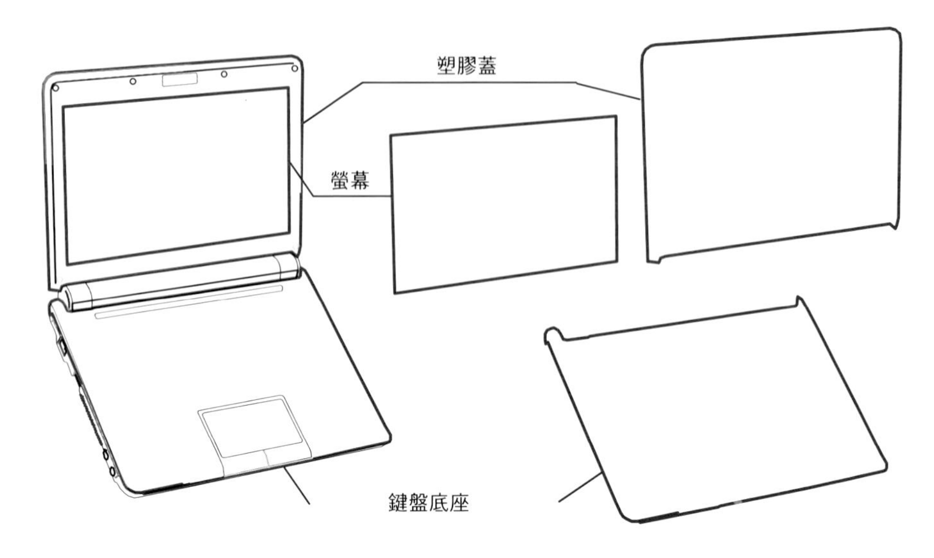

Step_05

描繪完線條後，接下來有兩種方式可以進行：第一種方法是針對基本物件開始進行著色；第二種方法則是繼續描繪細部線條。選擇第一種方法要注意的是每完成一塊區域的細部物件描繪後，要同時進行著色與群組，過程中也必須不斷的更動繪圖物件與原圖檔的順序。選擇第一種方法則盡量在完成各種鍵盤線條後再進行群組，最後再一次點選個別物件進行著色。

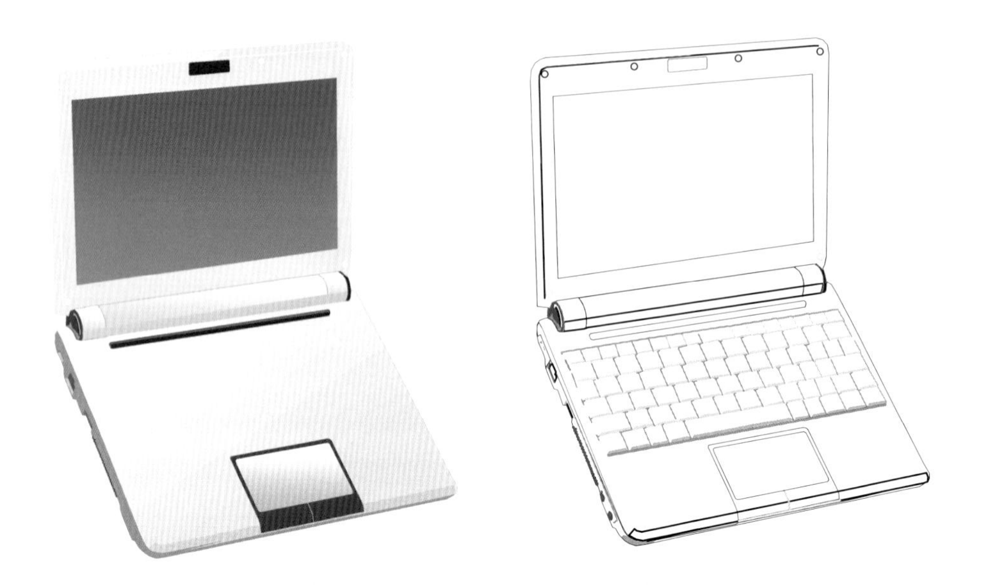

1 逐一點選欲處理的物件進行處理，先點選後面的塑膠蓋一次，因為線條已經經過第一次群組，因此會在整體群組大物件外圍出現八個白色小圈圈。再重新點選一次塑膠蓋，此時塑膠蓋會出現八個灰色小圈圈。

2 連續點選，叫出「快取圖案格式」對話方框。

3 先取消邊緣的線條，首先進入「色彩及框線」到「框線類別」區的「色彩(O)」下拉式選單，選擇「無線條」接著再到「填滿」區的「色彩(C)」下拉式選單，選擇「填滿效果」，叫出填滿效果對話方框。

4 由於塑膠蓋是呈現右下到左上從淺灰到近似灰白的漸層顏色，因此先點選「漸層」欄位，先在「網底樣式」區點選「右斜(U)」圖案，再到「變化(A)」區點選左上方圖案。

5 然後再到「色彩」區點選「雙色(T)」，並且到「色彩 1(1)」下拉式選單點選下方的「其他色彩(M)」，叫出「色彩」對話方框。

6 點選「標準」欄位，再到「色彩(C)」區下方點選左上方的第一個灰白色圖案。

7 接著再到「色彩 1(1)」下拉式選單點選下方的「其他色彩(M)」，叫出「色彩」對話方框。

8 同樣點選「標準」欄位，再到「色彩(C)」區下方點選第四個淺灰色圖案。

9 再逐一按下「確認」結束填色動作。

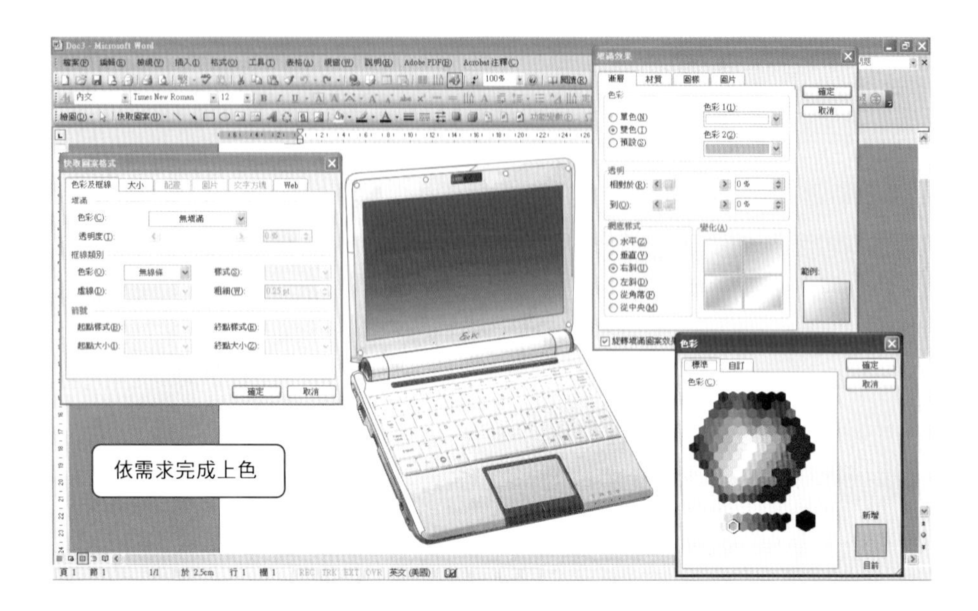

說明

在「變化(A)」區一般會有四個漸層的圖案可以選擇，因為是選擇雙色效果，因此讀者也可以嘗試選擇右上方的圖案，這時「色彩 1(1)」跟「色彩 2(2)」的顏色選擇只要相反同樣可以達到本案例的效果。

10 完成上述動作後，上方的塑膠蓋呈現下圖的雛型。

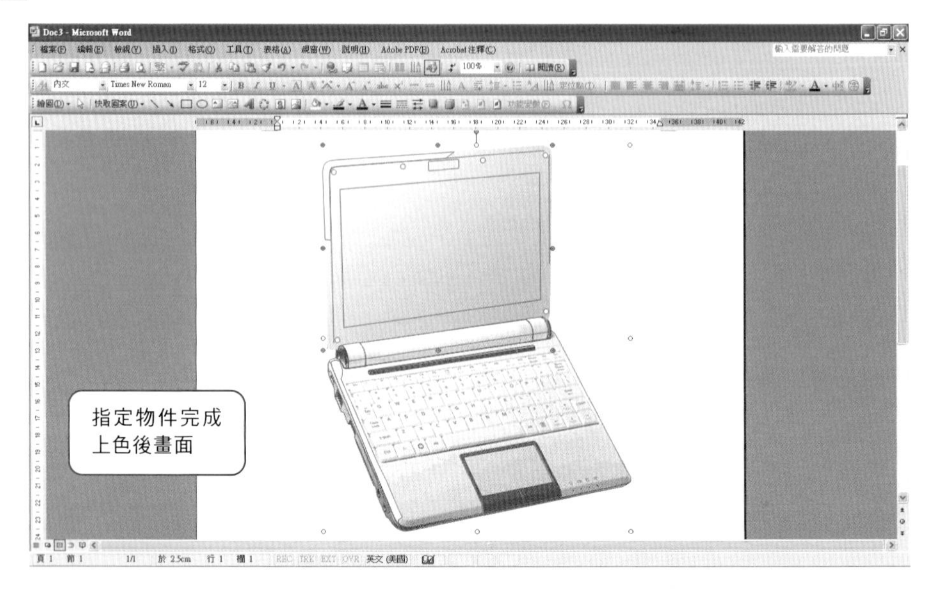

11 接著再針對中間的 LCD 螢幕進行處理，同樣先進行點選的動作。等 LCD 螢幕出現八個小灰點的時候，再連續點選一次叫出「快取圖案格式」對話方框。

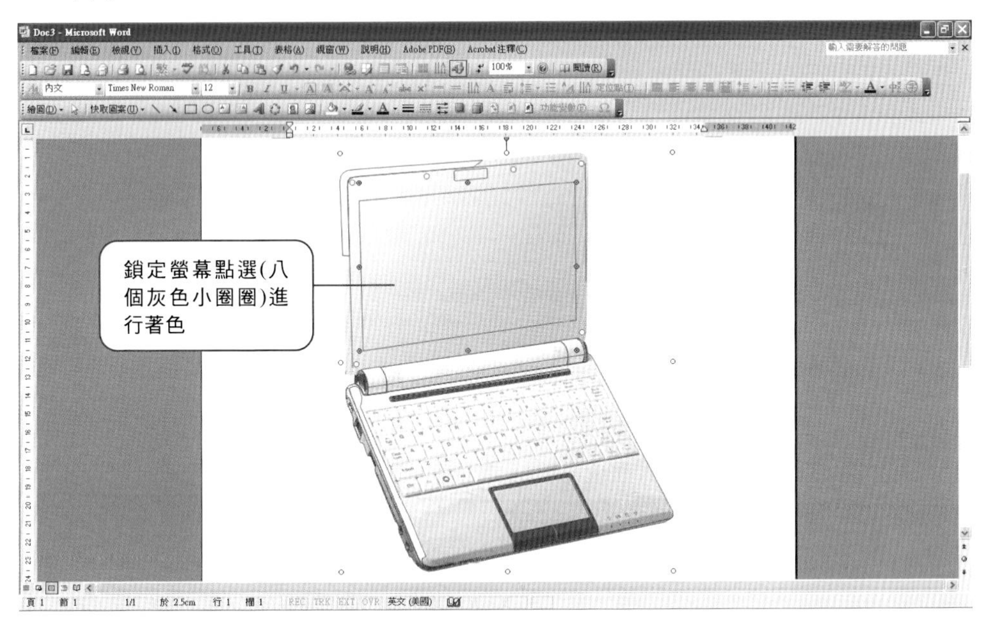

說明

要是讀者一開始描繪的時候順序錯誤，先畫前面的 LCD 螢幕再畫後面的塑膠蓋，這時候會看不到 LCD 螢幕的框線而無法點選，這時候要重新排列物件的順序才能夠調整回來。

12 處理 LCD 螢幕時同樣先取消邊緣的線條，首先進入「色彩及框線」到「框線類別」區的「色彩(O)」下拉式選單，選擇「無線條」接著再到「填滿」區的「色彩(C)」下拉式選單，選擇「填滿效果(F)」，叫出填滿效果對話方框。

13 由於 LCD 螢幕是呈現上到下從藍色到淺藍的漸層顏色，因此先點選「漸層」欄位，先在「網底樣式」區點選「右斜 U」，再到「變化(A)」區點選左上方圖案。

14 然後再到「色彩」區點選「雙色(T)」，並且到「色彩 2(2)」下拉式選單點，選擇藍色圖框。

15 接著再到「色彩 1(1)」下拉式選單同樣點選相同的藍色圖框，這時出現「色彩 2(2)」與「色彩 1(1)」都是同樣的藍色。

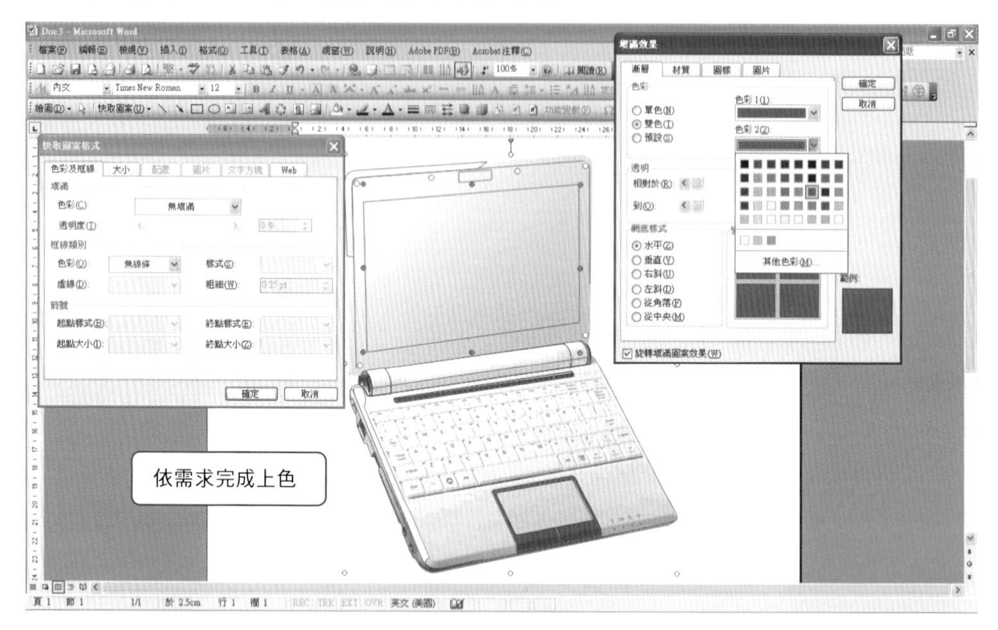

說明

選擇同樣顏色的主要原因是下拉式選單預設的顏色為固定的且數量有限，無法有效呈現所需要的漸層色，因此需要進行手動設定。其方式就是利用「色彩」裡面的「自訂」功能，選擇相當接近同色系的淺色顏色，讓兩種顏色的反差效果不要太大。根據筆者的經驗，大部分的漸層變化都可以利用這個技巧來處理。

16 到「色彩 1(1)」下拉式選單，點選下方的「其他色彩(M)」，叫出「色彩」對話方框。

17 點選「自訂」欄位，到「色彩(C)」區右邊欄的漸層色條，將三角形定位游標用滑鼠點選並且往上移(移到較淺色的區域)，再按下確定鈕。

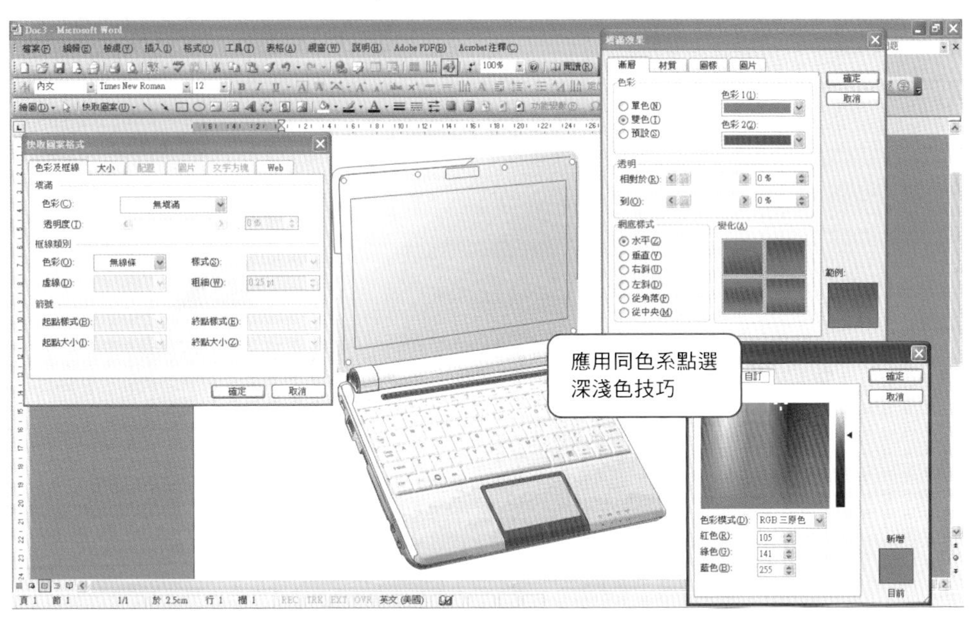

18 完成下圖 LCD 螢幕作品。

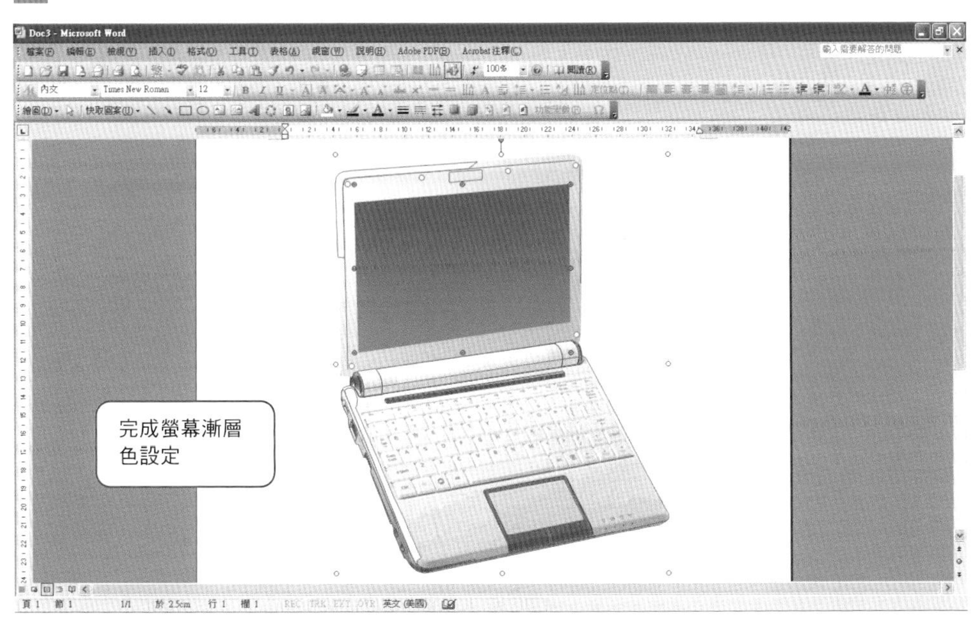

19 其他的部份同樣按照上述作法依序完成基本著色。

Step_06

當基本物件底色著色完畢後，接下來進行表面物件的細部修飾，所以先依照下列步驟進行各物件的基本填色動作。

1 選取物件，按下右鍵叫出對話方框，點選「順序(R)」➔「送到最下層(K)」。

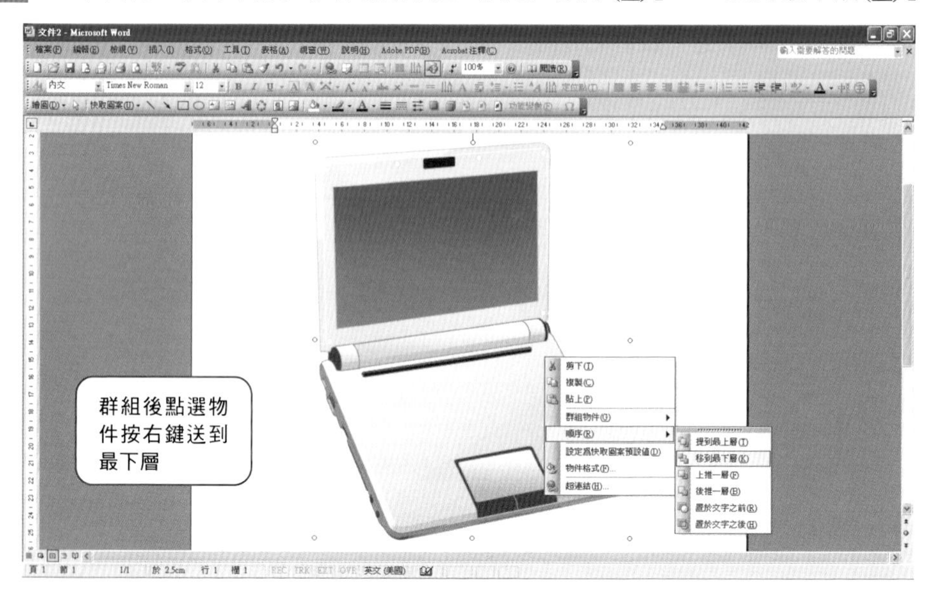

2 原本在最底層的圖檔被送到最上層，覆蓋掉原有的繪圖物件。

3 調整「顯示比例」，用滑鼠在空格點選並輸入「380%」。

4 再利用左邊跟下方的捲軸移動調整欲描繪的地方至中間的位置，開始進行描線作業。

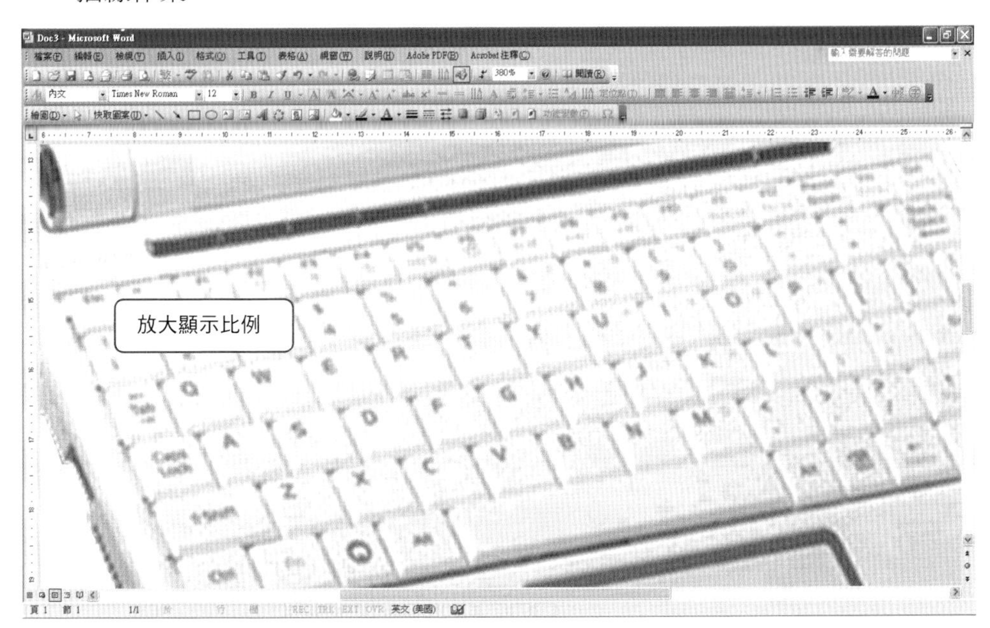

說明

鍵盤的部份分成兩塊重點，一個是鍵盤間的線條，其中還包含下方塊狀的陰影以及側邊的光；另一個則是鍵盤上的英文字母。

眼尖的讀者可以發現，當圖檔被放大以後所看到的間隔部分，可以用線條處理也可以用區塊物件(填滿效果)處理，到底如何判斷哪一個是最佳的方式呢？

一般來說，筆者的經驗會先以 100%顯示比例先進行目測，如果在 100%的物件不是太大的話，通常會用線條來處理，因為線條的作法速度相當快，可以節省大量的時間。另一個判斷的標準則是如果要用半透明式的效果來呈現陰影的話，就建議不要使用線條而改用塊狀物件(填滿效果)的效果來處理，用塊狀物件(填滿效果)的處理方式最大的好處就是即使未來放大物件時，其描繪的間格線條也會隨比例放大，但如果是用線條處理的話，那時就必須要再重新設定線條的寬度。本案例由於物件不是太大，因此選擇線條的方式處理，請參考以下說明。

5 首先先到「快取圖案(U)」點選「線條(L)」，再點選「手繪多邊形」。滑鼠游標呈現「十」狀態。

6 開始描繪鍵盤間以及側邊的線條，隨後再進行線條的屬性設定。

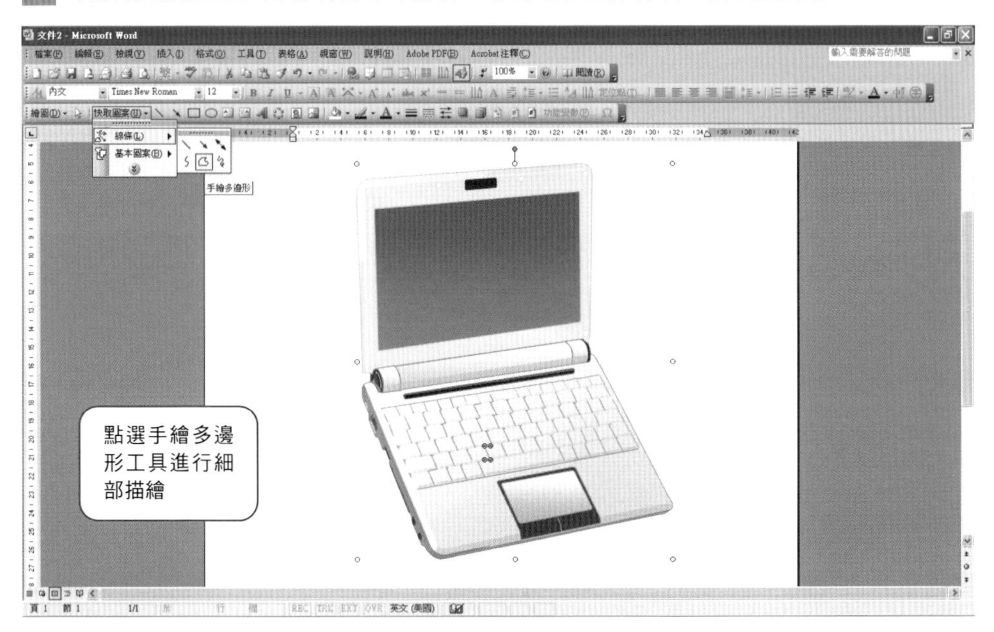

說明

由於是細部描繪，不同區塊的線條屬性還是有所差異，建議依色階區段進行群組，再一次點選物件來設定群組的屬性以節省時間。

7 連續點選欲設定屬性的線條，叫出「快取圖案格式」對話方框。

8 與塊狀物件的做法相反，在「填滿」區的「色彩(C)」選擇「無填滿」。

9 再到「框線類別」區的「色彩(O)」下拉式選單直接選擇右邊第二個深灰色。

10 同樣的在「框線類別」區的「粗細(W)」欄位裡按下滑鼠調整數值為 0.5pt，按下確定，其他線條處理方式依此類推。

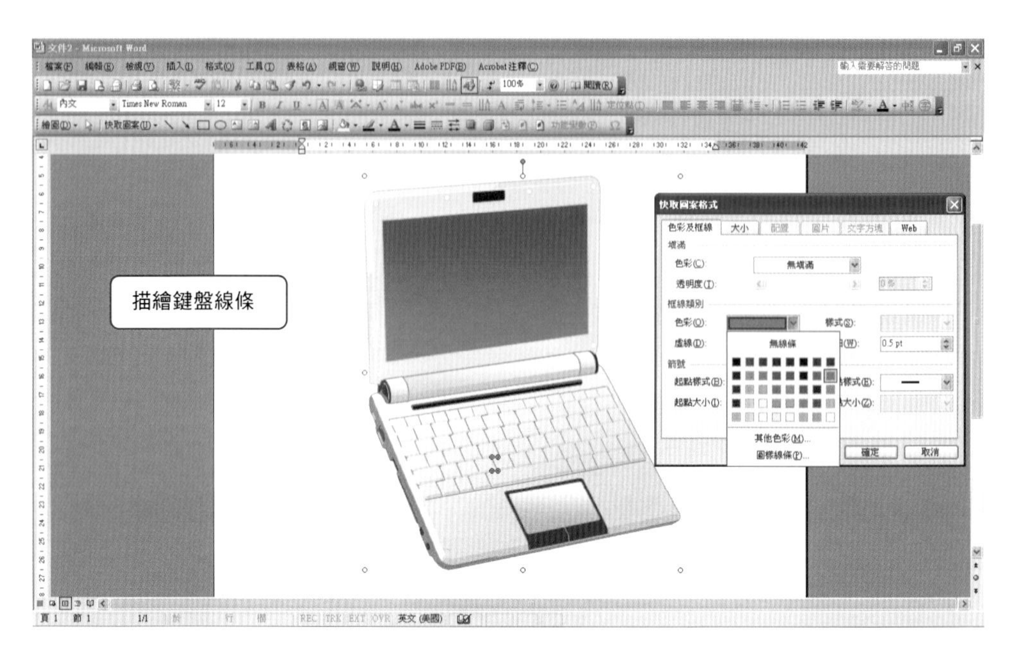

11 完成線條部份的繪製(如下圖)並用 Shift 鍵逐一點選再按右鍵完成群組設定。

說明

一般新手會擔心似乎跟原來圖檔有些差異，但其實這是放大 3.8 倍呈現出來的結果，一旦將顯示比例調回 100%，透過目視的方法幾乎很難看出任何差異。

12 接著同樣到「快取圖案(U)」點選「線條(L)」，再點選「手繪多邊形」。滑鼠游標呈現「十」狀態。

13 沿著陰影描繪塊狀物件，進行去邊動作並設定填滿屬性，在「色彩及框線」欄位的「框線類別」區的「色彩(O)」，選擇「無線條」。

14 緊接著到「填滿」區的「色彩(C)」，選擇右上方深灰色圖案。

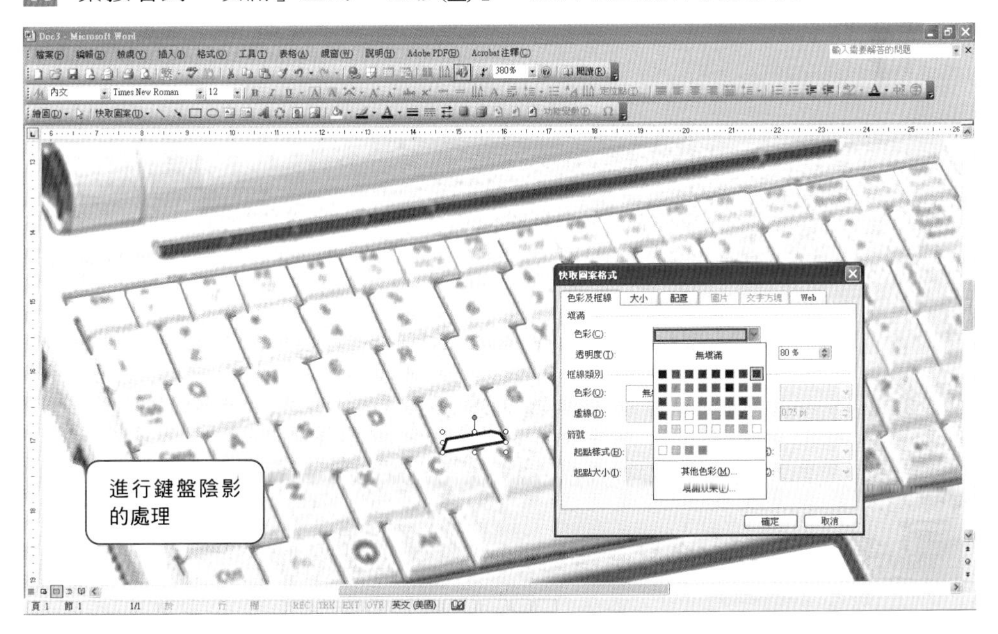

15 點選深灰色圖案後關閉下拉式選單，這時再到同樣「填滿」區下方的「透明度(T)」移動透明度捲軸(右移)，或直接在右邊的輸入方框輸入「85%」，按下確定。

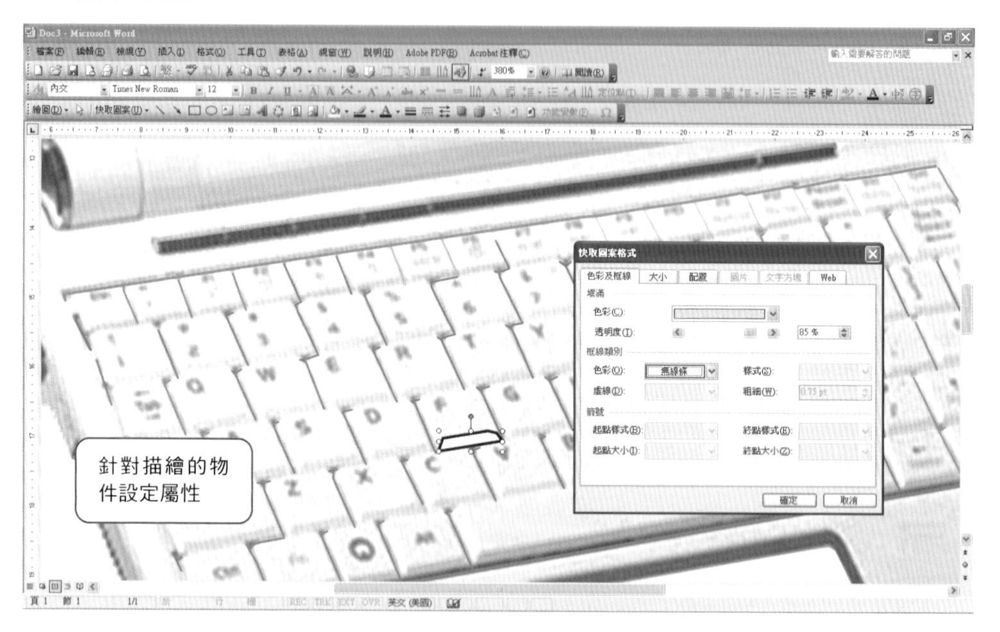

16 出現下圖的透明陰影效果，依照不同的區域調整透明值。

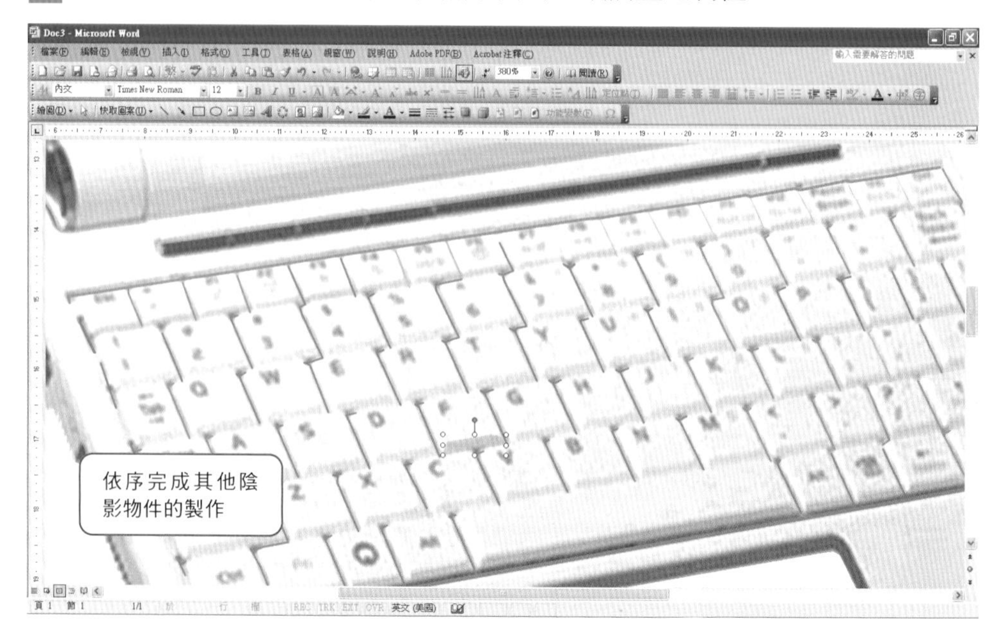

說明

那可不可以直接用淺灰色的不透明區塊設定呢？當然可以，其實兩種方法都可以達到目的，但有時侯需要處理許多重疊物件時，兩種設定就會有很明顯的使用上的差別。

17 完成陰影的繪製(如下圖)並用 Shift 鍵逐一點選陰影，同樣再按下滑鼠右鍵完成群組設定。

18 此時可以先將先前進行群組的線條，跟剛完成群組的設定的陰影部分，再進行一次群組(Shift 鍵逐一點選➔滑鼠右鍵➔「群組物件(G)」➔「群組(G)」)。

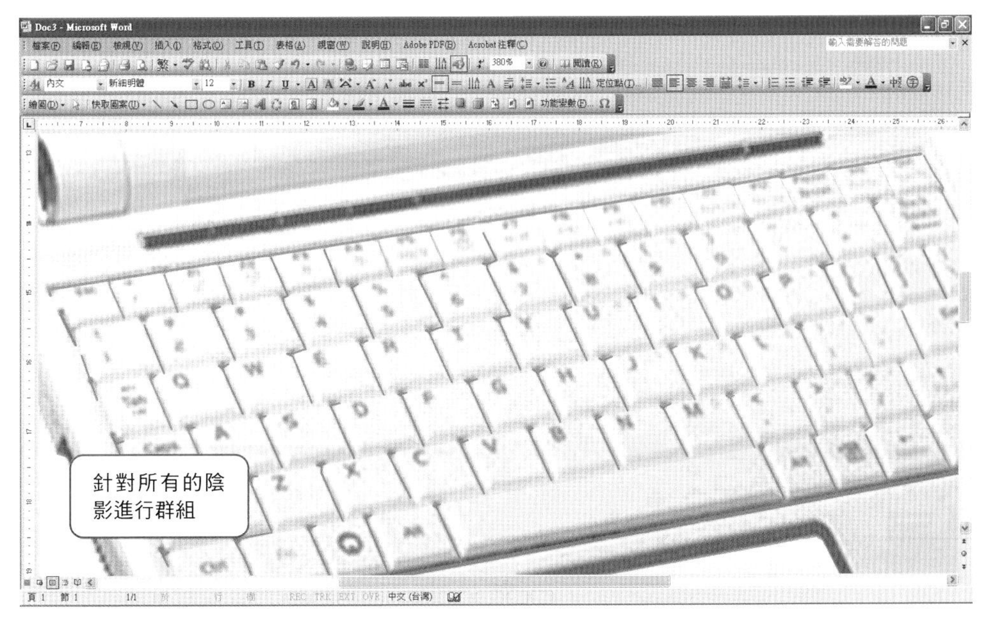

19 接下來同樣逐區描繪英文、符號與數字，因為標的物件相當小且大都是線條結構，因此利用描繪線條技巧來處理。如果可以的話，盡量用一筆到底的技巧來完成，否則要群組的物件會多出很多。

20 處理方法同樣到「快取圖案(U)」點選「線條(L)」，再點選「手繪多邊形」。滑鼠游標呈現「十」狀態，依據英文、符號與數字形狀一一描繪。

21 完成所有的英文、符號與數字描繪後，同樣先進行群組的動作。

22 最後再完成與線條群組、陰影群組的群組動作。

23 將顯示比例調成「100%」，這時原本不是很像的細節完全看不太出來明顯的差異。

24 點選下層的圖檔，按下滑鼠右鍵叫出對話方框，選擇「順序(R)」➔「移到最下層(K)」。

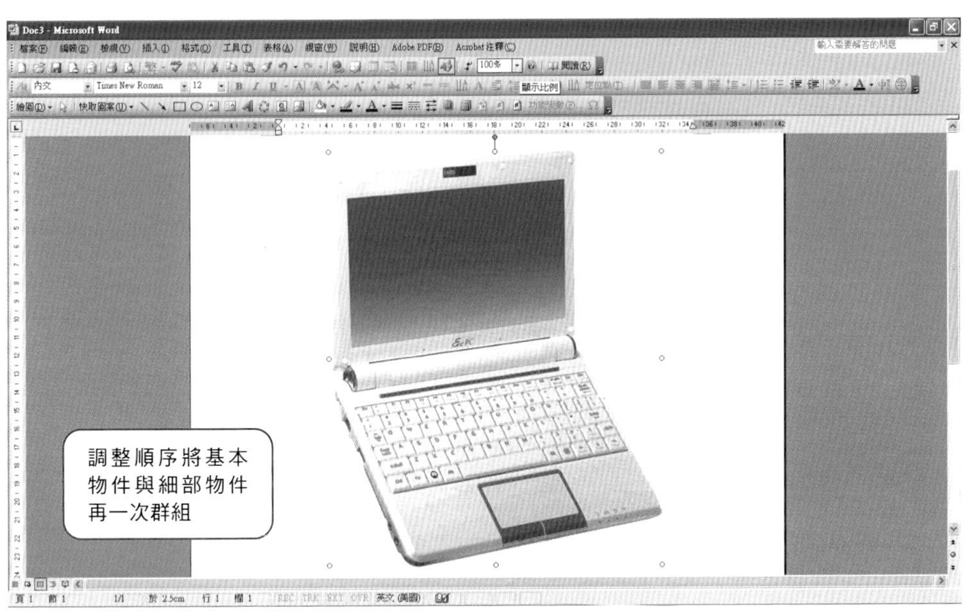

25 再將細部群組的物件與原先基本的物件進行最後一次群組，就可以完成最終的作品了。

21 電視遊樂器

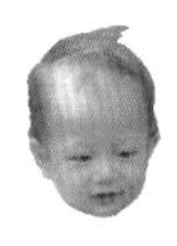

設計難度：★★★☆☆

擬真程度：80%

耗費時間：約 1.5 小時

設計重點

漸層與陰影的製作

Step_01 首先先插入一張要設計的圖檔(電視遊戲機檔名：0005-14)

1 選擇「插入(I)」➔「圖片(P)」。

2 再選擇「從檔案(F)」並按下滑鼠。

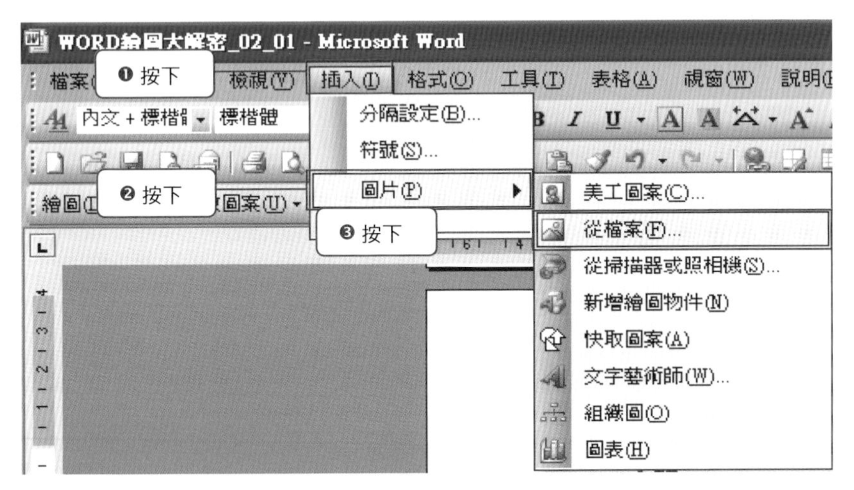

3 出現「插入圖片」對話方框，選擇圖檔來源，按下 插入 鈕。

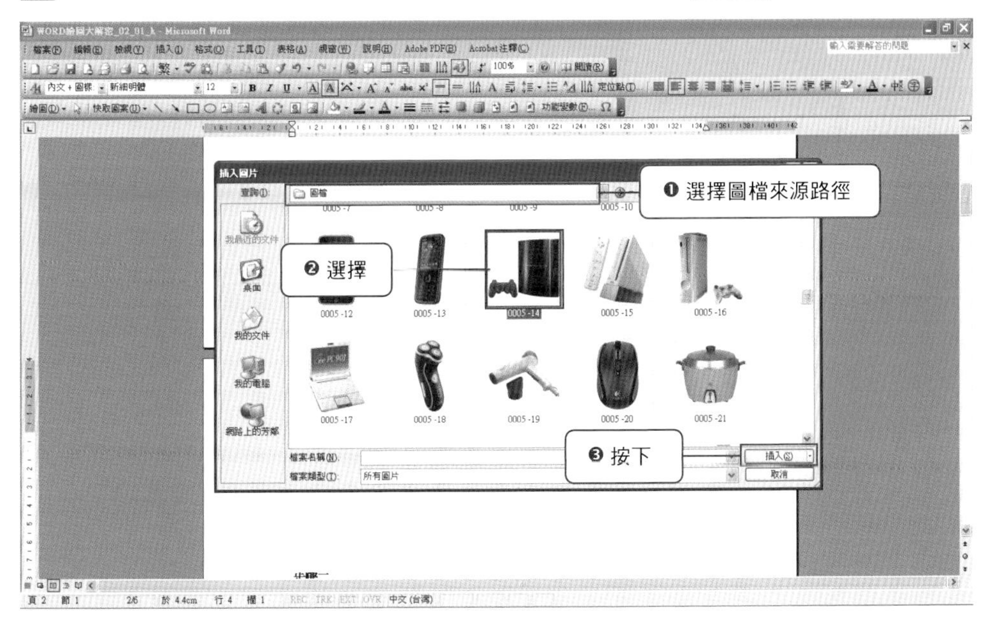

4 完成 Step_01。

Step_02 改變插入物件(0005-14)屬性

1. 點選插入圖片，將滑鼠移至圖片上方並按下右鍵，此時出現下圖選擇方框。
2. 選擇「設定圖片格式」一欄並按下滑鼠。

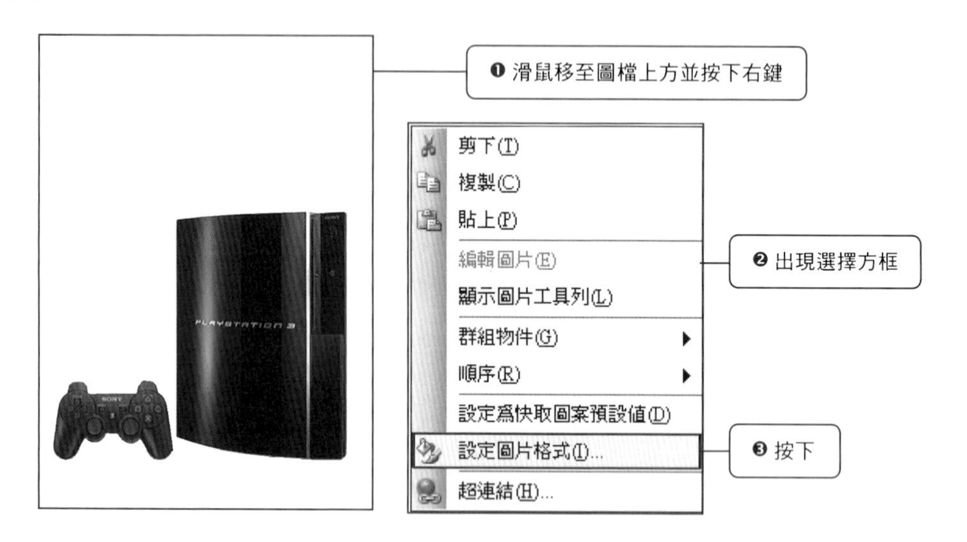

3. 當按下滑鼠後會出現「設定圖片格式」對話方框。
4. 在「配置」欄位內，將「與文字排列(I)」改成「文字在後(F)」，按下確定。

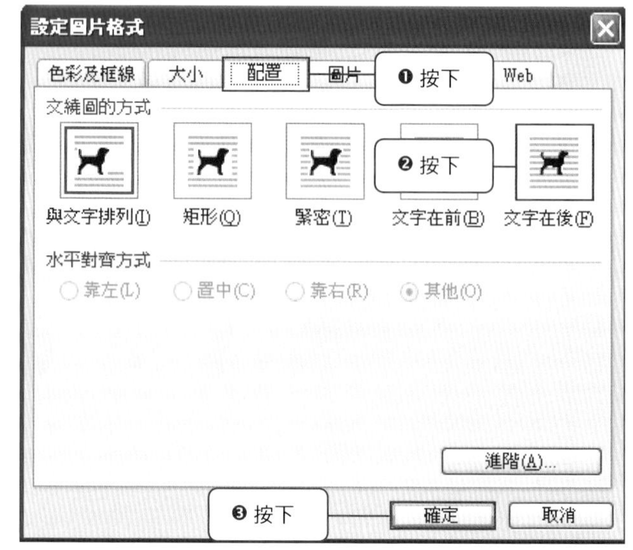

5. 完成 Step_02。

Step_03 確定物件繪圖順序以及群組關係

說明

電視遊戲機作品物件本身並不複雜，比較強調色澤跟細部圓圈的處理，基本上電動刮鬍刀要快速做到相似並不難，但要做到很逼真就需要相當的耐心重複比較原圖與設計出來的物件感覺，不斷的修改。

3 完成 Step_03。

Step_04 依照設定群組的物件開始描繪物件線條

1. 將物件調整至最適大小，本案例顯示比例設定為 100%。
2. 調整物件至中央位置，用滑鼠分別移動上下、左右捲軸。
3. 點選「電視遊樂器」，按下左鍵選取，滑鼠物件出現被選取狀態。
4. 接下來請準備繪圖工作，先點選「快取圖案(U)」，再點選「線條(L)」。
5. 選擇「手繪多邊形」一欄並按下滑鼠，出現「十」繪圖狀態。

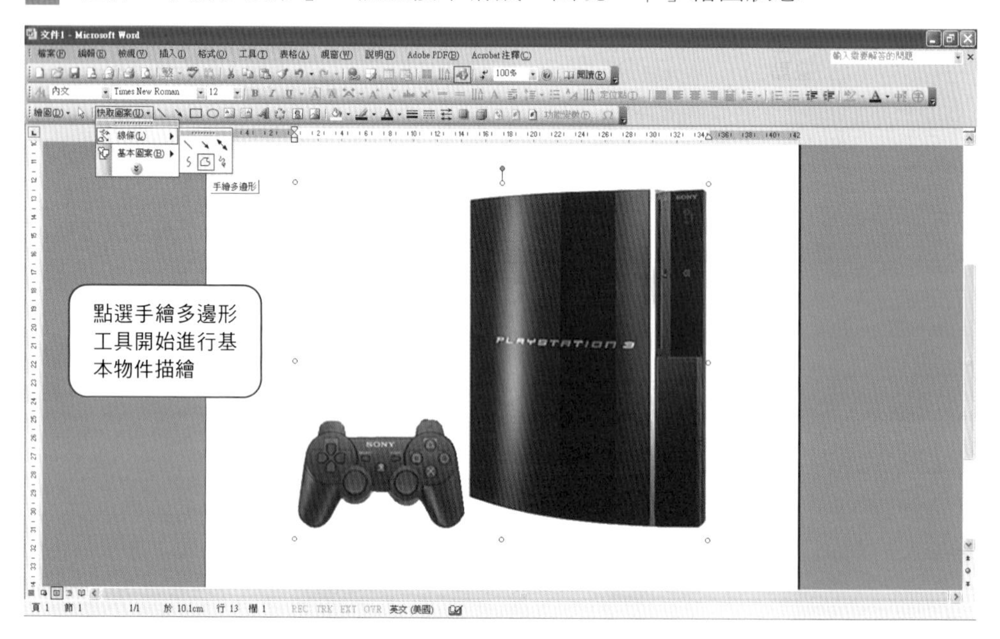

6 描繪主要物件線條，按住 Alt 鍵並沿著物件周邊點選畫出各物件線條。

7 針對主機底色進行著色(垂直漸層色)，完成後將已完成物件送到最下層。

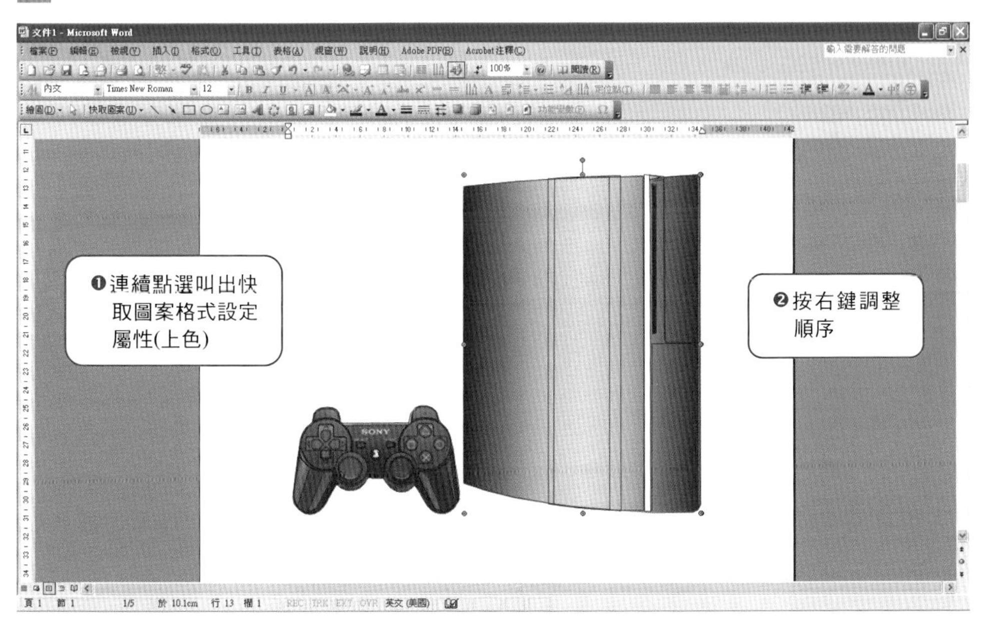

8 露出原始圖檔，針對遙控器進行描繪。

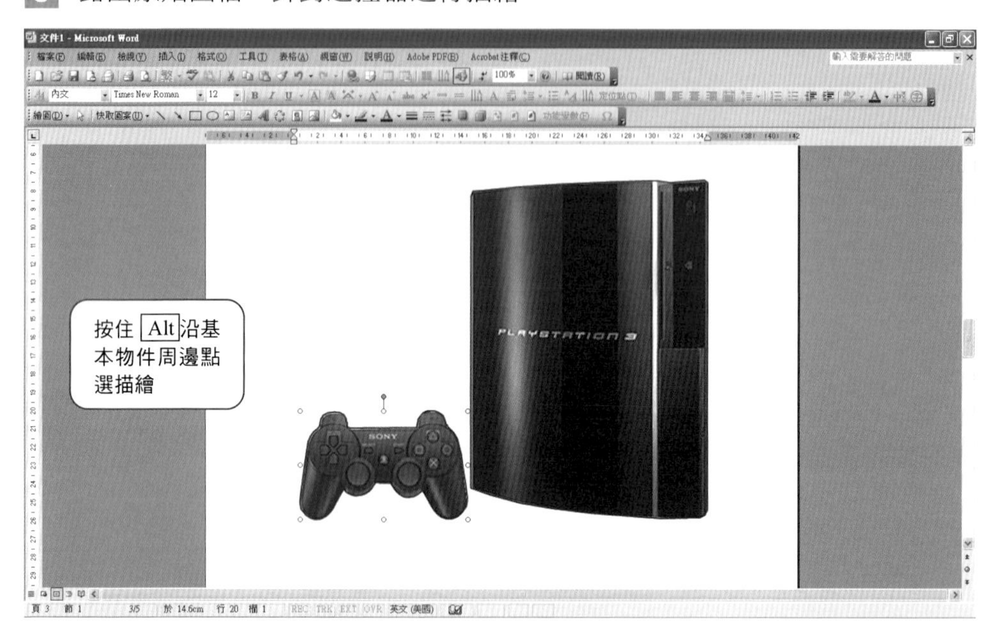

9 完成後將原始圖檔順序進行調整，送到最下層檢視著色情況，若是一開始描繪物件的順序錯誤，群組後進行著色後可能出現下圖其他較小物件被掩蓋掉的情況出現。

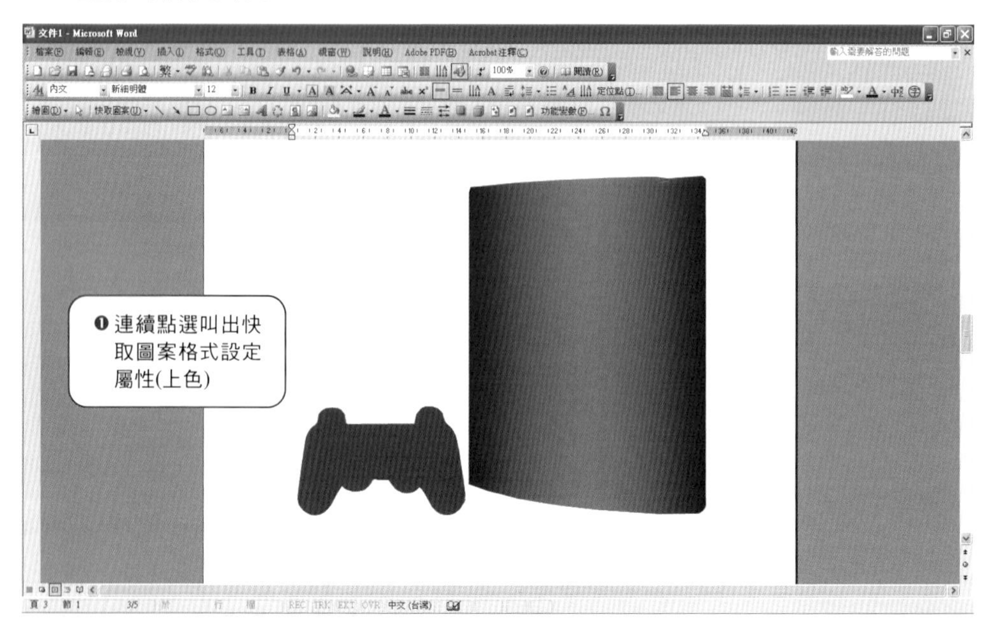

10 主機漸層色的設定請參考以下步驟說明，連續點選兩下滑鼠，叫出快取圖案格式。「框線類別」區➔「色彩(C)」選擇「無線條」；「填滿」區➔「色彩(C)」選擇最下方的「填滿效果(F)」，按下確定。

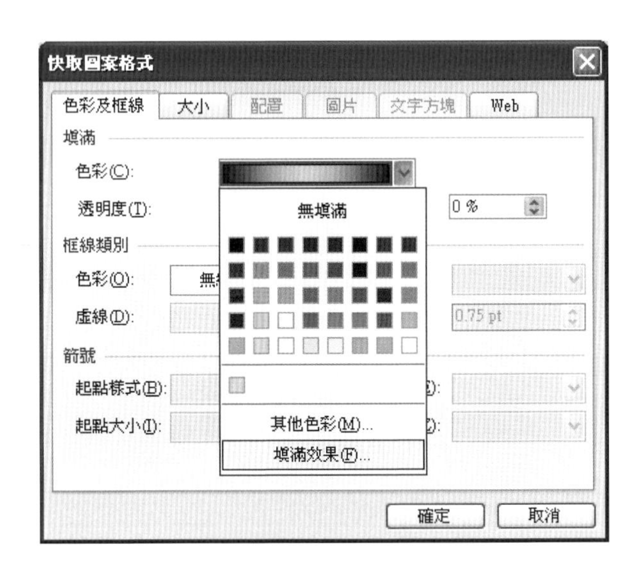

11 按下「填滿效果(F)」的確定鈕後，出現「填滿效果」對話方框，先點選「漸層」欄位，接著「色彩(C)」區選擇「雙色(T)」並且分別在「色彩 1(1)」以及「色彩 2(2)」選擇淺灰色以及深灰色；另外在「網底樣式」區選擇「垂直(V)」；「變化(A)」區選擇右下方圖案。

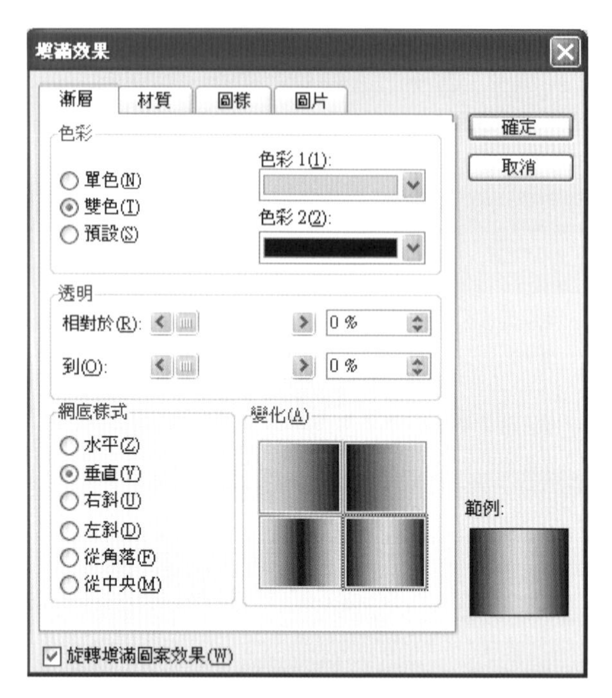

12 遙控器單色的設定請參考以下步驟說明，同樣連續點選兩下滑鼠，叫出快取圖案格式。「框線類別」區➔「色彩(O)」選擇「無線條」；「填滿」區➔「色彩(C)」選擇最下方的「其他色彩(M)」，按下確定。

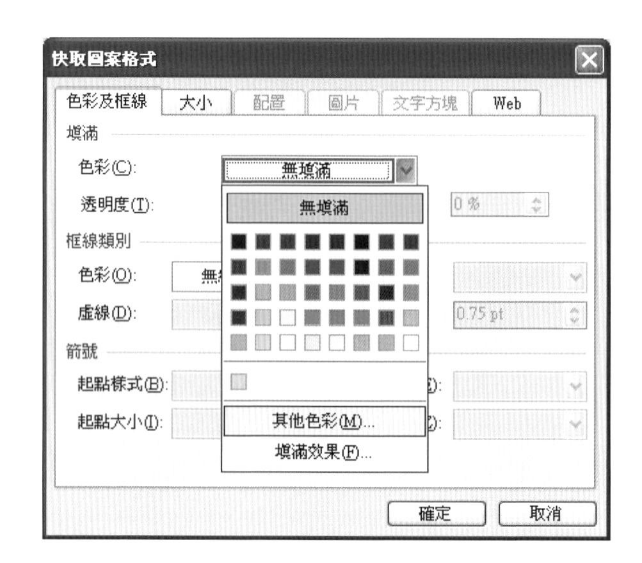

13 進入「色彩」對話方框後，到下方的灰階區選擇深灰色，按下確定。

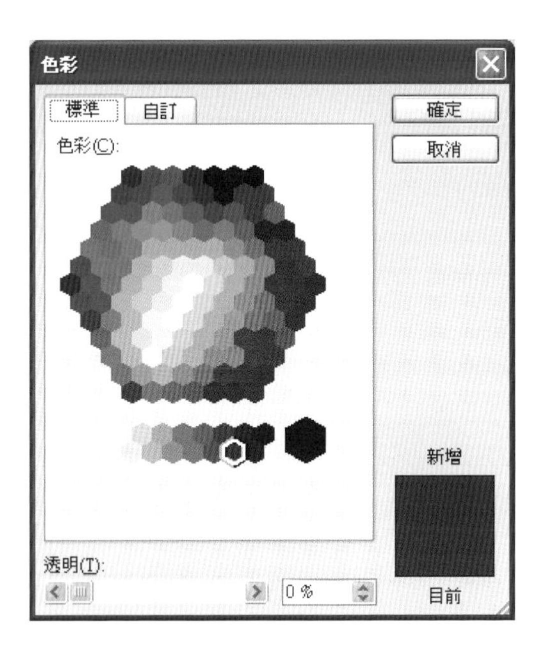

14 繼續細部物件的描繪，先針對欲處理的細部物件進行第一次點選，出現八個小白點；再對同一物件進行第二次點選，這時原本圍繞在群組物件八個範圍較大的小白點變成僅有在被選定小物件周圍的八個小灰點。

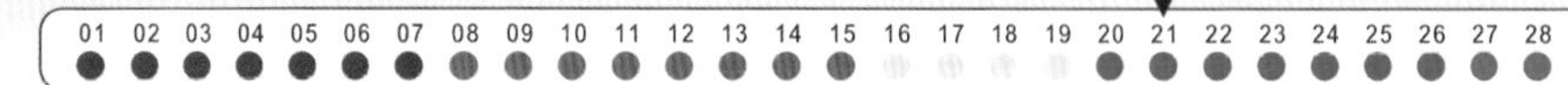

15 同樣連續點選兩下，叫出「快取圖案格式」進行著色。

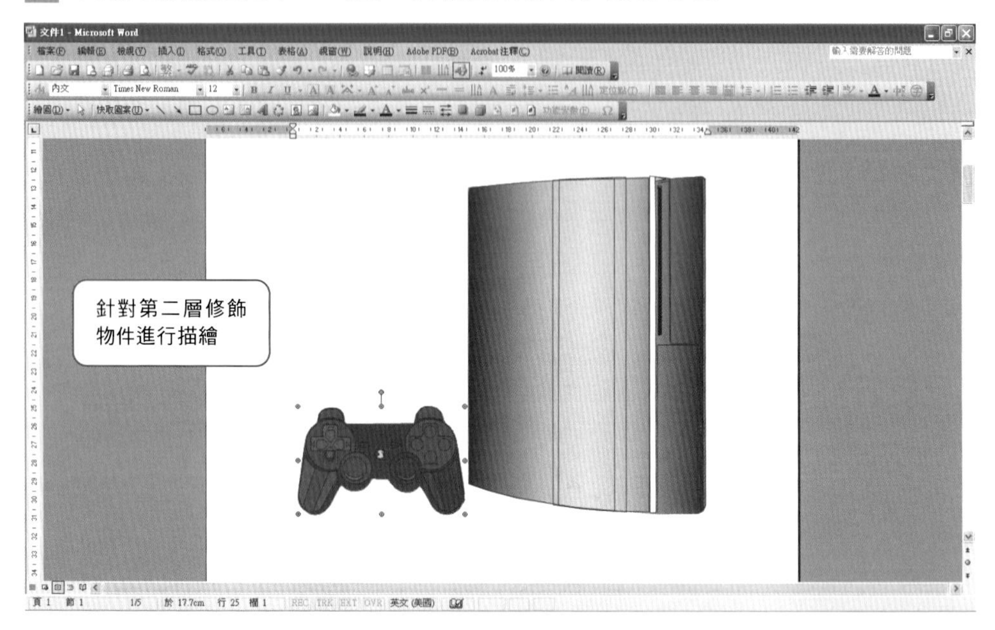

16 依照上述方法，分別完成其他物件的著色設定。

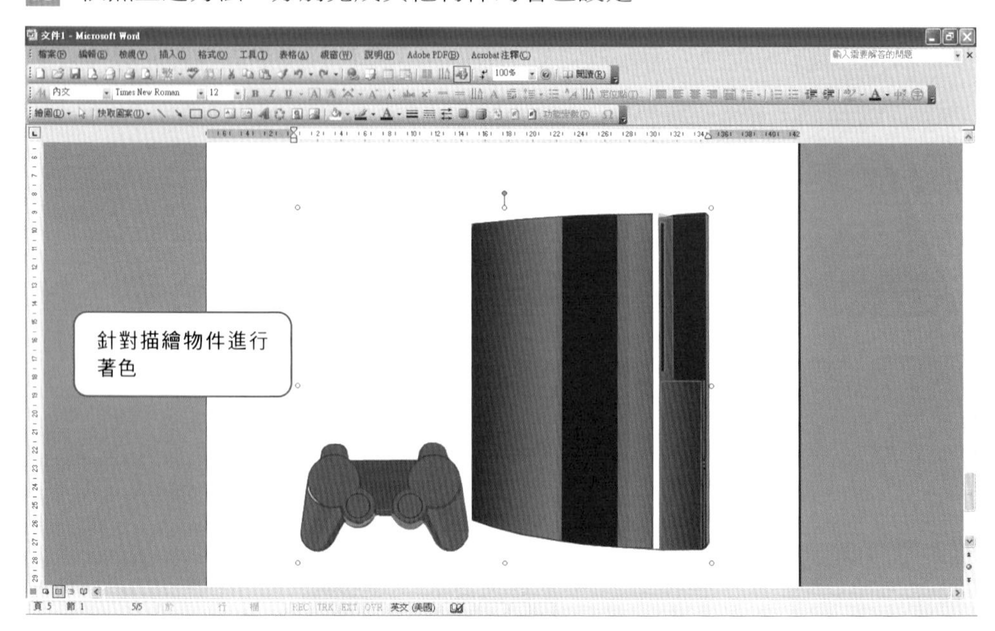

17 將遙控器與主機進行群組，並且將繪製物件送到最下層，將原本在底層的原始圖檔露出表面，再進行更細部的物件描繪。

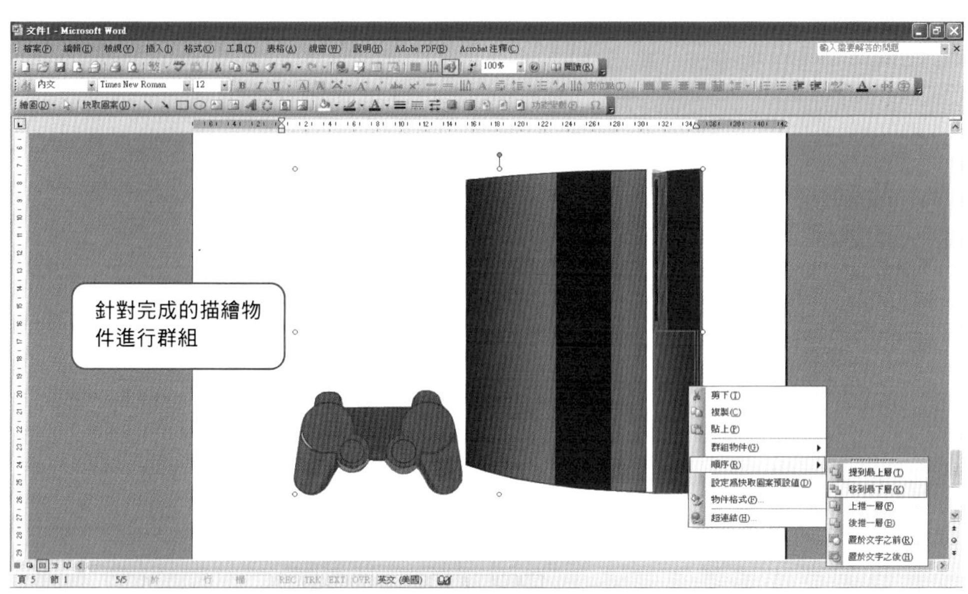

18 要進行更細部的物件描繪時，首先將顯示比例調整成 500% 。

19 同樣用「手繪多邊型」工具，因為原始圖檔字母相當小，建議按照字母描繪再將線條放大變粗處理。

20 在「填滿」區選擇「無填滿」；在「框線類別」區➔「色彩(C)」選擇右下方的白色。

21 先不要急著按下確定，同樣在「框線類別」區➔「粗細(W)」數值改成 1.5pt。

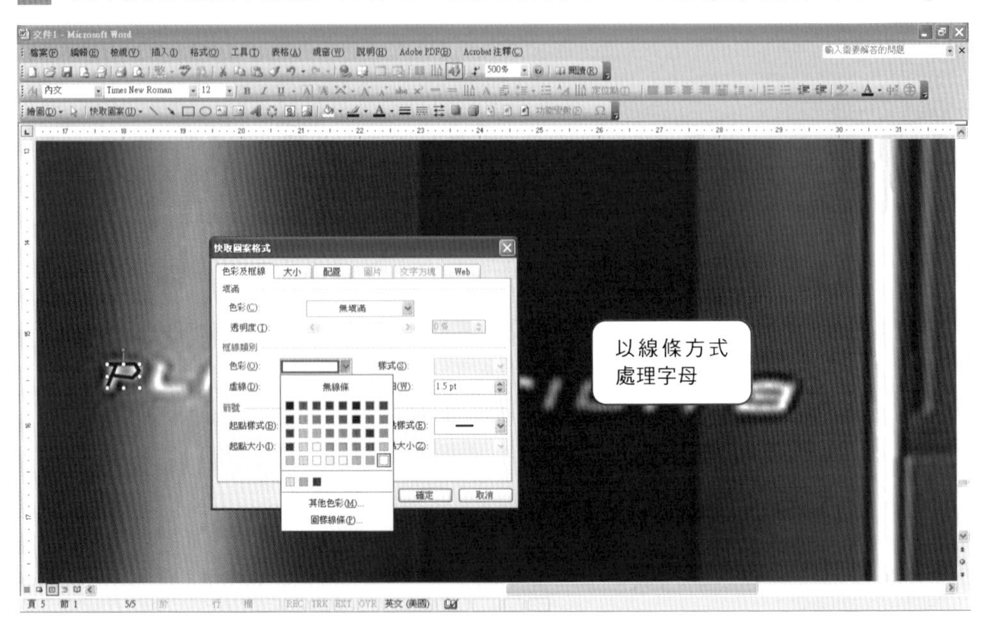

22 完成字母後比對粗細，接著再繼續其他字母的描繪與著色，完成後同樣記得群組。

說明

字母在描繪時，萬一不小心常常會描繪到一半就中斷掉，或是需要好幾個物件組成，以下是筆者根據經驗在描繪上圖字母時的經驗，提供讀者參考。

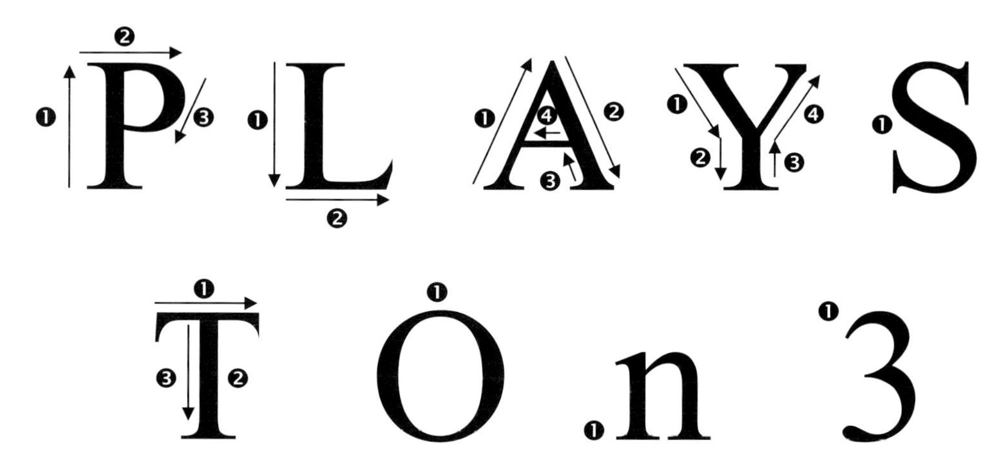

23 完成遊戲機作品。

22 滑鼠

設計難度：★★★☆☆

擬真程度：80%

耗費時間：約 1.5 小時

設計重點

1. 區面線條
2. 漸層效果
3. 亮面質感

Step_01 首先先插入一張要設計的圖檔(滑鼠檔名：0005-20)

1. 選擇「插入(I)」➔「圖片(P)」。
2. 再選擇「從檔案(F)」並按下滑鼠，選好圖片後按下滑鼠確認。

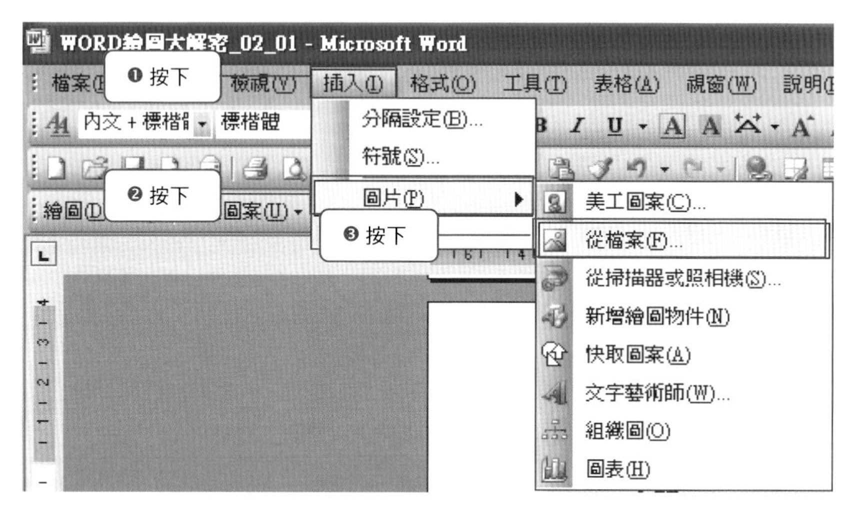

3. 出現「插入圖片」對話方框，選擇圖檔來源，按下 插入 鈕。

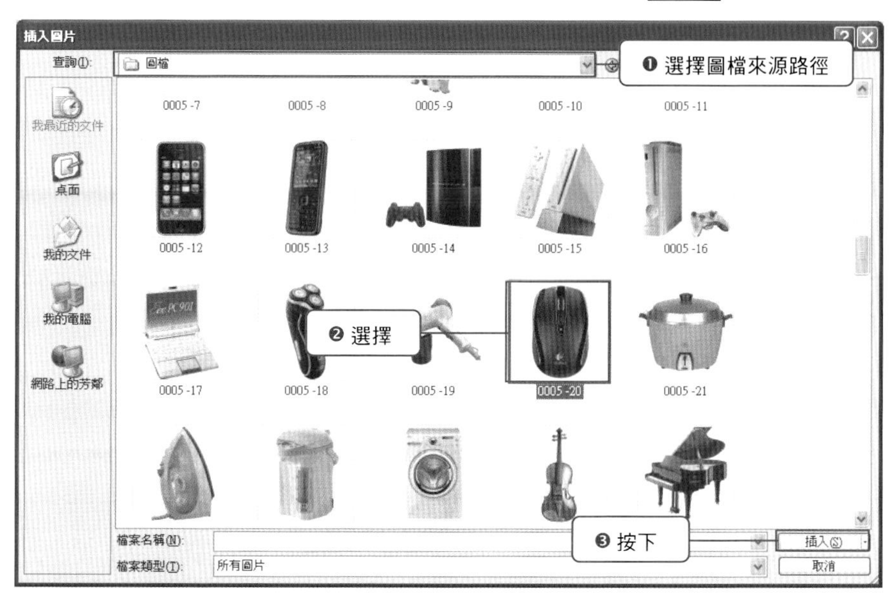

4. 完成 Step_01。

Step_02 改變插入物件(0005-20)屬性

1. 點選插入圖片，將滑鼠移至圖片上方並按下右鍵，此時出現下圖選擇方框。
2. 選擇「設定圖片格式」一欄並按下滑鼠。

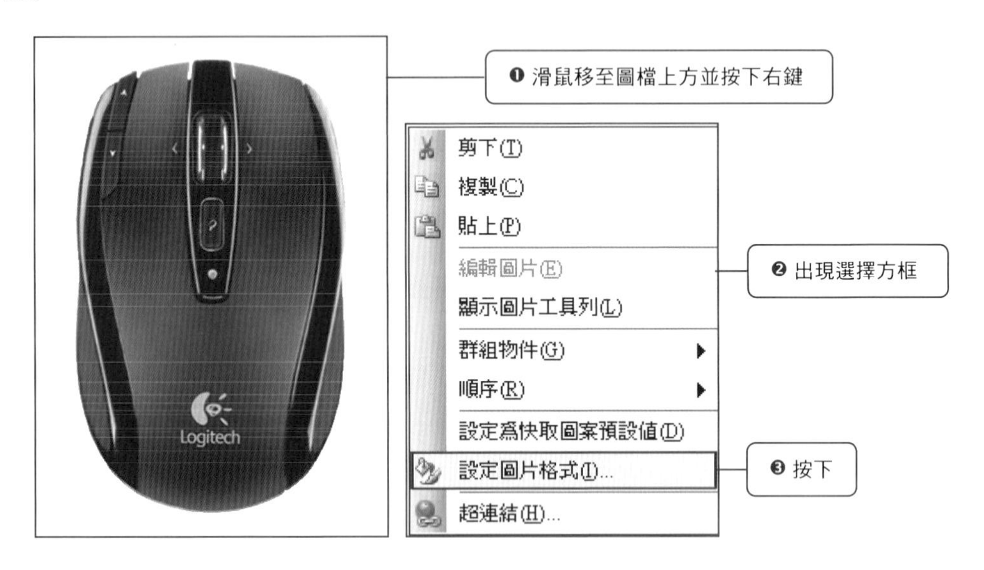

3. 當按下滑鼠後會出現「設定圖片格式」對話方框。
4. 在「配置」欄位內，將「與文字排列(I)」改成「文字在後(F)」，按下確定。

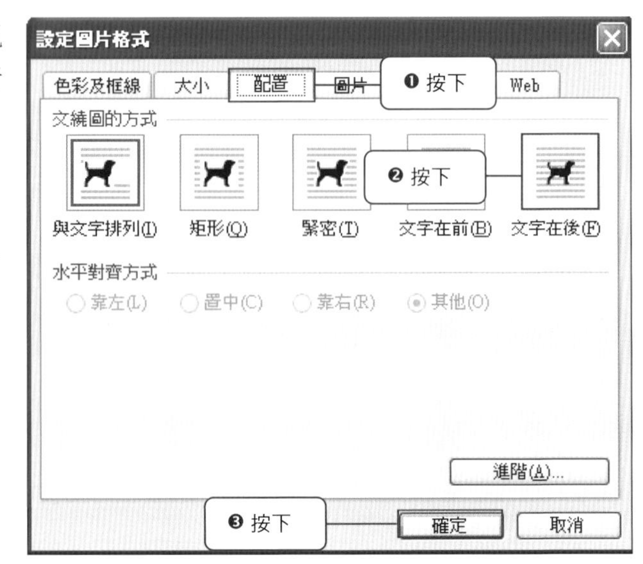

5. 完成 Step_02。

Step_03 確定物件繪圖順序以及群組關係

說明

滑鼠作品由於是黑白灰階色調，代表不需要太多的色層來表現，如果不是要做到跟照片一樣的陰影的話，只要用漸層的設定就可以製作出具有滑鼠質感的作品

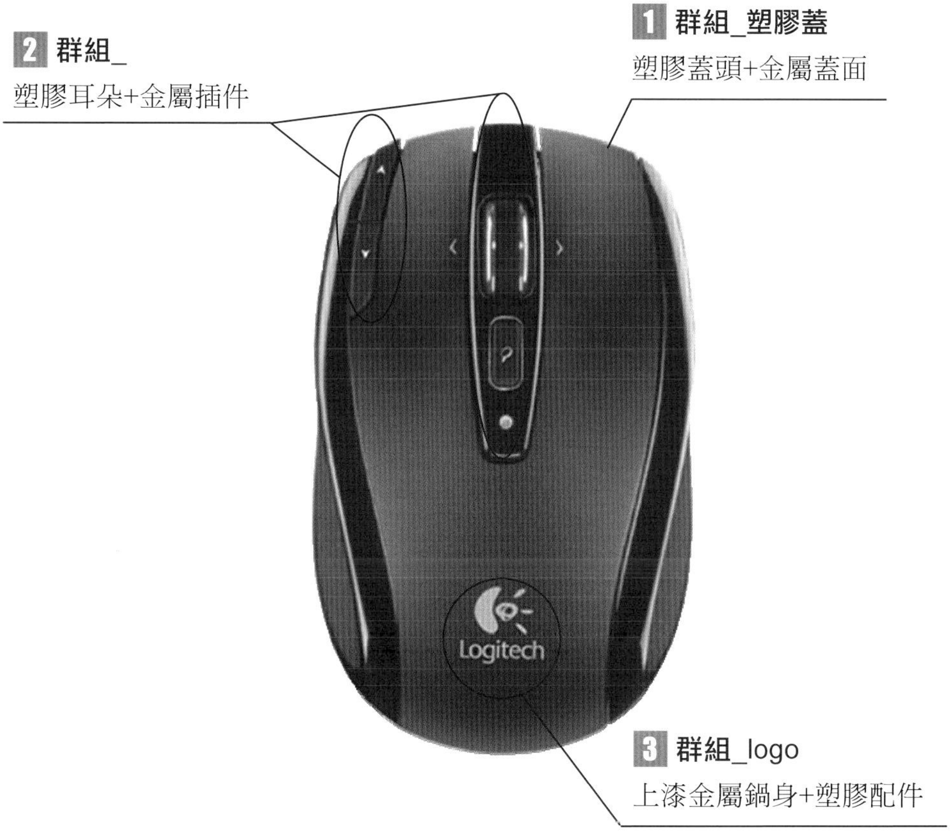
1 群組_塑膠蓋
塑膠蓋頭+金屬蓋面
2 群組_
塑膠耳朵+金屬插件
3 群組_logo
上漆金屬鍋身+塑膠配件
Logitech

4 完成 Step_03。

Step_04 依照設定群組的物件開始描繪物件線條

1. 將物件調整至最適大小，本案例顯示比例建議設定為 100%。
2. 調整物件至中央位置，用滑鼠分別移動上下、左右捲軸。

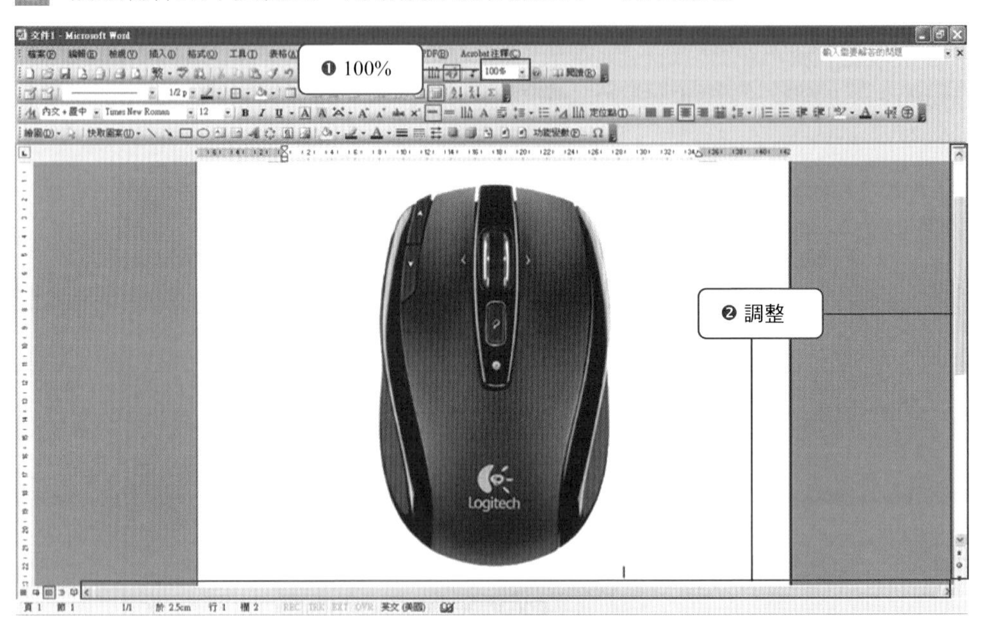

3. 點選「滑鼠」，按下左鍵選取，滑鼠物件出現被選取狀態。

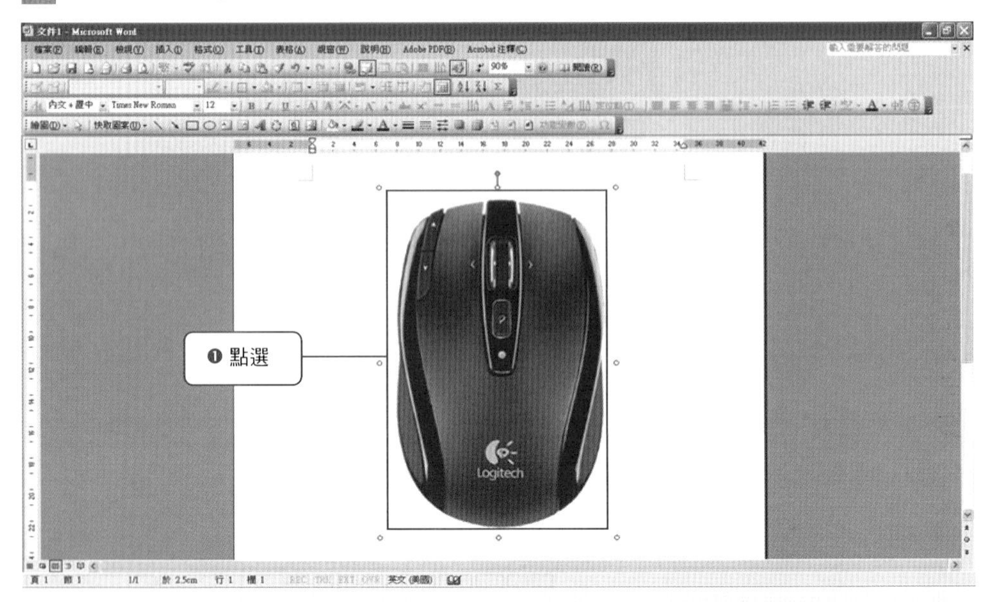

事先選取物件可以避免出現繪圖方框的情況，另外一種方法則是當出現繪圖方框按 Esc 取消。

4 接下來請準備繪圖工作，先點選「快取圖案(U)」，再點選「線條(L)」。

5 選擇「手繪多邊形」一欄並按下滑鼠，出現「十」繪圖狀態。

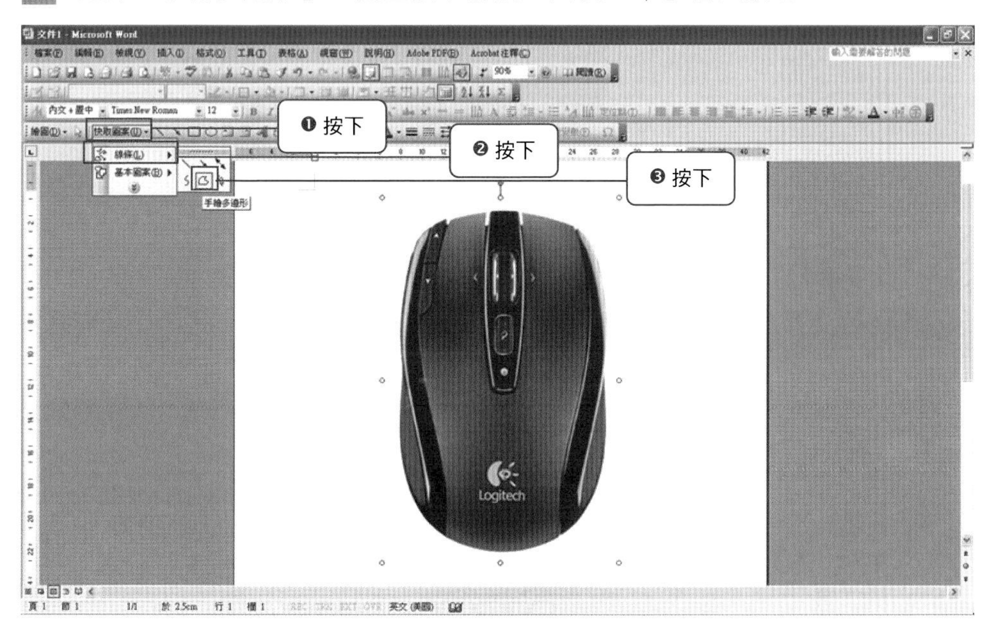

6 接下按下 Alt 鍵不放，沿著欲描繪的物件路徑沿途按下滑鼠左鍵確定。

7 完成物件線條描繪，黑色線條不易顯示，下圖以紅色表示。

8 先按住 Shift 鍵不放，再按下滑鼠左鍵逐一點選欲連結的物件。

9 當點選完畢後，建議不要放開 Shift 鍵，再按下滑鼠右鍵叫出群組對話方框。

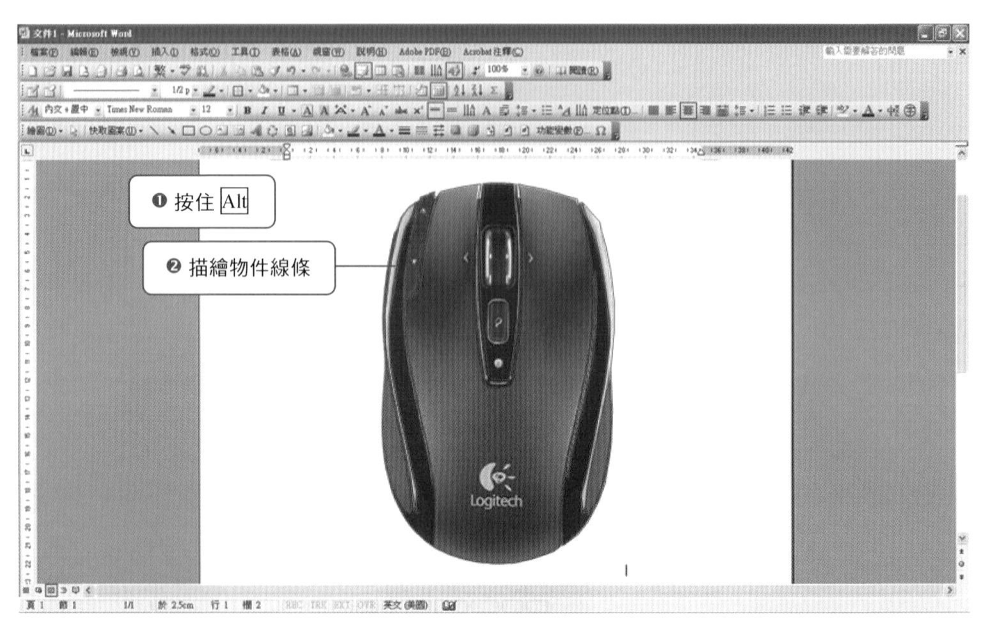
❶ 按住 Alt
❷ 描繪物件線條
Logitech

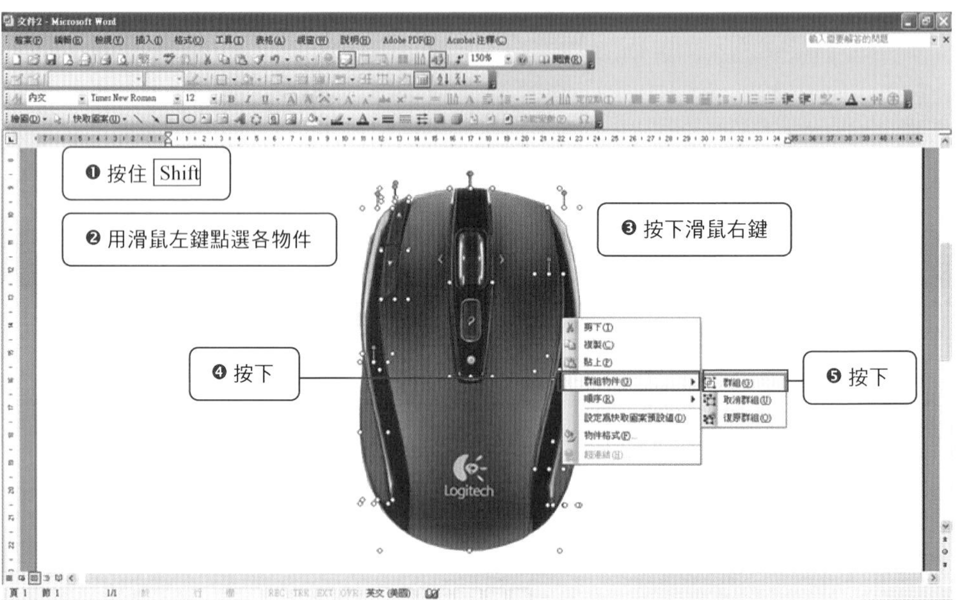
❶ 按住 Shift
❷ 用滑鼠左鍵點選各物件
❸ 按下滑鼠右鍵
❹ 按下
❺ 按下
Logitech

接下來有兩種方式可以進行，一個是繼續描繪細部線條(左下圖)，另一個則是先上基底顏色(右下圖)。兩者設計技巧大不相同，描繪細部線條注重的是利用放大跟縮小的重複步驟進行細部物件描繪，最後再一次設定群組；上色注重的是色層屬性與光影變化的感覺，需與原圖重複對照比較。

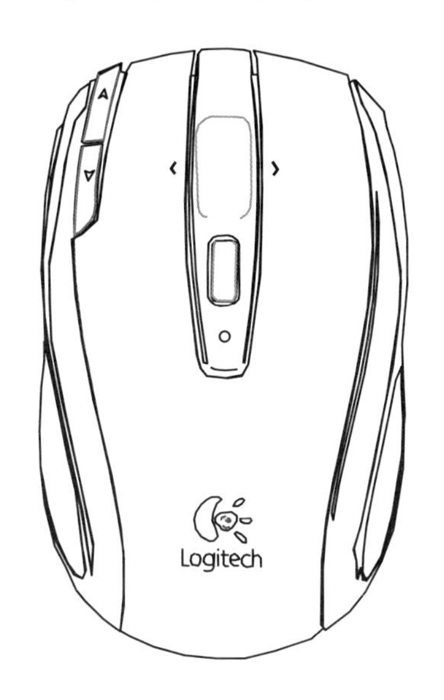

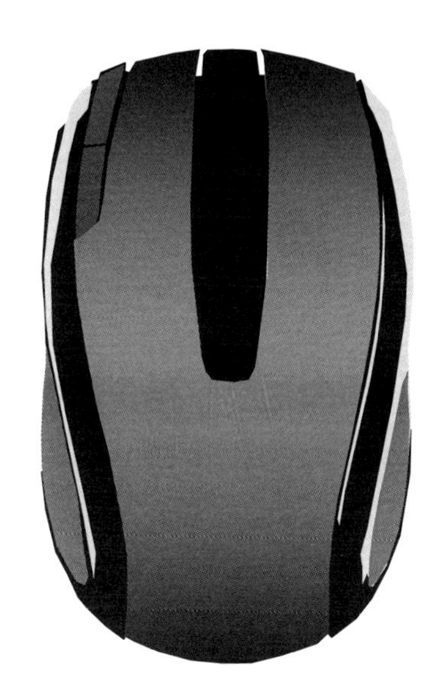

Step_05

筆者習慣先處理基本物件底色再進行表面物件的細部修飾，所以先依照下列步驟進行各物件的基本填色動作。

1 單色部份(除了中間漸層以外地方)先逐一點選欲處理的物件進行處理。

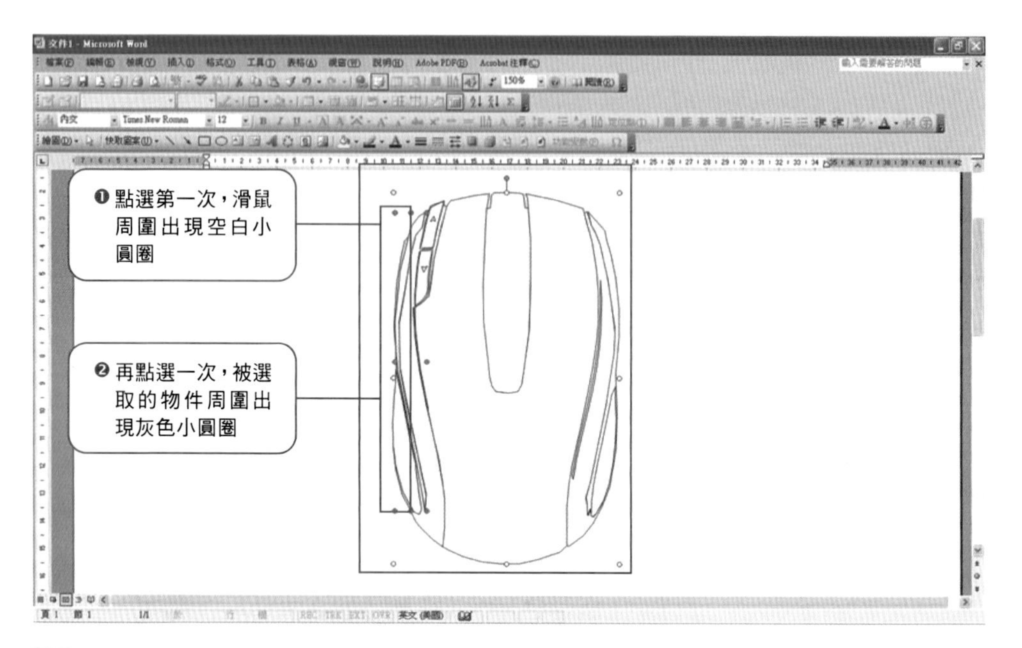

2 對著標的用滑鼠快速點選兩下，此時出現格式化物件的對話方框，開始進行物件屬性設定(著色)。

3 用滑鼠左鍵點選「色彩及框線」一欄，出現「填滿」、「框線類別」、「箭號」等設定選項。

4 選擇「填滿」➔「色彩(C)」下拉式選單，點選灰色按下確定。

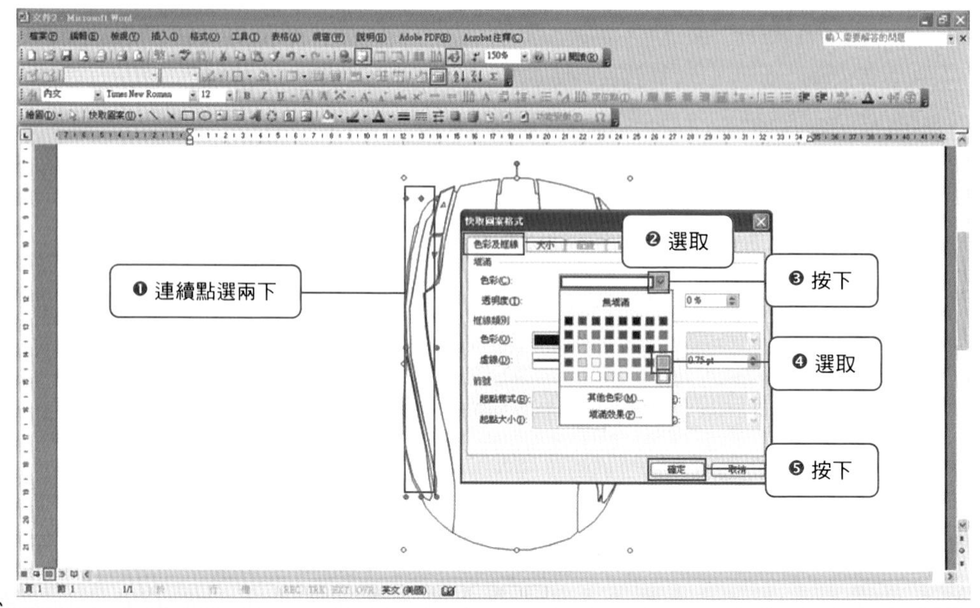

5 重複上述點選物件著色步驟，依次完成其他單色物件。

6 點選滑鼠中間漸層色的蓋體。

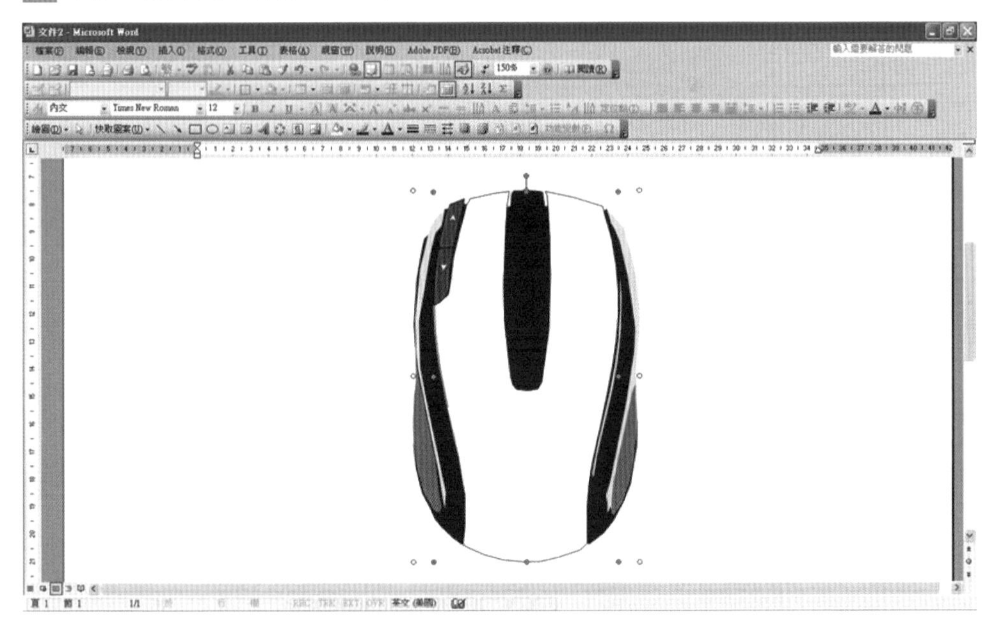

7 再快速點選兩下漸層色的蓋體物件(中間白色區塊)，叫出「快取圖案格式」對話方框。

8 先點選「色彩及框線」欄位，再點選「填滿」➔「色彩(C)」下拉式，選擇「填滿效果(F)」。

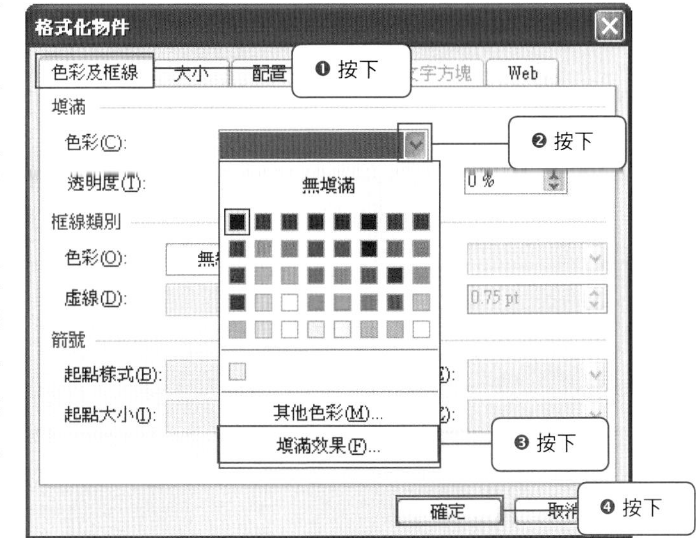

9 在「填滿效果」對話方框裡面先點選「漸層」欄位，接著在「色彩」區，點選「雙色(T)」，出現「色彩 1(1)」跟「色彩 2(2)」下拉式選單

10 先點選「色彩 1(1)」下拉式選單並選擇淺灰色(如下圖所示)，緊接著點選「色彩 2(2)」下拉式選單並選擇深灰色(如下圖所示)。

11 再到「網底樣式」區點選「水平(Z)」，最後再到「變化(A)」區選擇右下方上下深色、中間淺色的圖案(如下圖所示)。

12 當上述設定完成後再到右上方按下「確定」。

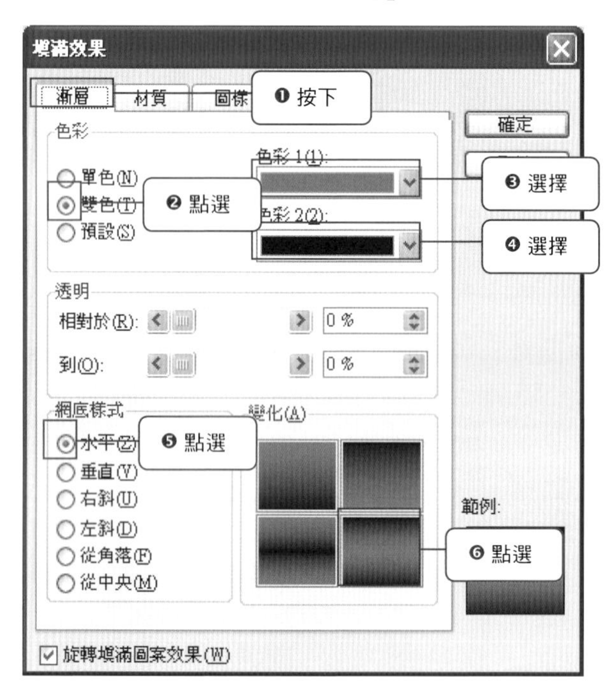

13 按下「確定」後得到下圖效果，完成基本著色的動作。

14 接著開始處理細節，首先先調整物件順序，把最下層的原始圖片叫出來。

15 點選滑鼠按下右鍵，先選擇「順序(R)」，再選擇「送到最下層(K)」。

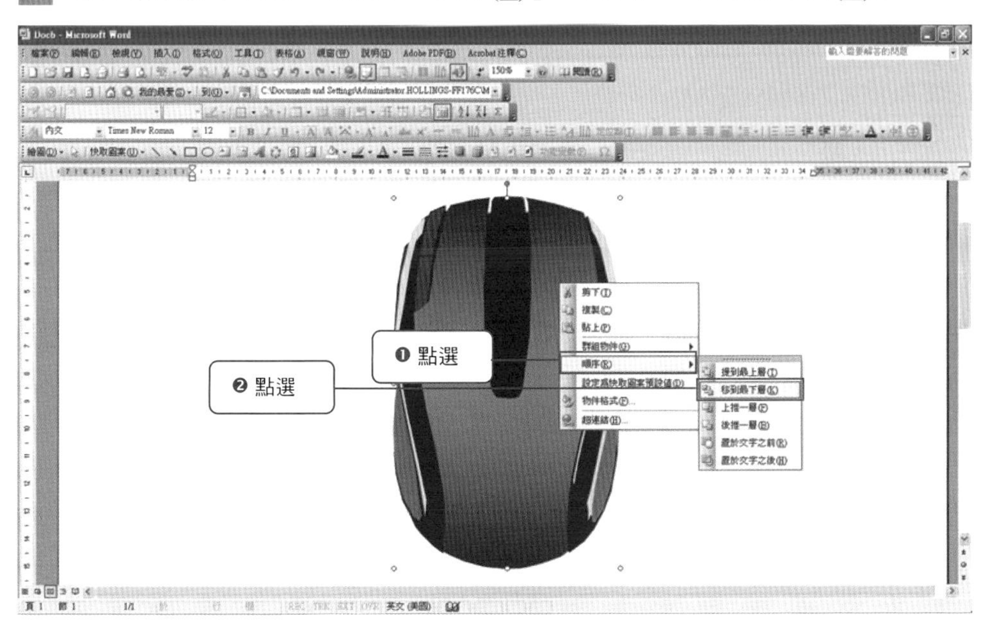

16 原本在最下層的圖片被送到最上層。

Step_06

當完成基本物件著色後，即開始進行細部處理，這個步驟關係到作品的擬真程度。因此需要運用放大技巧來處理。

1 首先按下「顯示比例」下拉式選單，將畫面比例調整到「500%」。

2 當畫面放大後就可以進行局部細部描繪了，處理步驟跟物件繪圖方式一樣。

3 到「快取圖案(U)」➔「線條(L)」➔「手繪多邊形」，針對細部物件進行描邊。

4 先按住「Alt」不放，當滑鼠變成「十」符號時延著物件連續按下滑鼠左鍵。

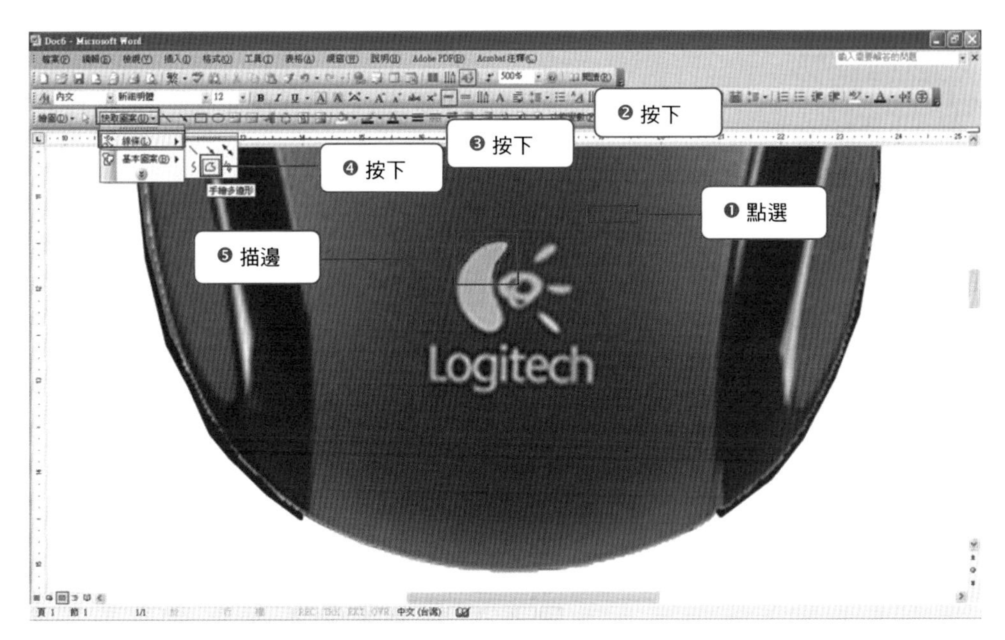

5 當物件描繪完畢時，開始設定屬性，一般做法有兩種；一種是用線條處理，另一種則是用不規則塊狀物件處理(有周圍線條與中間填滿區之物件)。

6 以下是不規則塊狀物件處理方法：先在「L」字母周圍描繪，連續點選兩下，叫出「快取圖案格式」。

7 先點選「色彩及框線」欄位，「框線類別」區「色彩(O)」選擇「無線條」，「填滿」區到「其他色彩(M)」下拉式選單點選淺灰色圖案。

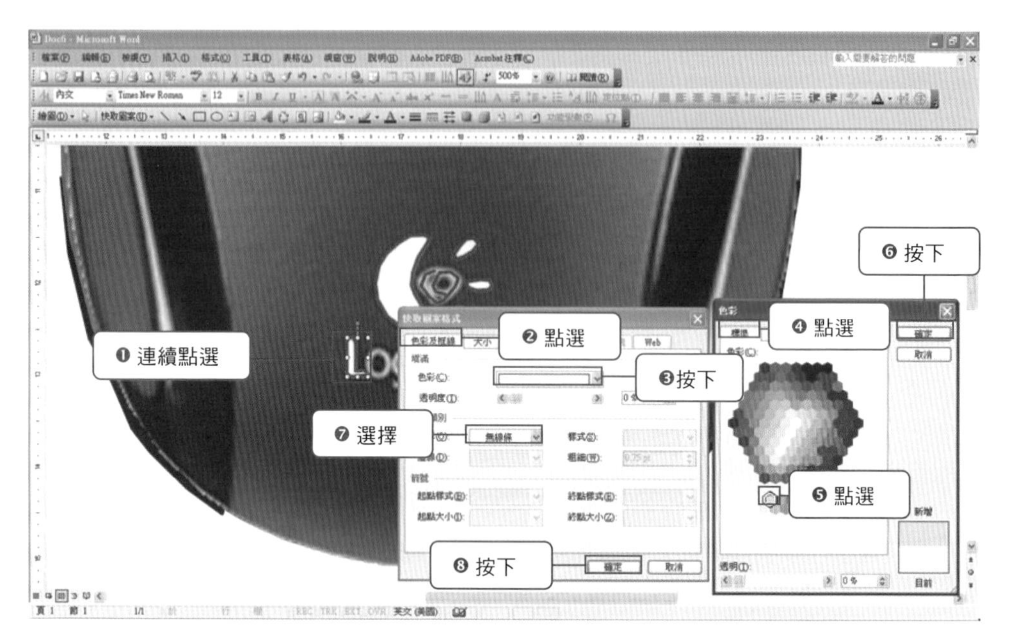

8 另一種是用線條處理的方式如下：用「手繪多邊形」線條直接寫字母，盡量用一筆到底的技巧，避免連結產生斷線，接著同樣連續點選線條叫出「快取圖案格式」對話方框。

9 點選「色彩及框線」，「填滿」區的「色彩(C)」下拉式選單選擇「無填滿」，接著在「框線類別」區的「色彩(O)」下拉式選單選擇其他色彩，再點選淺灰色。

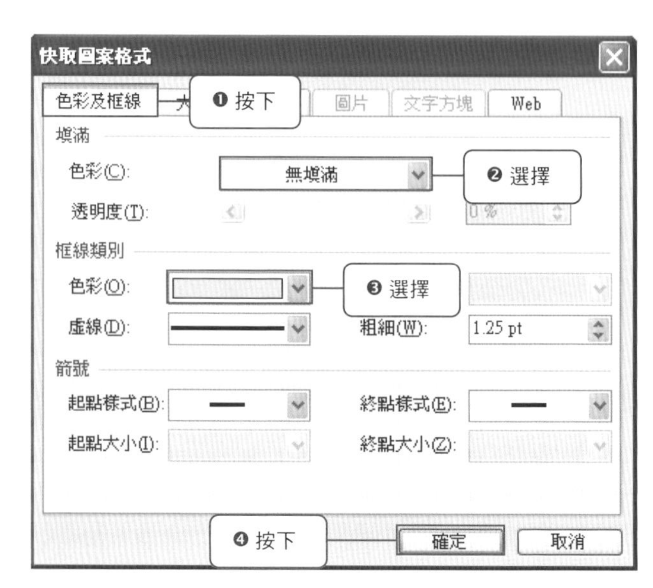

10 字母「i」上面的小圓圈因為體積太小，用線條描繪不易(通常要有一定距離)，因此先點選工具列的「橢圓」工具，再到「i」字母上面拖曳一個小圈圈。

11 再連續按下兩次叫出「快取圖案格式」對話方框，這時選擇「大小」欄位。

12 接著在「大小及旋轉區」裡面把「高度(E)」跟「寬度(D)」的值都改成「0.05」。

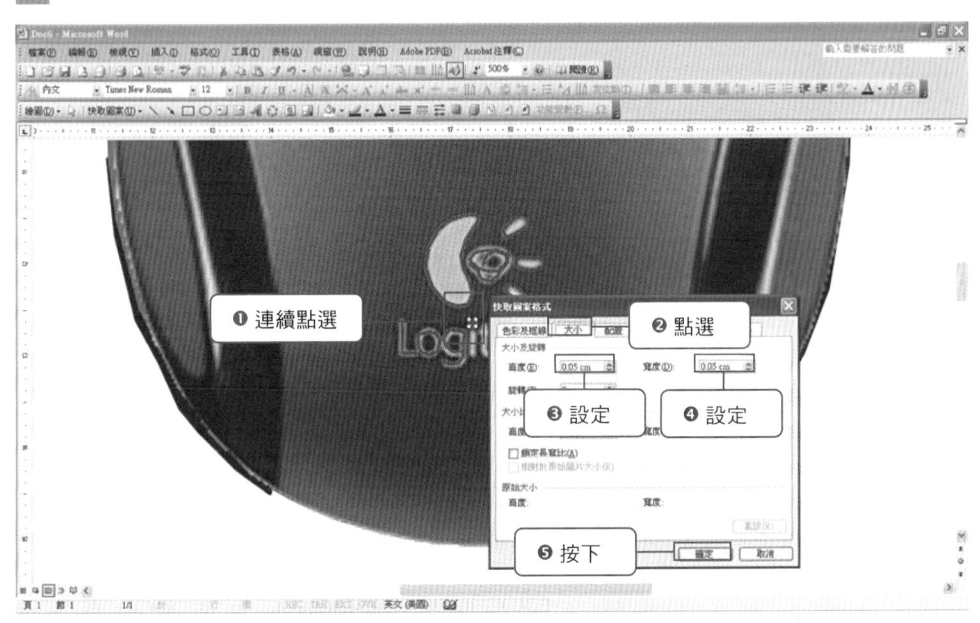

13 完成細部物件(logo)的描繪，其他部分也是照同樣的方式比照處理。

Step_07

1. 將各細部物件進行群組(按住「Shift」逐一點選各物件，再按下滑鼠右鍵➔「群組物件(G)」➔「群組(G)」)後，完成群組。
2. 點選滑鼠圖檔，按下滑鼠右鍵➔「順序(R)」➔「移到最下層(K)」。
3. 點選已經群組的細部物件以及剛開始著色基本物件再進行一次群組，完成滑鼠作品。

23 香水

設計難度：★★★★☆

擬真程度：85%

耗費時間：約 2 小時

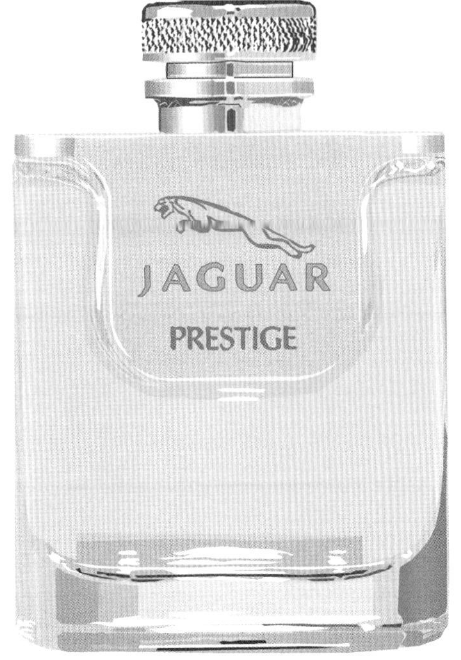

設計重點

金屬與玻璃表面質感的技巧

Step_01　首先先插入一張要設計的圖檔(香水檔名：0005-28)

1 選擇「插入(I)」➔「圖片(P)」。

2 再選擇「從檔案(F)」並按下滑鼠。

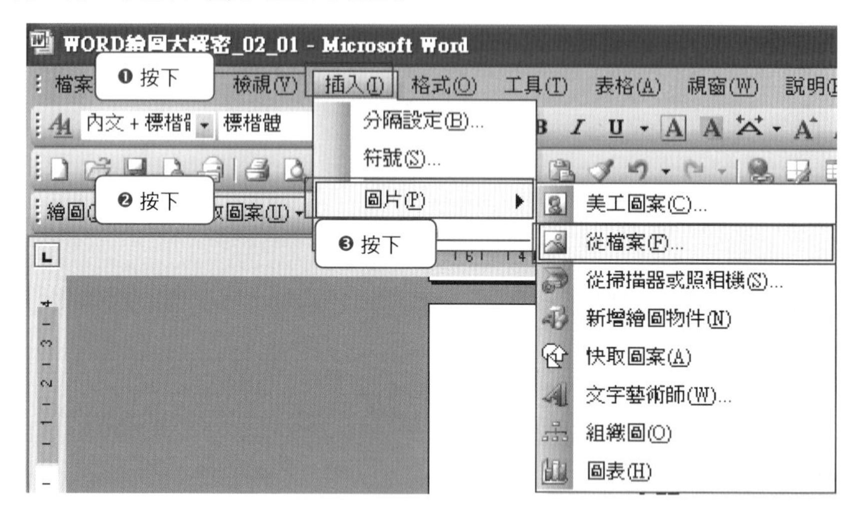

3 出現「插入圖片」對話方框，選擇圖檔來源，按下 插入 鈕。

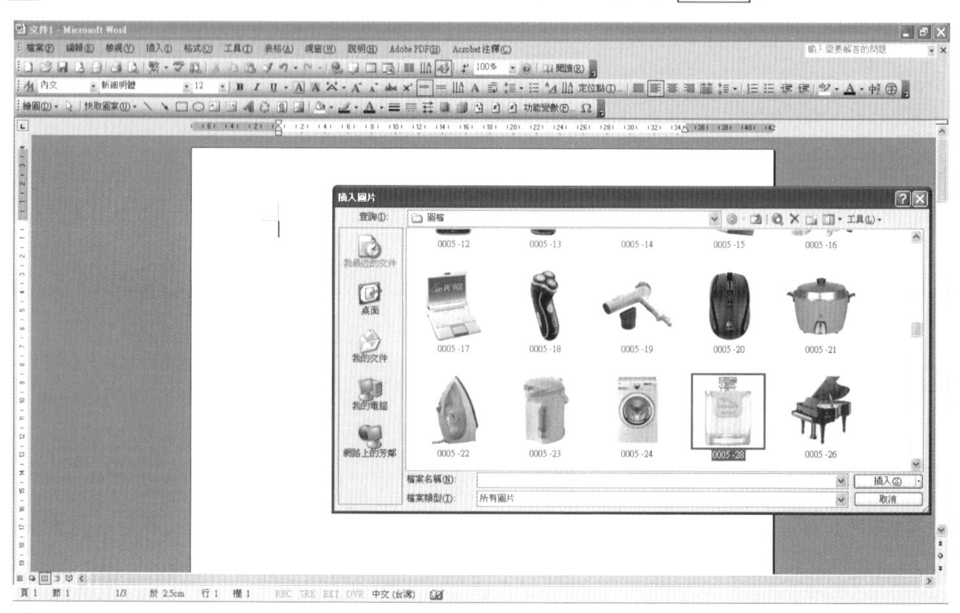

4 完成 Step_01。

Step_02 改變插入物件(0005-28)屬性

1 點選插入圖片，將滑鼠移至圖片上方並按下右鍵，此時出現下圖選擇方框。

2 選擇「設定圖片格式」一欄並按下滑鼠。

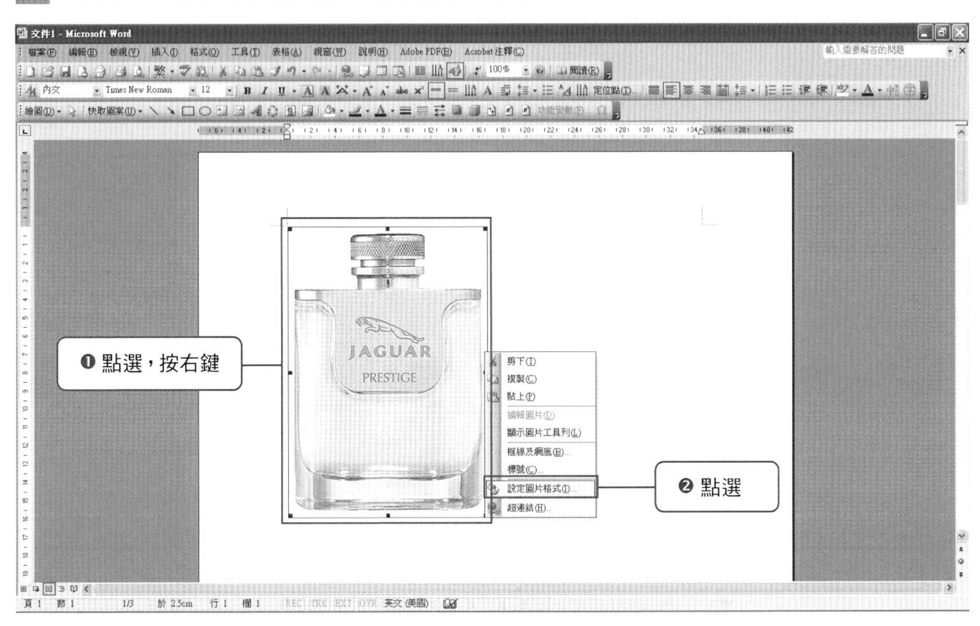

3 當按下滑鼠後會出現「設定圖片格式」對話方框。

4 在「配置」欄位內，將「與文字排列(I)」改成「文字在後(F)」，按下確定。

5 完成 Step_02。

Step_03 確定物件繪圖順序以及群組關係

說明

香水，本身注重的是玻璃質感的呈現，但此款比較特殊的是嵌入金屬外蓋，尤其表面的 LOGO 處理都是要注意的細節，另外玻璃瓶內金黃色香水液體也是學問，需要綜合的表現水準。

4 完成 Step_03。

Step_04 依照設定群組的物件開始描繪物件線條

1 將物件調整至最適大小，本案例顯示比例建議設定為 100%。

2 調整物件至中央位置，用滑鼠分別移動上下、左右捲軸，調整至中央位置。

3 點選「香水」圖案，按下左鍵選取，滑鼠物件出現被選取狀態。

事先選取物件可以避免出現繪圖方框的情況，另外一種方法則是當出現繪圖方框按 Esc 取消。

4 選擇繪圖工具，到「快取圖案(U)」➔「線條(L)」➔「手繪多邊形」。

5 沿著欲描繪的標的物件周邊進行描繪，先按住 Alt 不放，再沿著周邊不斷的用滑鼠左鍵點選，最後回到出發點完成物件繪製。(為方便凸顯顏色，筆者以藍色線條顯示)。

6 完成主要結構的基本物件描繪後，再進行表面細部物件的描繪，同樣到「快取圖案(U)」➔「線條(L)」➔「手繪多邊形」。

7 同樣沿著欲描繪的細部物件進行描繪，完成後再進行群組。

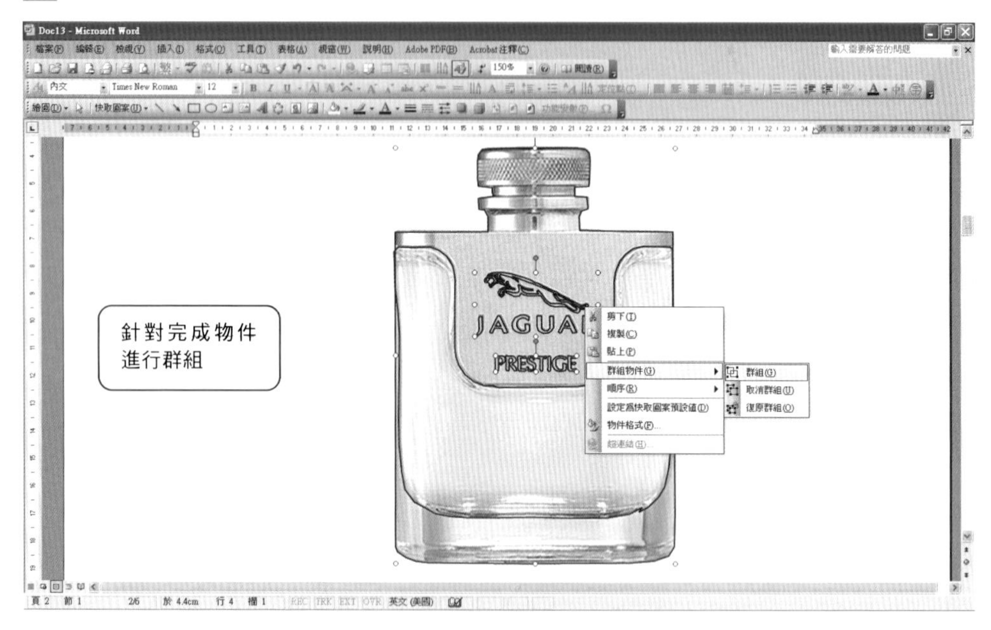

8 先對背景基本物件上色，再到工具列的顯示比例數值調整到 500%。

9 接著描繪英文字母，「A」建議使用重疊技巧、「R」則使用一筆到底的技巧。

10 因為 logo 物件比較複雜且無法連貫，建議先描繪出上半部物件。

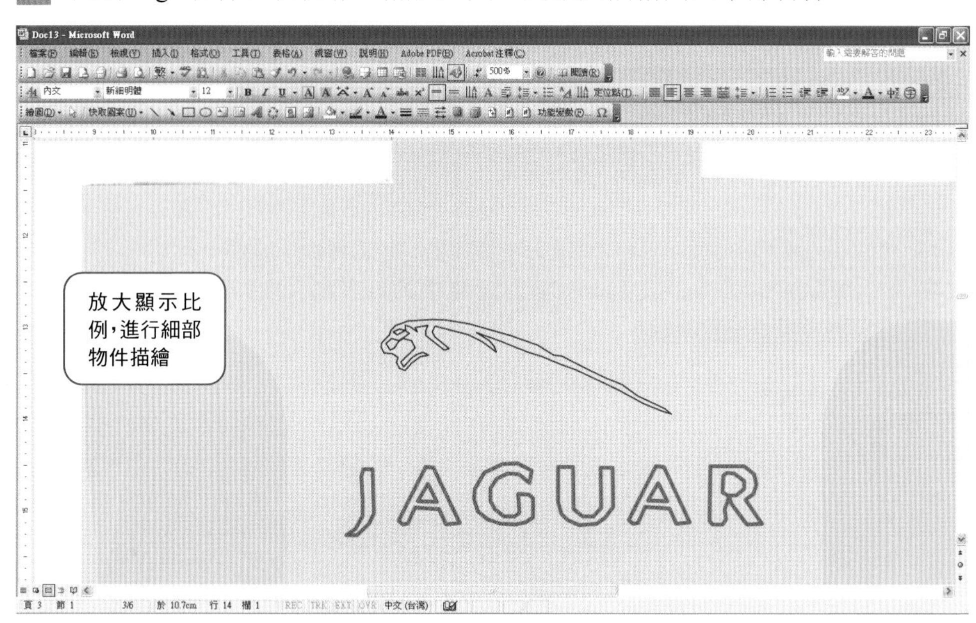

11 接著再描繪 logo 下半部物件，記得把上、下物件進行群組。

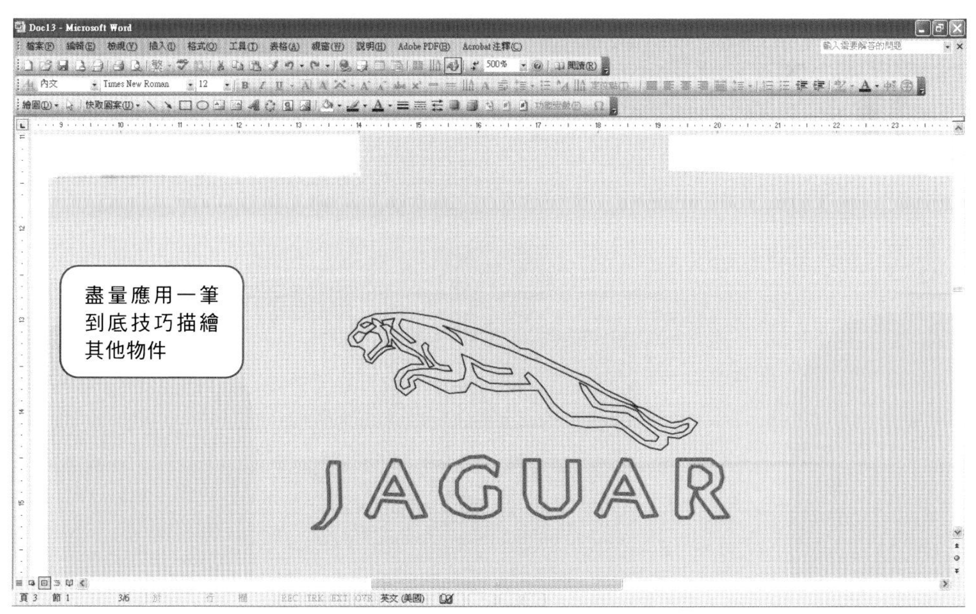

12 群組後開始進行著色，直接選擇「填滿」區的「色彩(C)」選擇右邊第二排深灰色。

13 讀者如果覺得右邊一整排預設灰階色彩不夠的話，還有兩個方法可以處理。第一個是像下圖一樣點選「其它色彩(M)」。

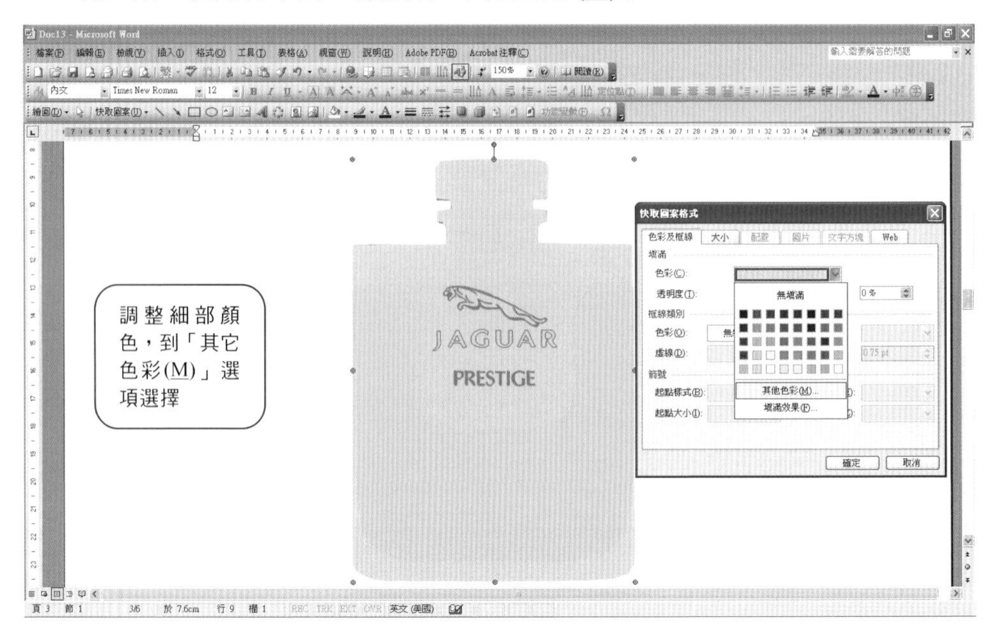

14 下圖是「其它色彩(M)」的對話方框，在「標準」欄位下提供更多的灰階色彩選擇，根據筆者經驗如果是單色處理，通常這邊的灰階色應該夠用。

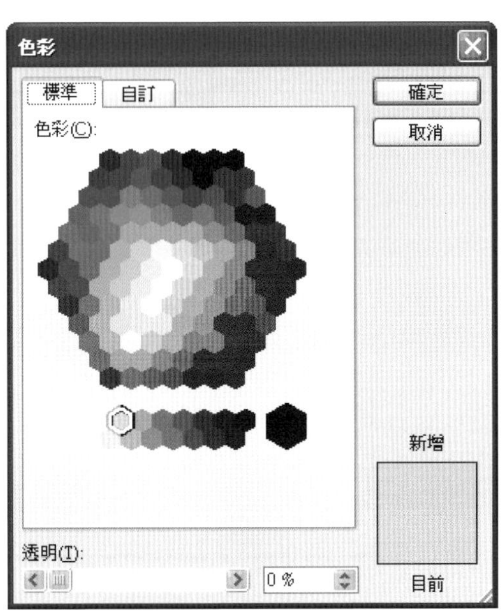

15 另一個更細膩的方式，是到「自訂」欄位下點選最下方的灰色，再到右邊捲軸依據想要的顏色逐步調整。

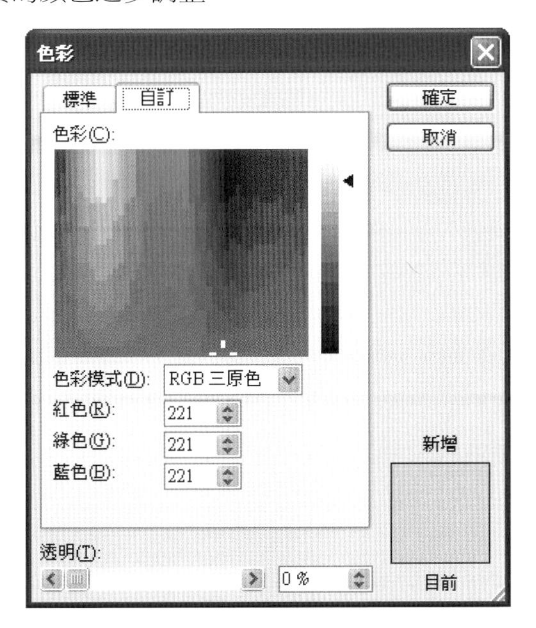

16 處理完上色的程序後，接著處理更細膩的瓶蓋表面突起質感，先放大顯示比例到最大 500%。

説明

瓶蓋表面突起質感其實是由許多的顆粒陰影重組而成，如下圖左邊所示顆粒。

17 放大顯示比例後，先調整物件順序。點選已完成物件按下右鍵，「順序(R)」➔「送到最下層(K)」。

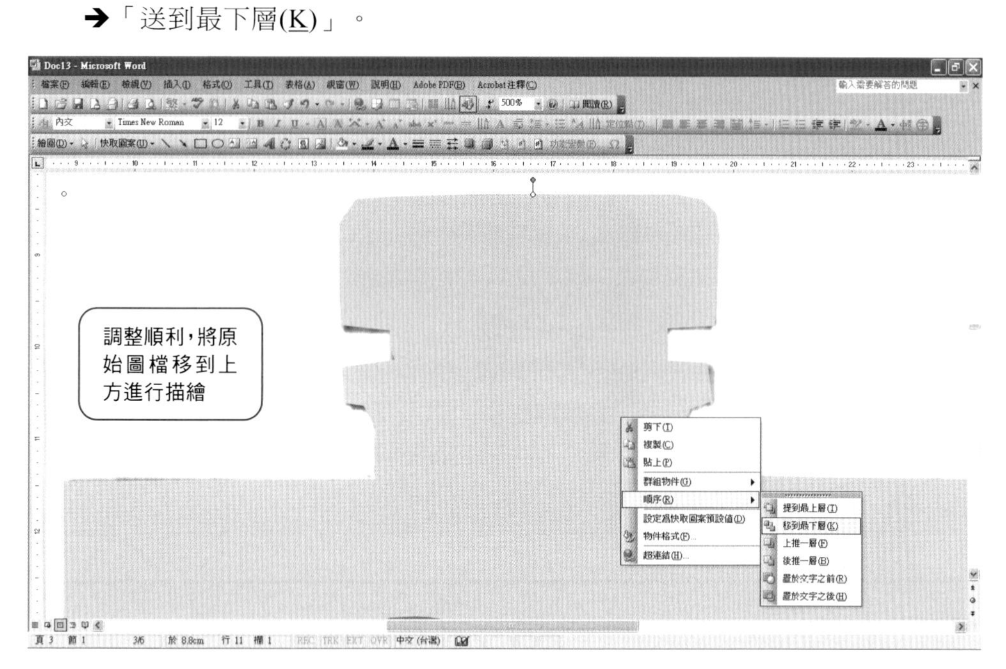

18 露出原始圖檔後再到工具列點選手繪多邊形繪圖工具，首先先畫出右半邊鑽石形狀半邊陰影區。

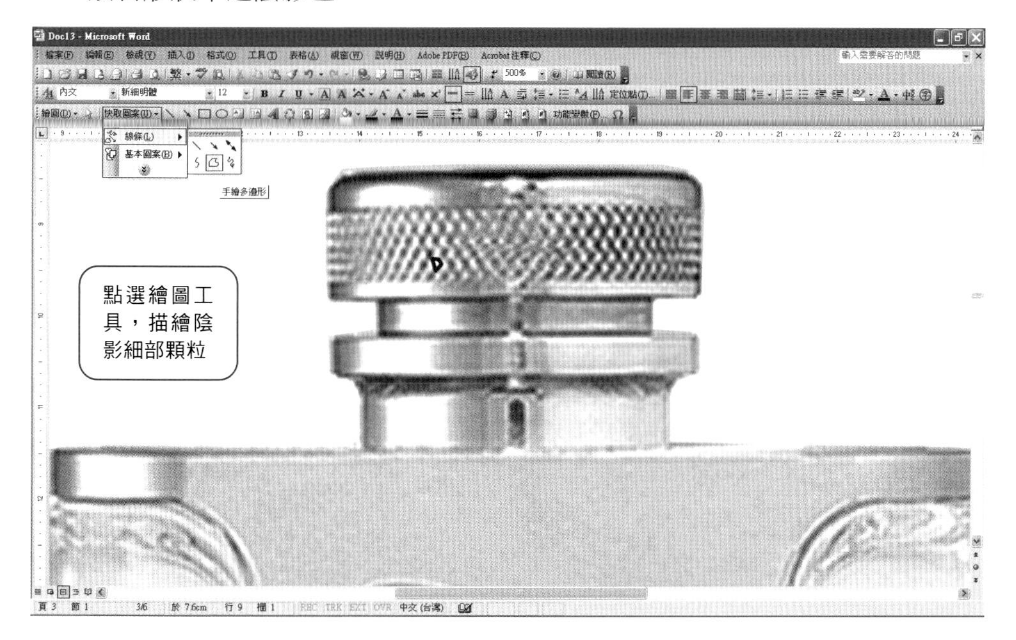

19 接著去邊(線條)同時填色(深灰色)，連擊標的物件叫出「快取圖案格式」對話方框，設定陰影(黑色、半透明)屬性。

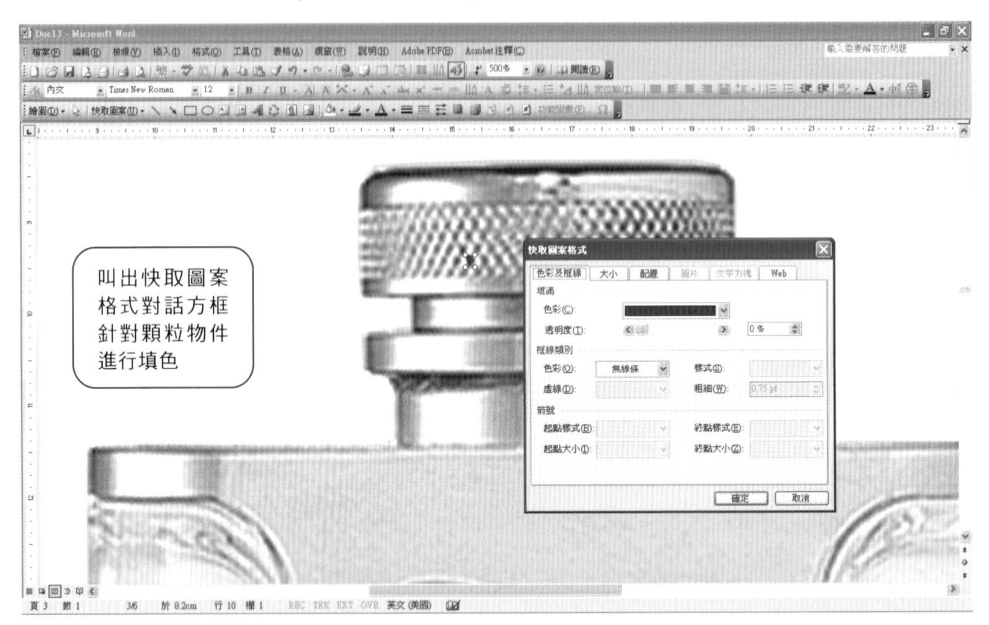

20 再點選工具列點選手繪多邊形繪圖工具，並且畫出左半邊鑽石形狀半邊亮光區。

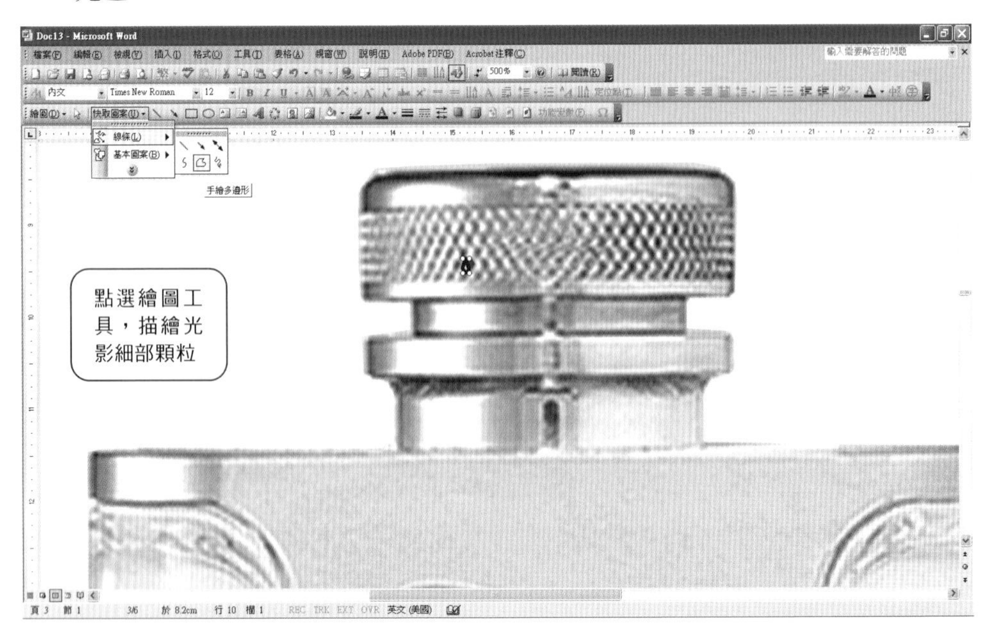

21 接著同樣進行去邊(線條)與填色(白色、半透明)的動作，連擊標的物件叫出「快取圖案格式」對話方框。

22 將左右兩邊各半鑽石形狀的亮、暗物件進行群組，先移動到正確重疊位置，按 Shift 分別點選，再按右鍵點選群組。

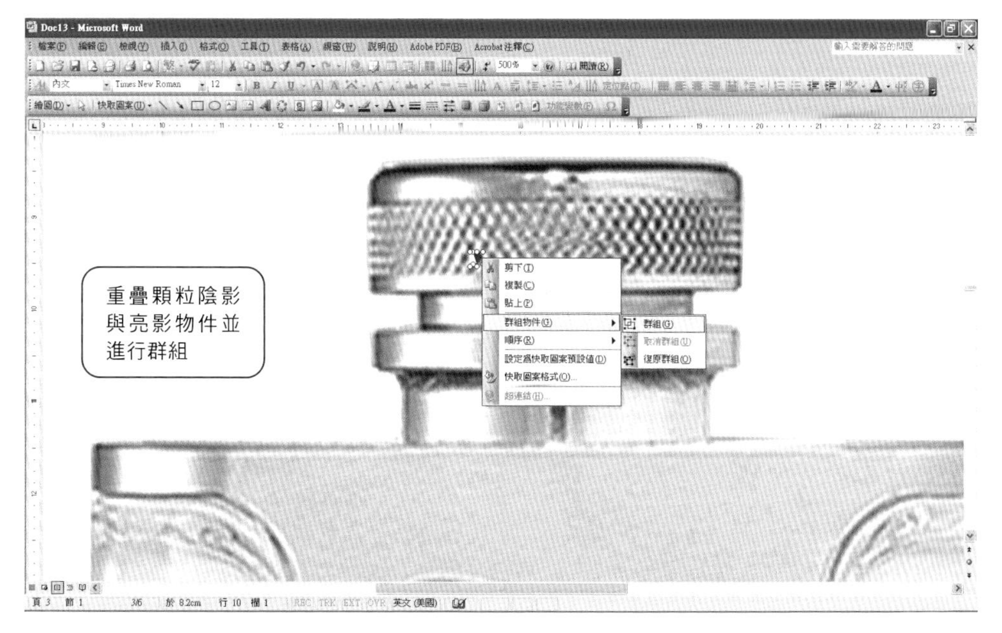

23 再將已經群組的物件複製，擺到適當位置。

24 重複以上步驟，製作出部分不同角度與不同大小的物件，複製後同樣擺到適當位置，最後完成群組設定。

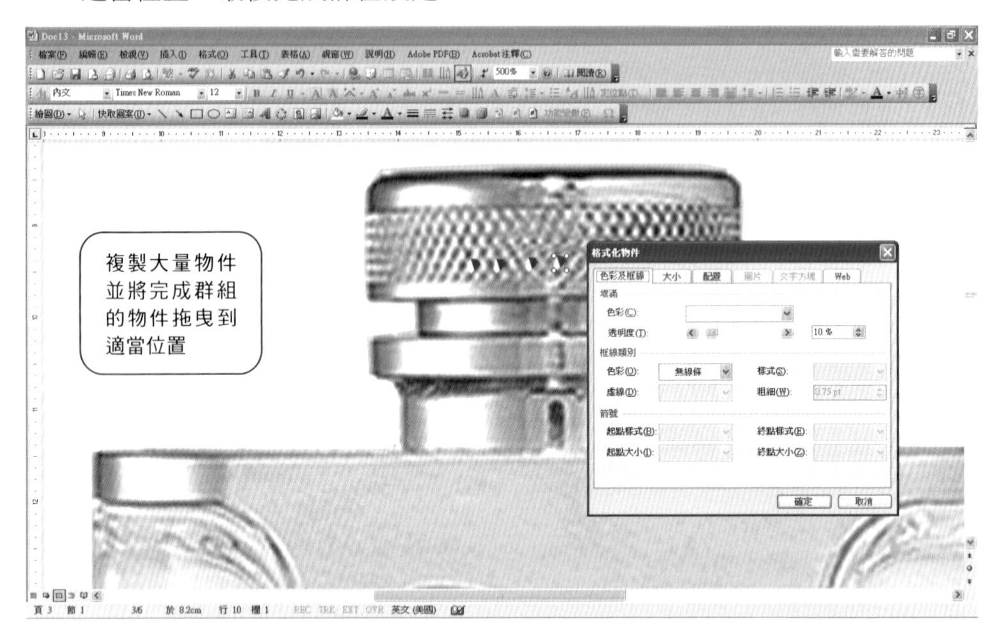

25 旁邊的物件呈現上下陰影且結構較為複雜的情況，萬一所繪之物件過大，還有一個方法可以處理。

同樣先將物件進行群組，點選上下兩個完成著色的物件，按右鍵，「群組物件(G)」➔「群組(G)」。

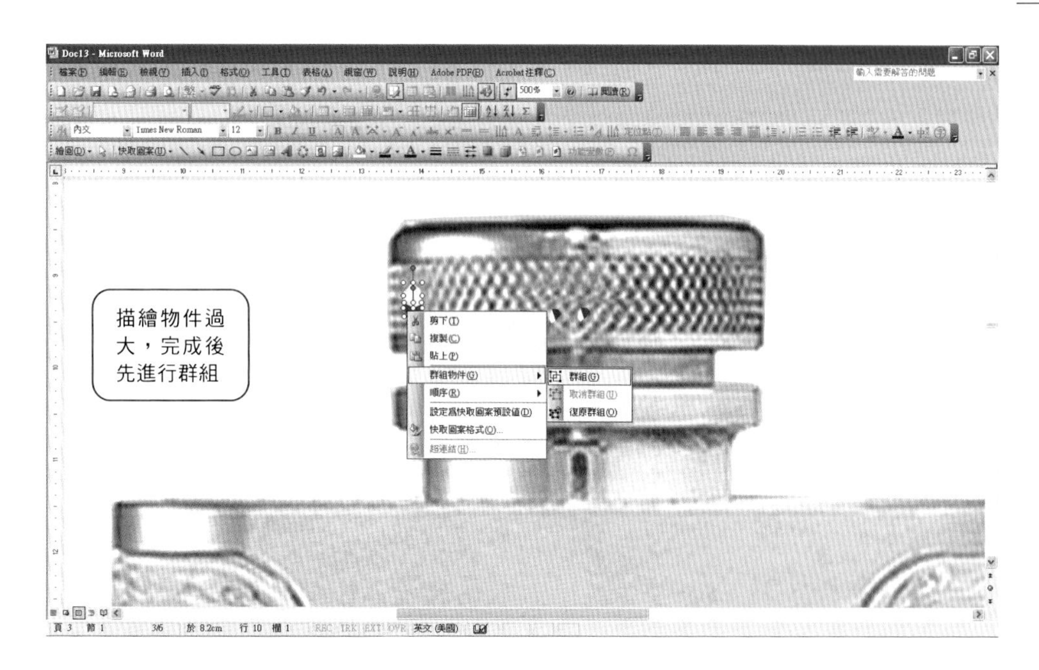

26 完成群組後先任意點選旁邊，再回來連續點選兩下剛完成群組的物件，叫出「格式化物件」對話方框，點選「大小」欄位。

先點選「大小比例」裡面的「鎖定長寬比(A)」，再到「大小及旋轉」將裡面的「寬度(D)」值往下調到 0.08，按確定。

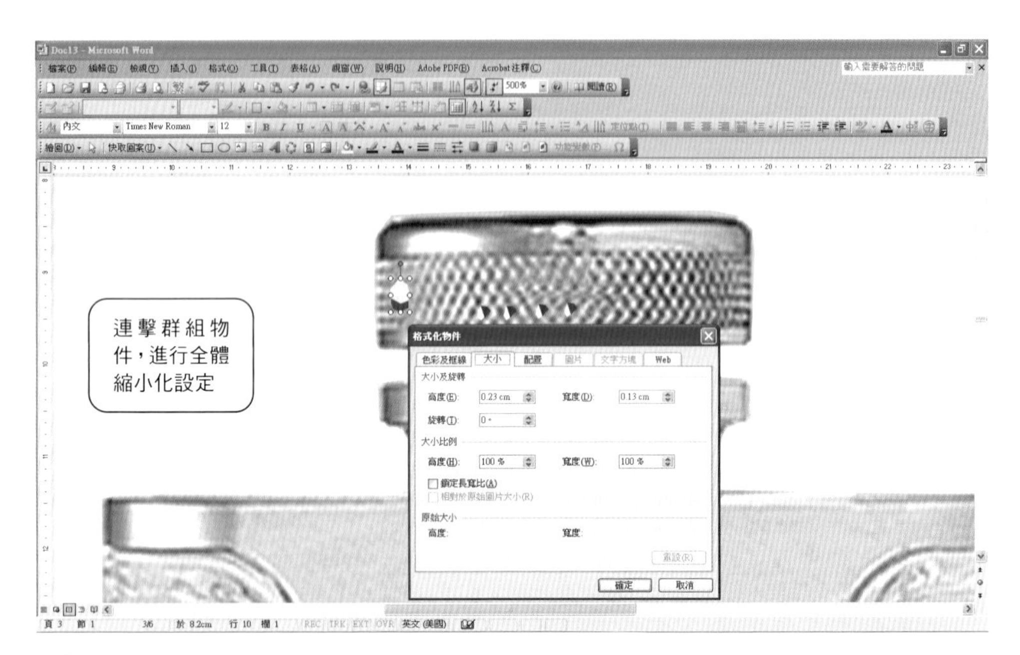

27 先移到適當位置，再進行複製動作，複製出的物件同樣在移到適當位置，重複以上步驟直到完成表面金屬顆粒處理。

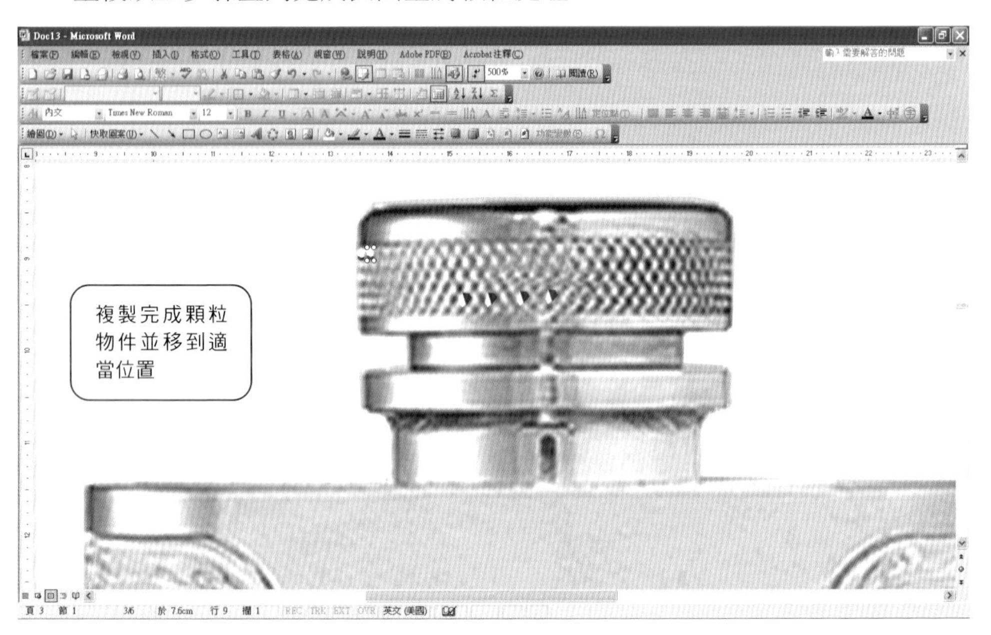

28 完成上方金屬區的設定後，再接著處理玻璃瓶身的陰影與強化效果。

29 先依照瓶身深色區繪出處理區域，連續點選兩下，叫出「快取圖案格式」對話方框。

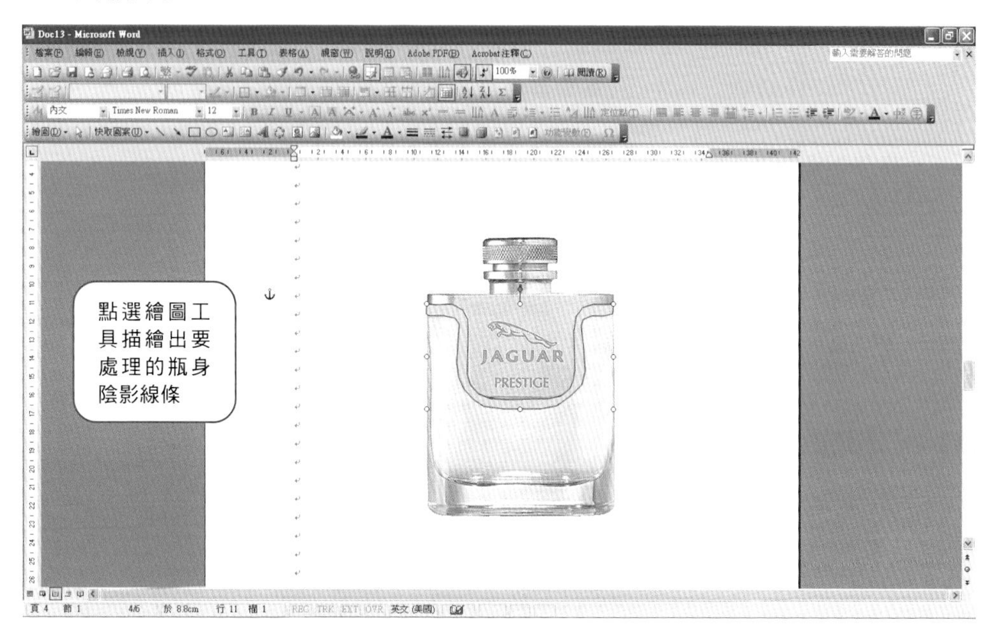

說明

在強化或是弱化處理顏色時，筆者習慣先點選背景物件顏色，按一次確定。接著再重複 次快取圖案格式動作，第二次同樣選擇「其他色彩(M)」。另一種方式則是用目視法，進入「自訂」欄位後比對符合顏色。

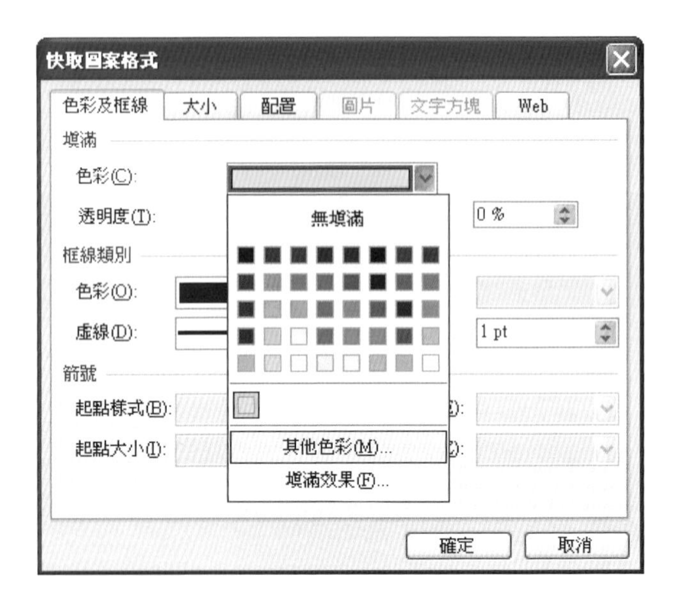

30 若是事先點選背景色的話，一旦進入自訂欄位後直接把捲軸往下拉到深色區塊按下確定即可。

31 光亮區的處理同樣是先畫出處理區，再將填滿區的顏色設成白色同時去邊(線條)。

32 最後再依照不同區域調整透明度比例。

33 完成作品前在檢視一下要處理的細節，進行細部修飾。

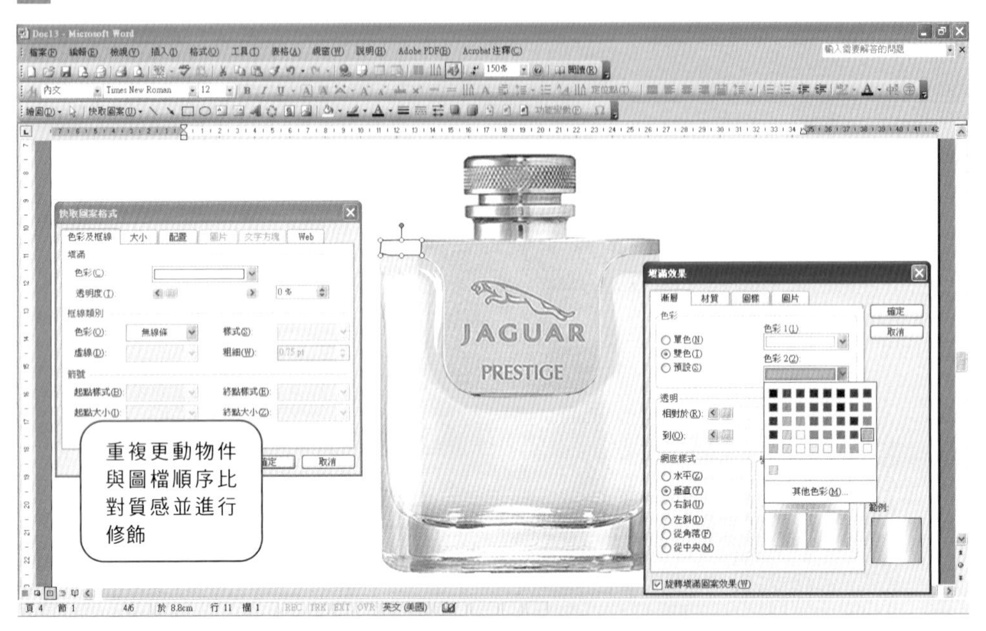

34 完成最終香水作品。

24 啤酒

設計難度：★★★☆☆

擬真程度：80%

耗費時間：約 1.5 小時

設計重點

線條的層次表現

Step_01 首先先插入一張要設計的圖檔(啤酒檔名：0005-4)

1. 選擇「插入(I)」➔「圖片(P)」。
2. 再選擇「從檔案(F)」並按下滑鼠。

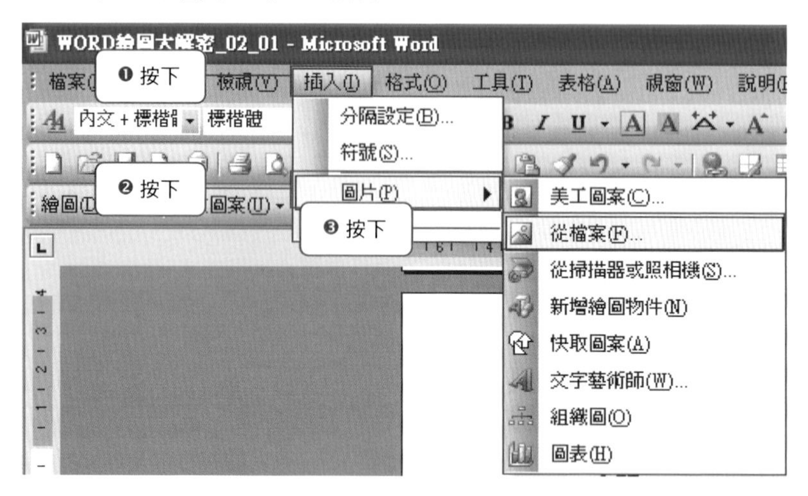

3. 出現「插入圖片」對話方框，選擇圖檔來源，按下 插入 鈕。

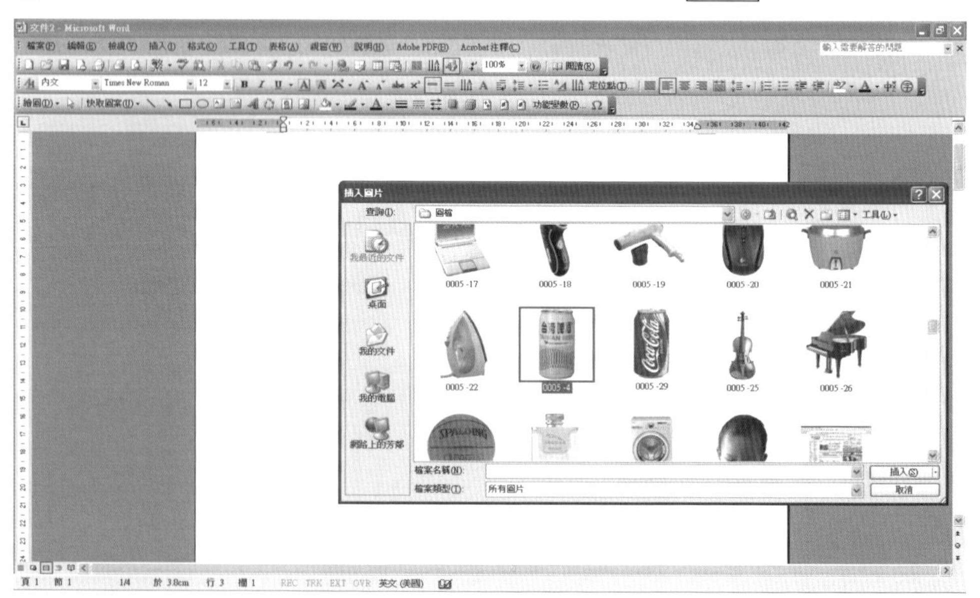

4. 完成 Step_01。

Step_02 改變插入物件(0005-4)屬性

1. 點選插入圖片，將滑鼠移至圖片上方並按下右鍵，此時出現下圖選擇方框。
2. 選擇「設定圖片格式」一欄並按下滑鼠。

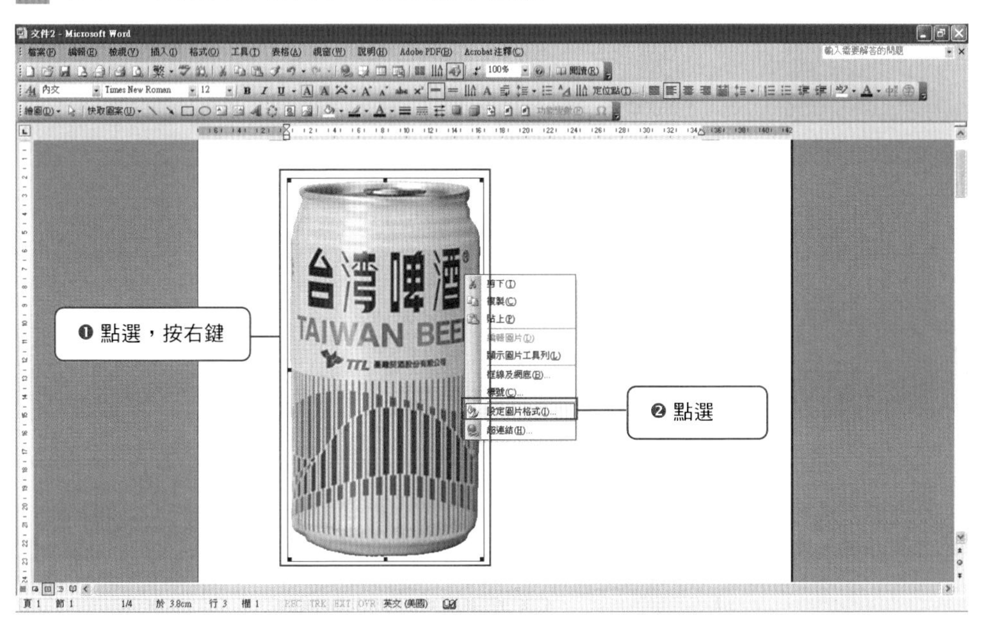

3. 當按下滑鼠後會出現「設定圖片格式」對話方框。
4. 在「配置」欄位內，將「文繞圖的方式」區內的「與文字排列(I)」改成「文字在後(F)」，按下確定。

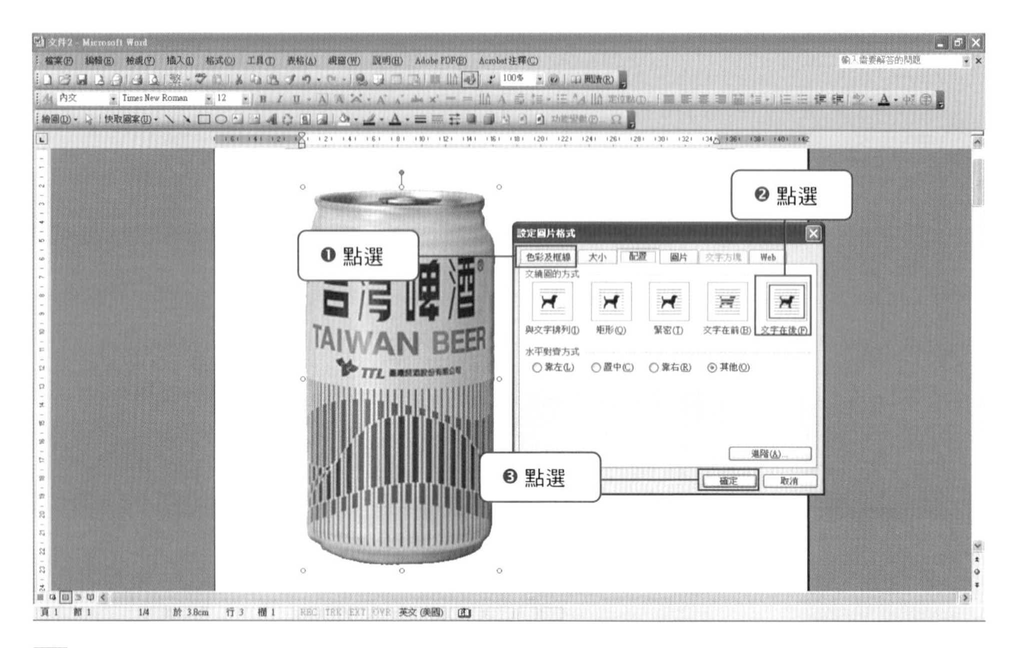

5 完成 Step_02。

Step_03 確定物件繪圖順序以及群組關係

說明

啤酒瓶的描繪與之前可樂瓶的製作稍有不同，可樂瓶表面的背景是用深色漸層處理，且字母具有陰影效果，其他還包括水滴及格狀物件的處理，然而啤酒瓶處理的重點在於下方線條的描繪與字母設計的技巧。

1 群組_字母

中文字+英文字

2 群組_表面線條

塊狀線條+純線條

3 完成 Step_03。

Step_04 依照設定群組的物件開始描繪物件線條

1 將物件調整至最適大小，本案例顯示比例建議設定為 100%。

2 調整物件至中央位置，用滑鼠分別移動上下、左右捲軸，調整至中央位置。

3 點選「啤酒」，按下左鍵選取，滑鼠物件出現被選取狀態。

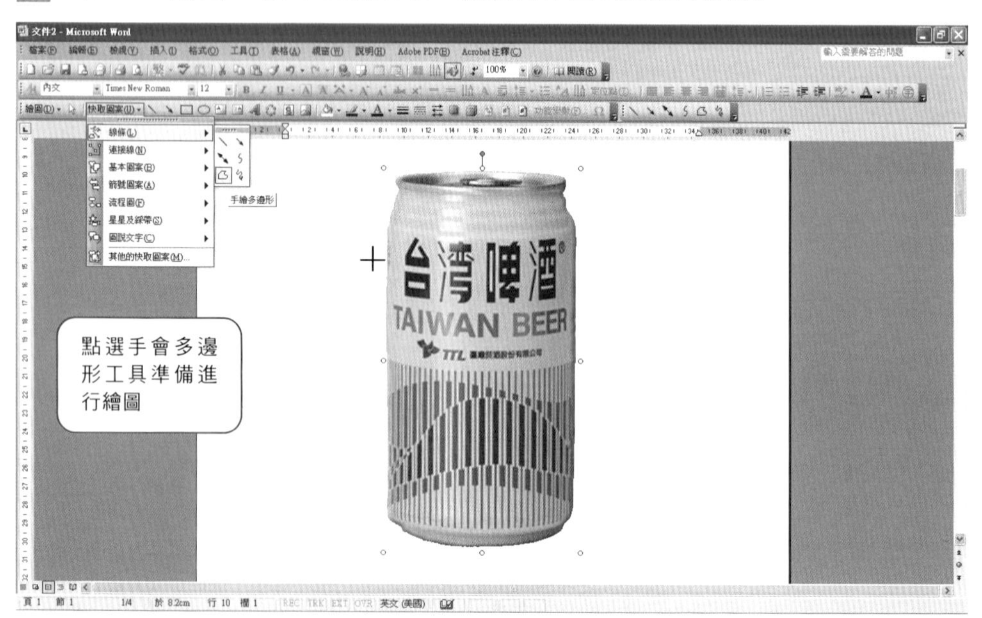

若剛才未進行第 5 點的選取步驟就直接點選「手繪多邊形」的繪圖工具，這時就會出現如下圖的「請再此繪圖。」畫面。這時如果直接描繪的話，會出現三種可能的狀況(分述如下)，都於後續的作業產生相當的麻煩，這時可以按 Esc 取消。

若按下 Esc 取消「請再此繪圖。」畫面後，滑鼠呈現「十」繪圖狀態。

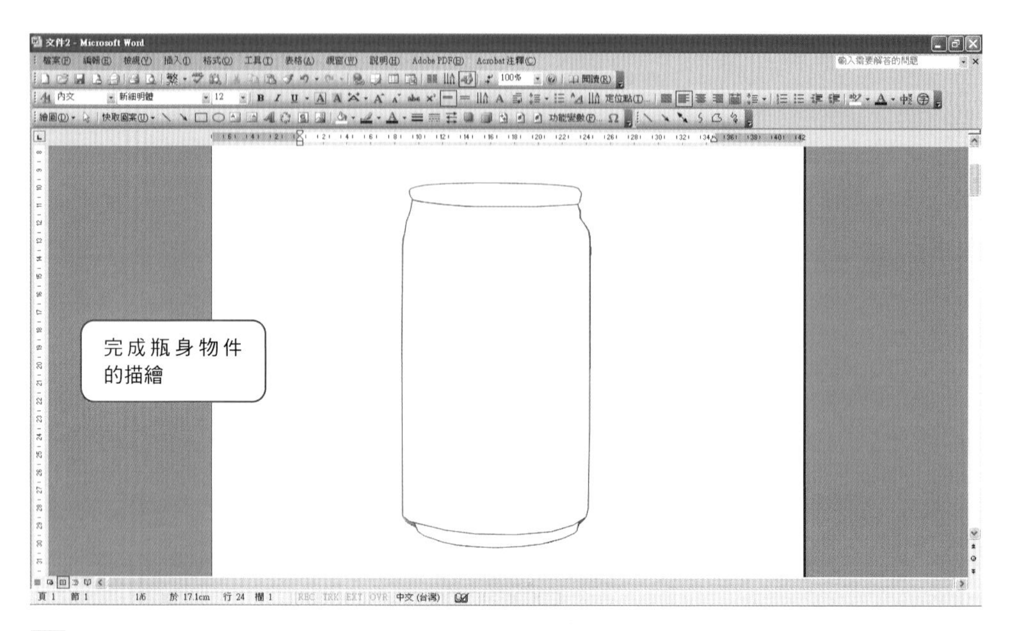

4 對著標的(瓶身上方鋁金屬)用滑鼠快速點選兩下，此時出現格式化物件的對話方框，開始進行物件屬性設定(著色)，因為需呈現金屬光澤，先點選「填滿」區➔「色彩(C)」➔「填滿效果(F)」。

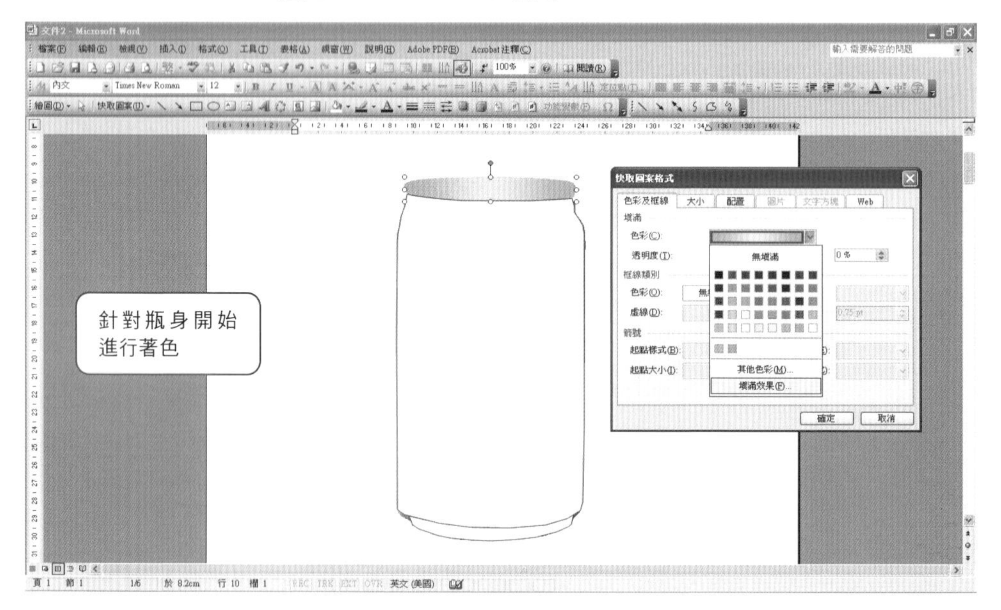

5 在「填滿效果(F)」對話方框內，點選「漸層」欄位，在「色彩」區選擇「雙色(T)」，接著在「色彩 1(1)」與「色彩 2(2)」分別用下拉式選單點選灰色跟淺灰色。

6 在「網底樣式」區點選「垂直(Z)」，接著在「變化(A)」區內選擇左下方的漸層圖示。

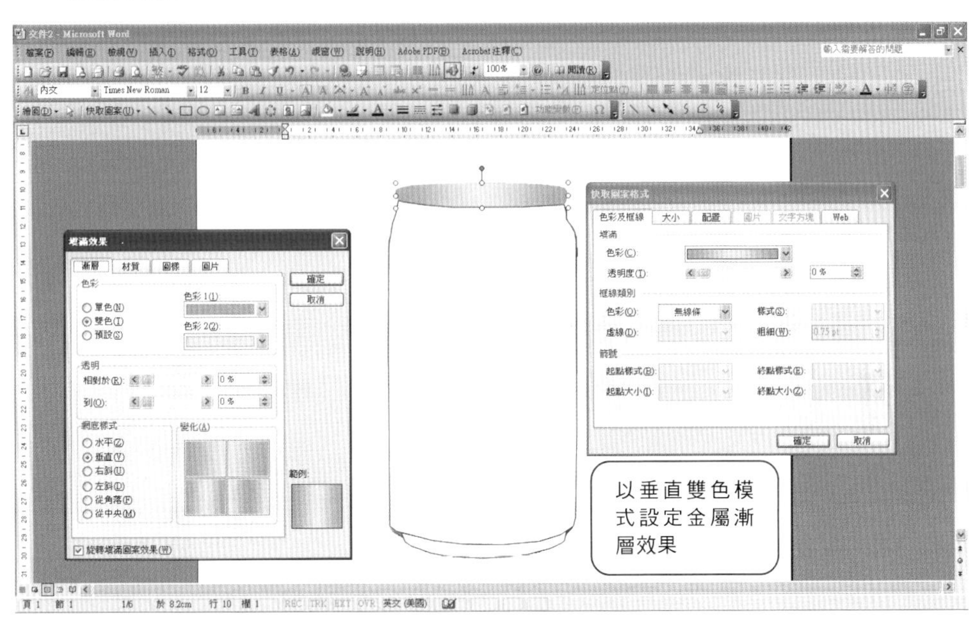

7 記得在「框線類別」的「色彩(O)」區內選擇「無線條」。

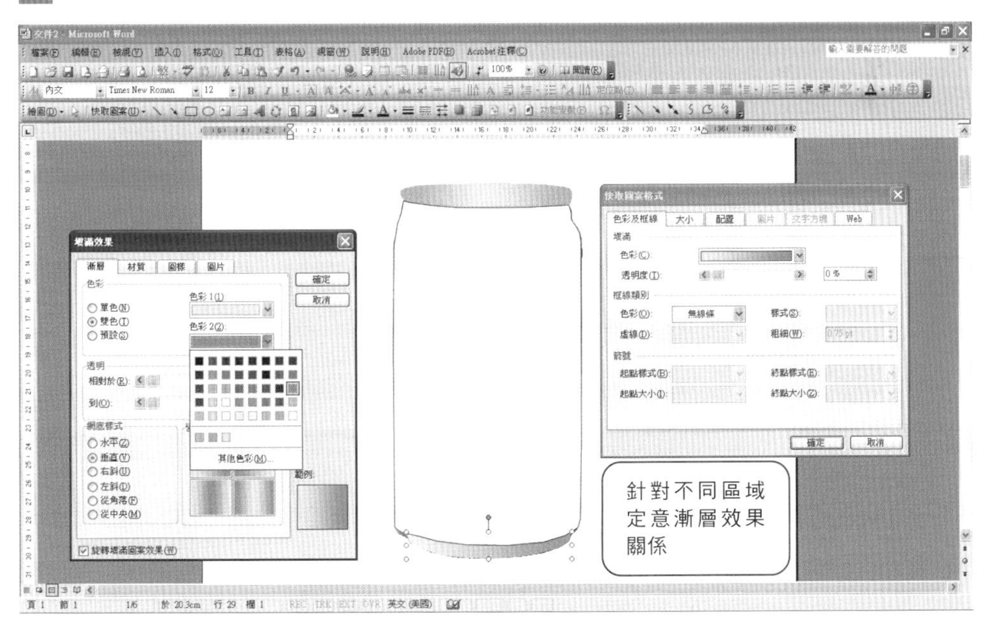

8 如果一開始沒有進行群組，記得在分別完成填色動作後要進行群組的動作(按右鍵➔「群組物件(G)」➔「群組(G)」)。

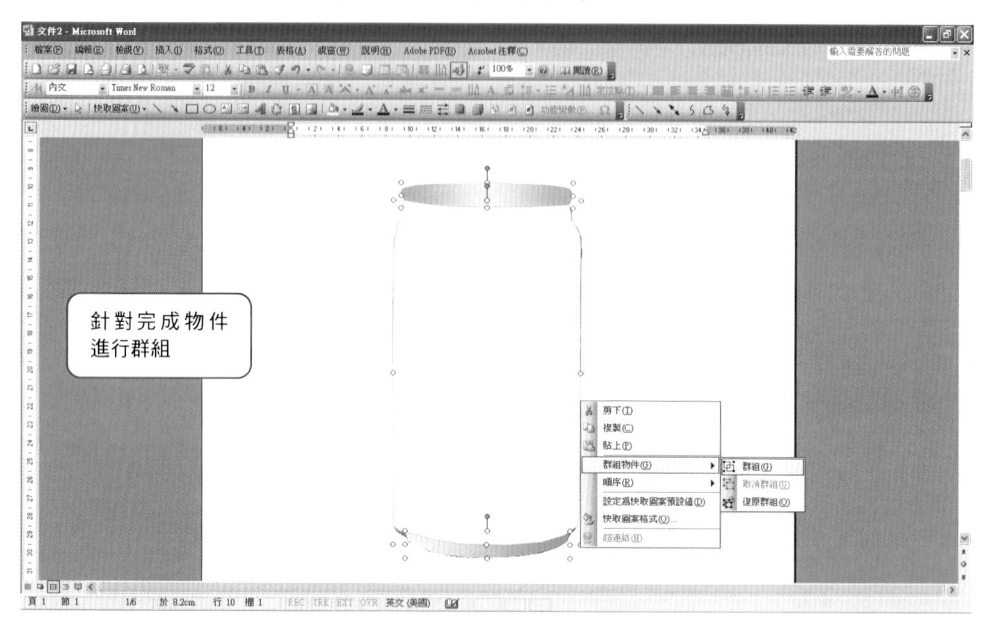

9 按下右鍵，點選「順序(R)」➔「移到最下層(K)」。

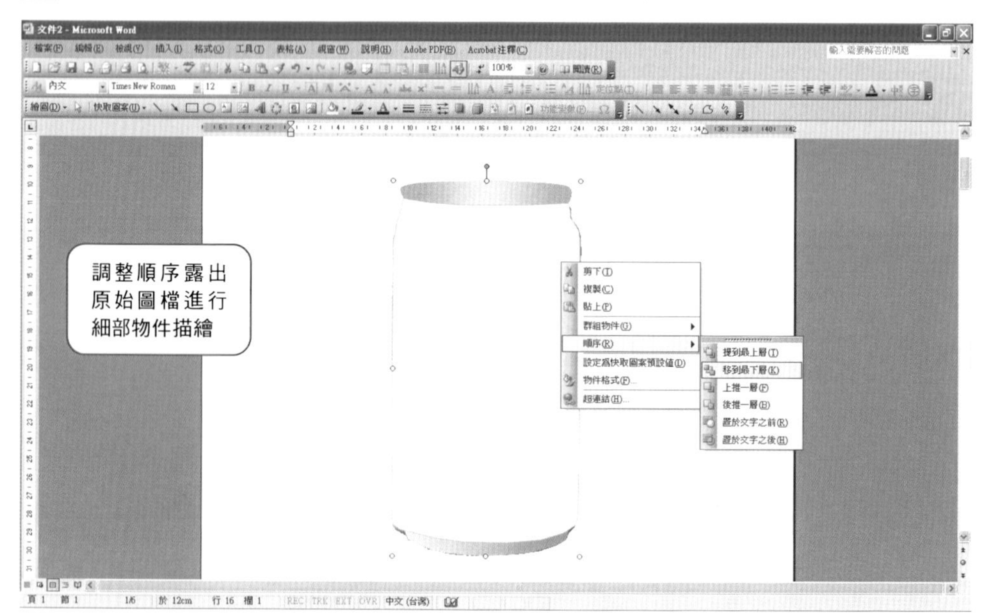

10 露出原始圖檔後，同樣對瓶身中間的文字部分進行處理，先進行描繪(為了呈現效果以紅線表示)。

11 讀者在不是很熟練技巧的情況下，可以運用縮放先放大後再行描繪，部份中文字的區域因為要呈現背景，可以利用不同的技巧來處理。

12 以下分別用兩個字來說明，例如「台」下面的口以及「啤」右上方的田，根據筆者習慣，「口」會用一筆到底的技巧完成，開口可以任選一區做切入口，而田的處理方式通常先劃一個大正方形，裡面再同時畫出四個小正方形。

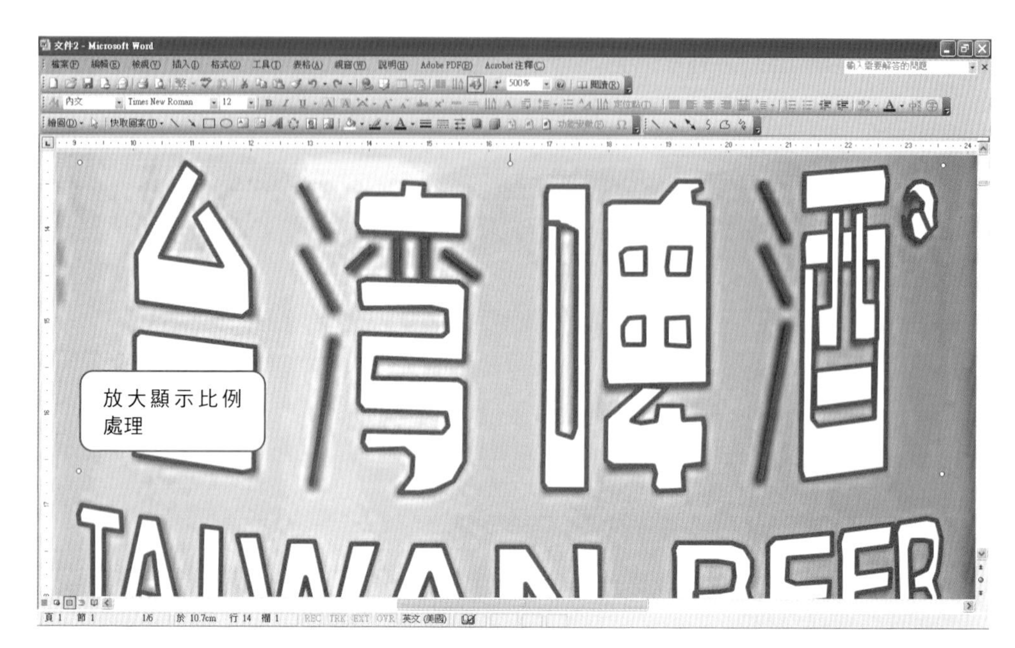

13 接著填色(「填滿」➔「色彩(C)」➔黑色)與去邊(「框線類別」➔「色彩(O)」➔無線條)後，出現下圖結果。

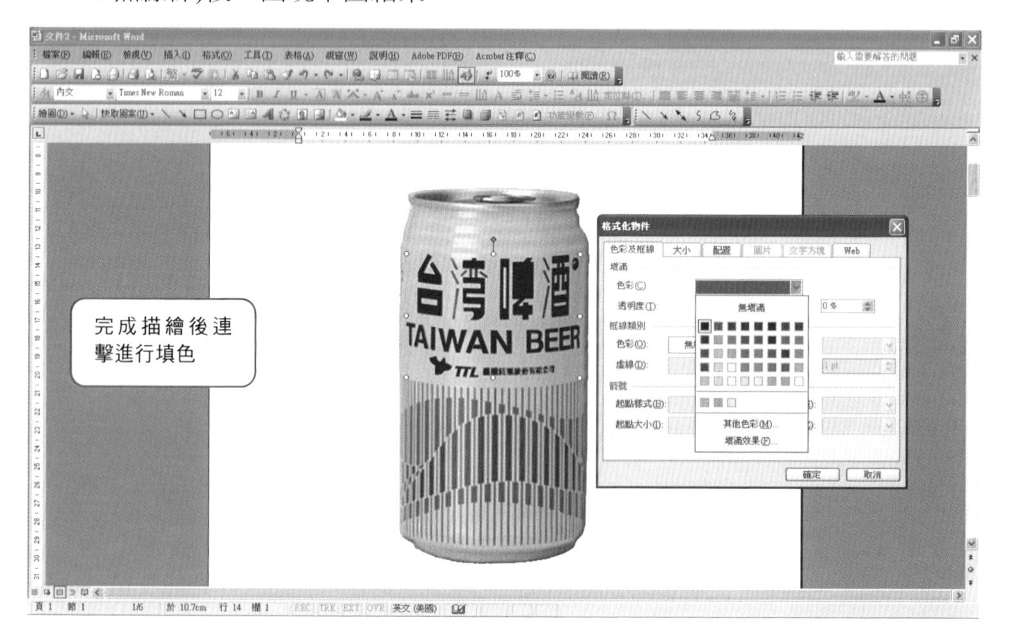

14 部分文字線條的處理，若是線條太細的話，可以叫出「快取圖案格式」對話方框，在「框線類別」區的「粗細(W)」調整數值(1.5pt) 。

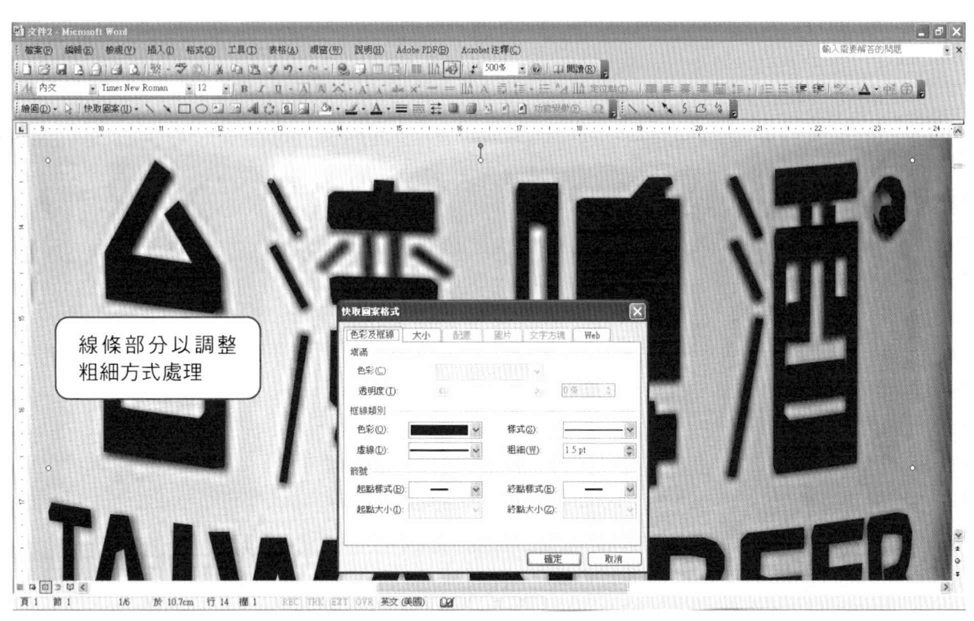

15 為了讓文字效果更逼真，筆者建議特別強化部分文字的顏色，用墨綠色處理。

16 點選工具繼續對瓶身下方的藍色線條進行描繪(「快取圖案(U)」➔「線條(L)➔「手繪多邊形」，逐一描繪。

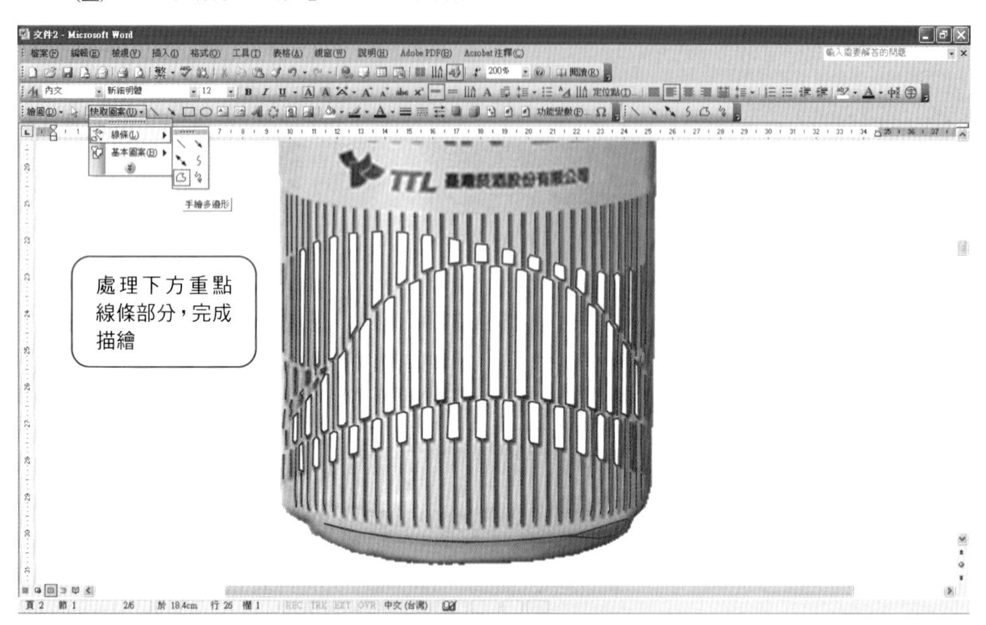

17 描繪完成後記得對物件進行群組(按右鍵➔「群組物件(G)」➔「群組(G)」)。

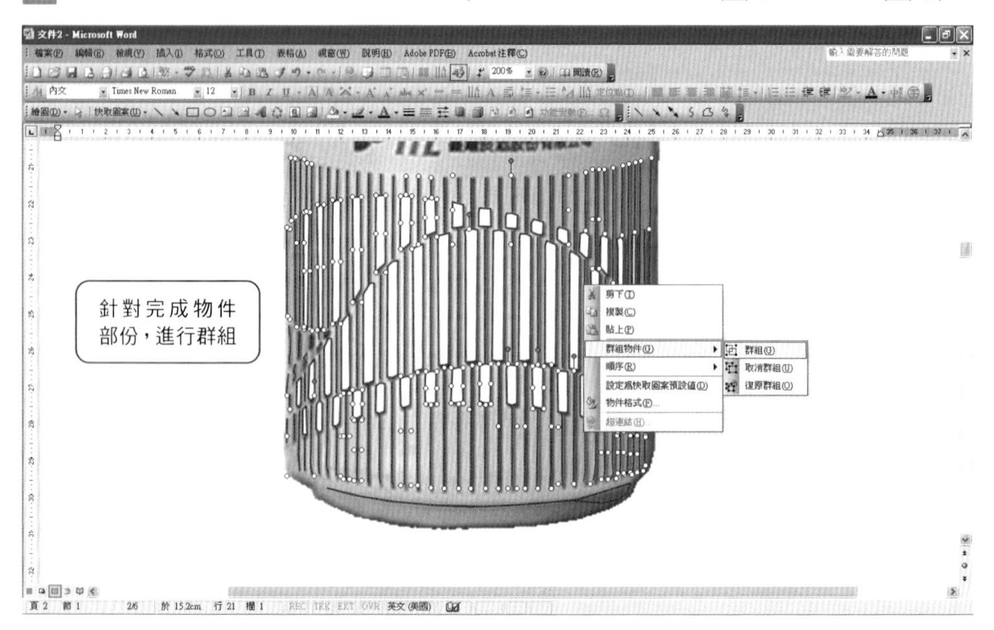

18 在群組中點選標的物件逐一進行填色(連續點選兩下➔「快取圖案格式」➔「色彩及框線」➔「填滿」➔「色彩(C)」➔「其他色彩(M)」)。

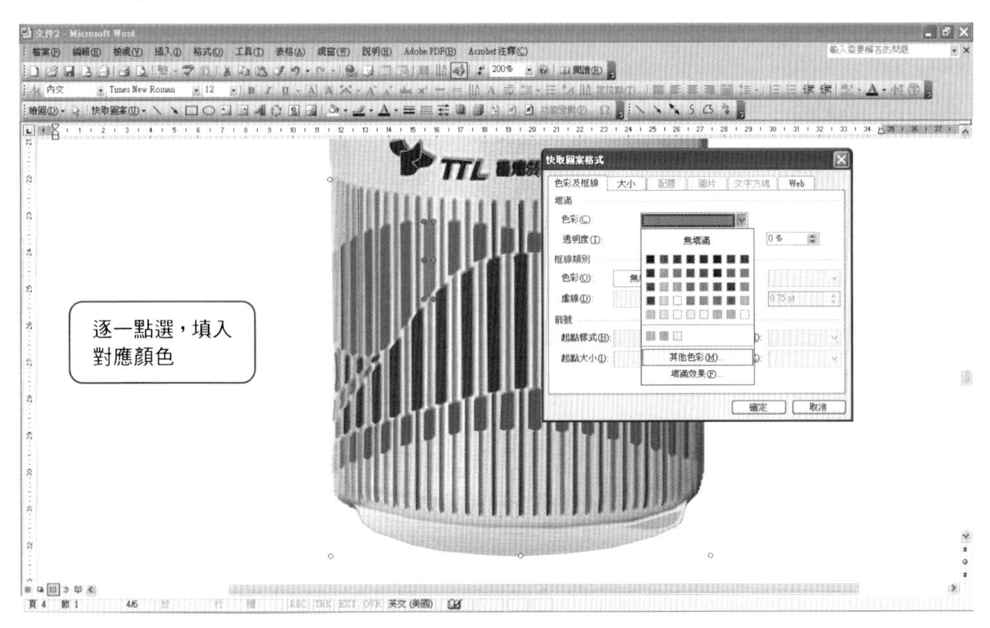

19 從其他色彩對話方框內選擇對應瓶身色澤的顏色，表現出顏色的層次感。

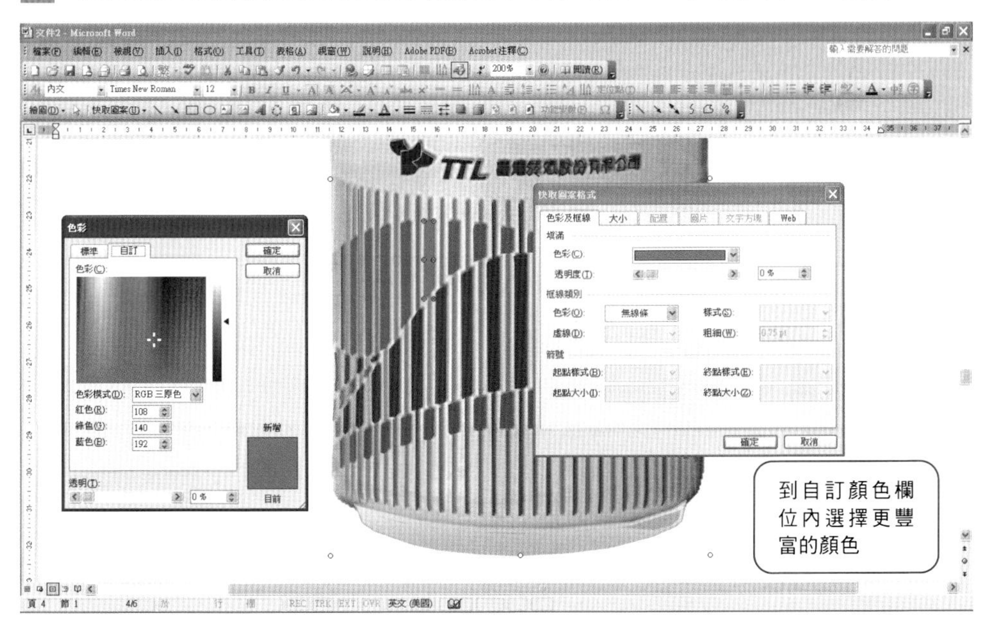

20 接著再處理瓶身陰影與瓶蓋拉環等細節，完成後同樣進行群組。

21 接著準備進行最後的光澤處理步驟，先在瓶身要處理的區域描繪一塊區域。

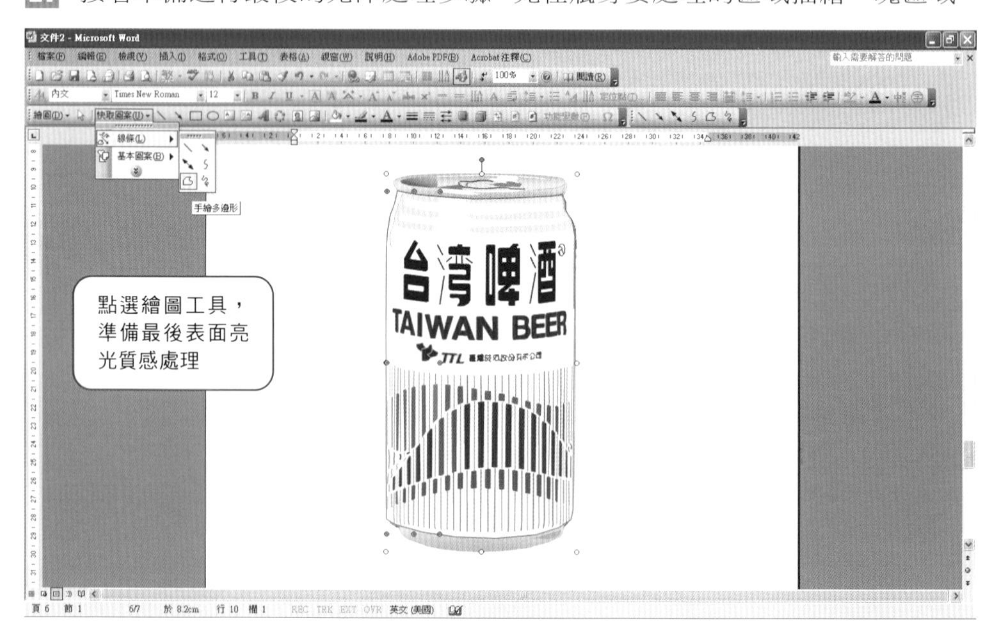

22 進行表面光澤處理，在著色部分選擇灰色。

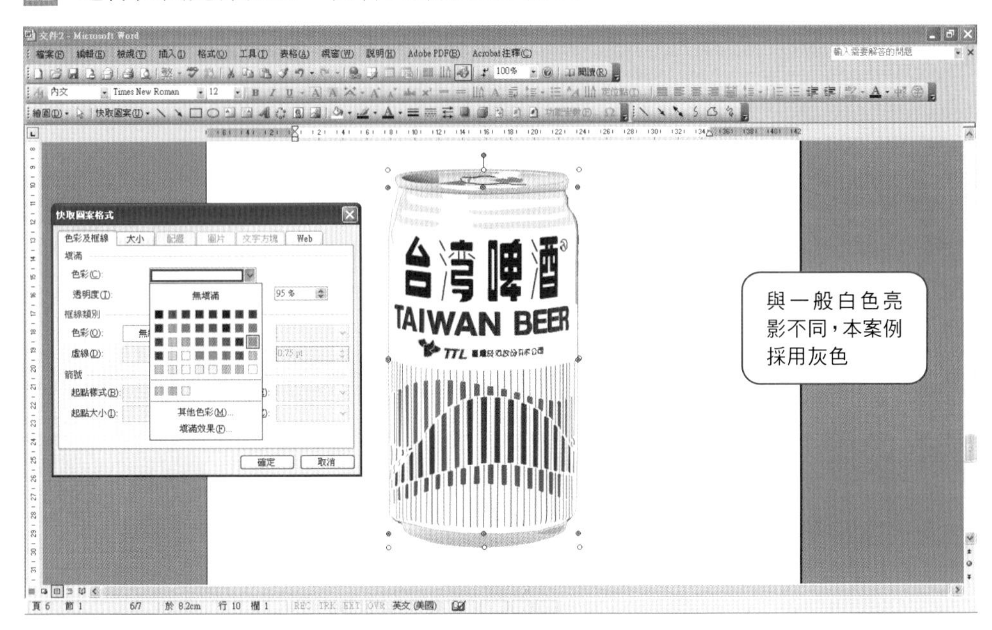

23 接著再設定透明度，將數值調到 95%接近透明。

24 再繼續針對兩邊，利用線條工具同樣描繪出兩塊要強化色澤的部份。

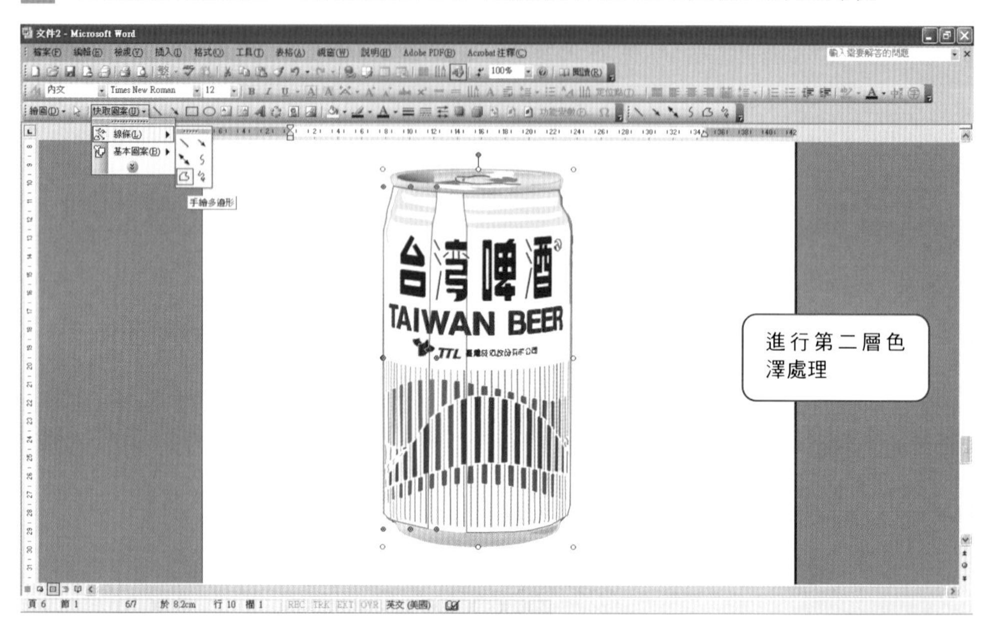

25 再繼續重複設定動作，這次透明度設定成 70%。

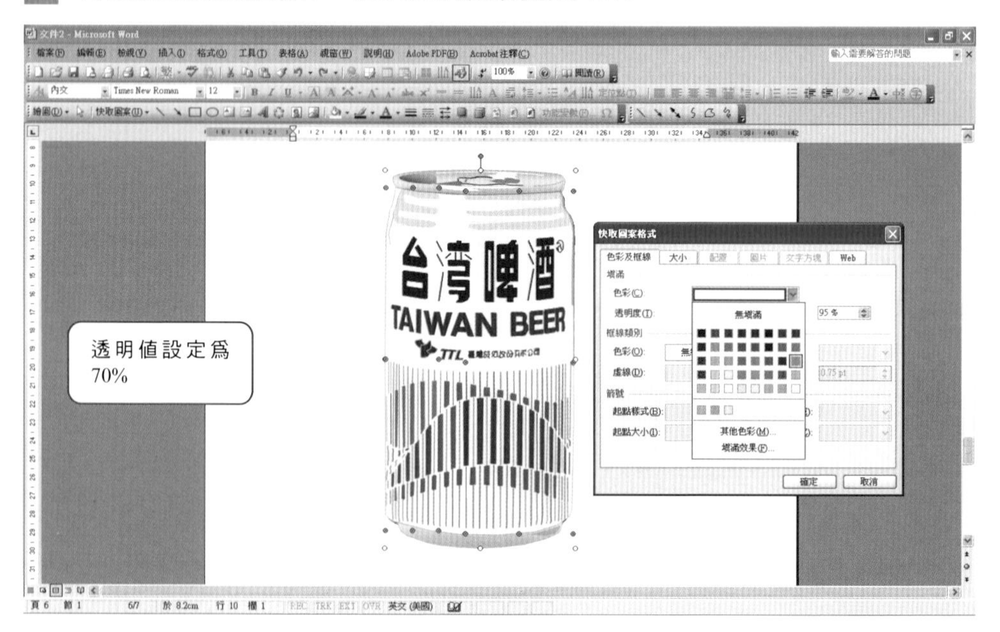

26 完成最終作品。

25 觸控式手機

設計難度：★★★☆☆

擬真程度：80%

耗費時間：約 1.5 小時

設計重點

1. 呈現玻璃反射亮面效果的技巧
2. 細部描繪螢幕 icon 物件與群組的技巧

Step_01 首先先插入一張要設計的圖檔(觸控式手機檔名：0005-12)

1 選擇「插入(I)」➔「圖片(P)」。

2 再選擇「從檔案(F)」並按下滑鼠。

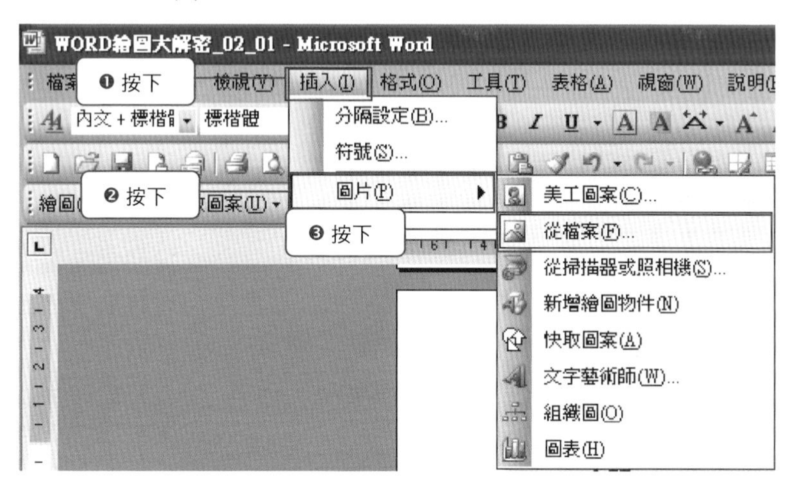

3 出現「插入圖片」對話方框，選擇圖檔來源，按下 插入 鈕。

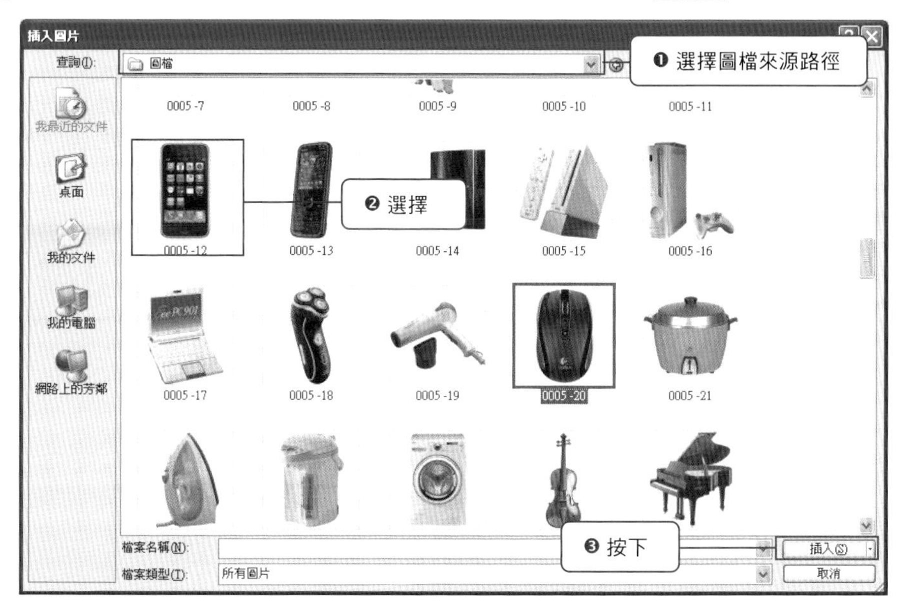

4 完成 Step_01。

Step_02 改變插入物件(0005-12)屬性

1 點選插入圖片，將滑鼠移至圖片上方並按下右鍵，此時出現下圖選擇方框。

2 選擇「設定圖片格式」一欄並按下滑鼠。

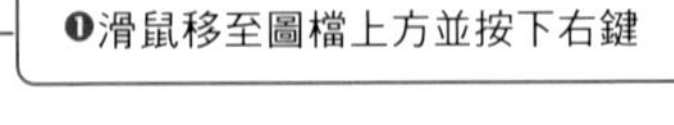

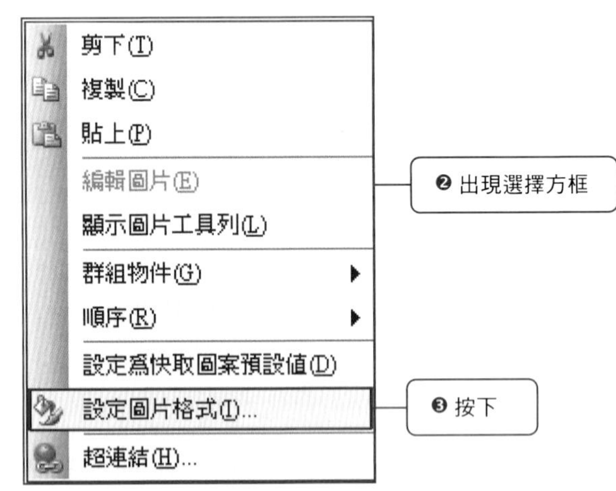

3 當按下滑鼠後會出現「設定圖片格式」對話方框。

4 在「配置」欄位內，將「與文字排列(I)」改成「文字在後(F)」，按下確定。

5 完成 Step_02。

Step_03 確定物件繪圖順序以及群組關係

說明

iPhone 作品由於是黑白灰階色調，代表不需要太多的色層來表現，如果不是要做到跟照片一樣的陰影的話，只要用漸層的設定就可以製作出具有 iPhone 質感的作品。

2 **群組_ICON**
圖案+文字

1 **群組_手機基座**
金屬殼+金屬配件

3 **群組_螢幕質感**
亮面玻璃

4 完成 Step_03 。

Step_04 依照設定群組的物件開始描繪物件線條

1 將物件調整至最適大小，本案例顯示比例建議設定為 160%。

2 調整物件至中央位置，用滑鼠分別移動上下、左右捲軸。

3 用線條描繪主結構，工具列的「快取圖案(U)」→「線條(L)」→「手繪多邊形」，按住 Alt 鍵沿標的物件周邊點選。

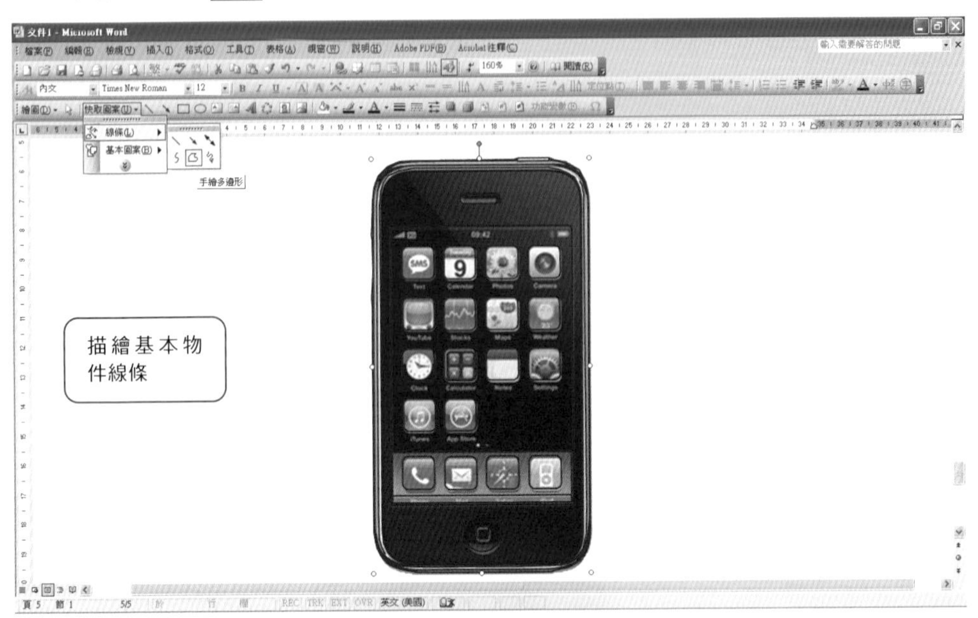

4 先完成手機主要物件周邊線條進行描繪，完成群組，並且針對主物件 – 手機機體部分進行著色。

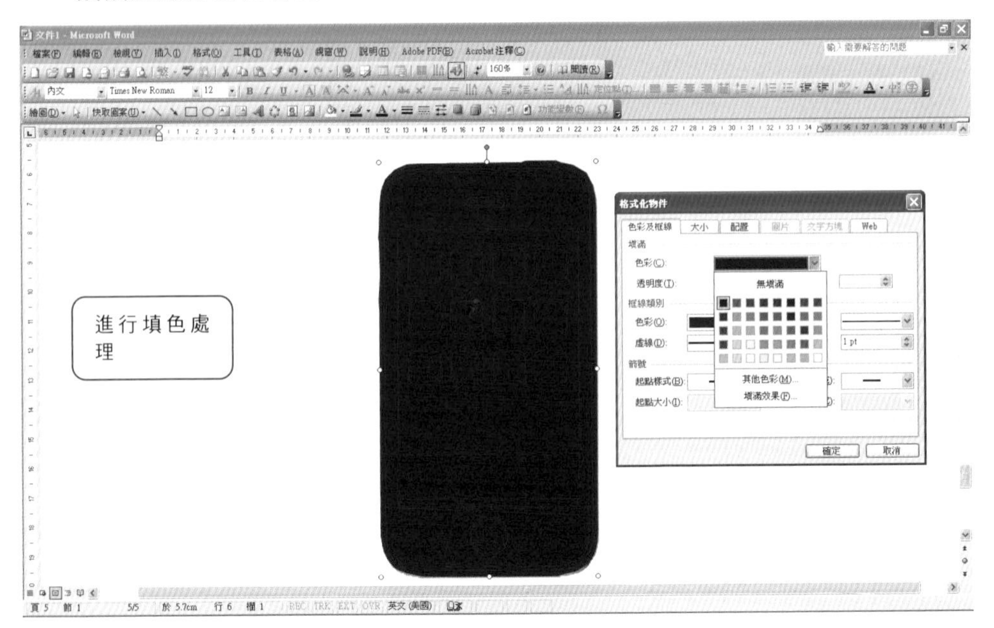

5 把描繪的物件送到最下層，用調整物件順序把剛完成設定的物件送到最下層，準備進行 icon 物件的描繪製作。

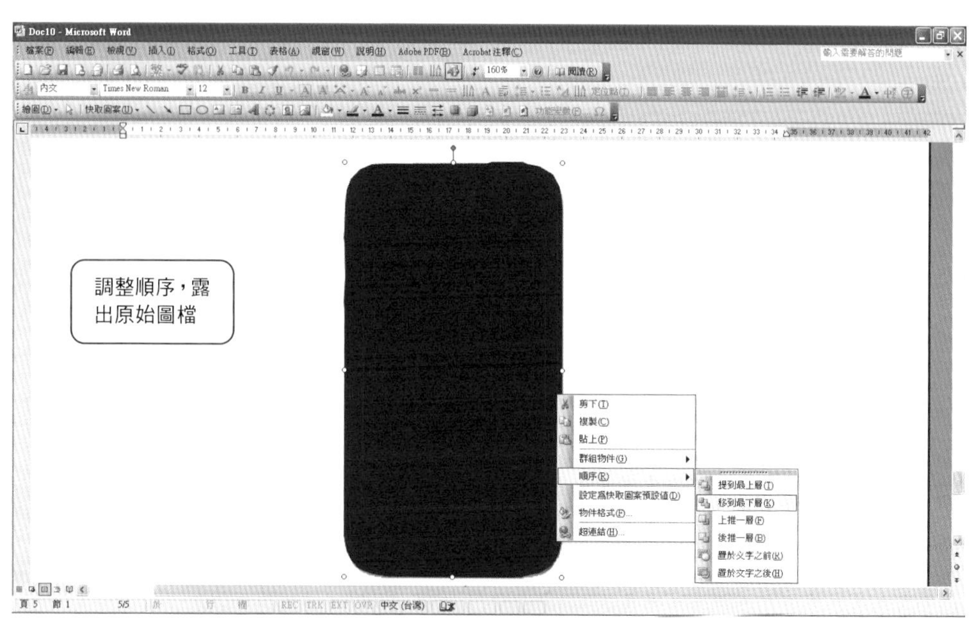

6 當按右鍵調整順序後，這時會露出原始圖檔，先複製一個到旁邊 Ctrl + C ➔ Ctrl + V ，出現下圖兩個 iPhone 的畫面。

7 接下來把原先有繪圖的圖檔再調整順序送到最下層，露出之前處理過的繪圖物件。再接著點選 icon 物件，第一次點選時會在整個群組物件周圍出現八個小白圈，再重覆一次點選 icon 物件直到出現八個灰色打叉小圈圈才可以對標的 icon 開始動作。

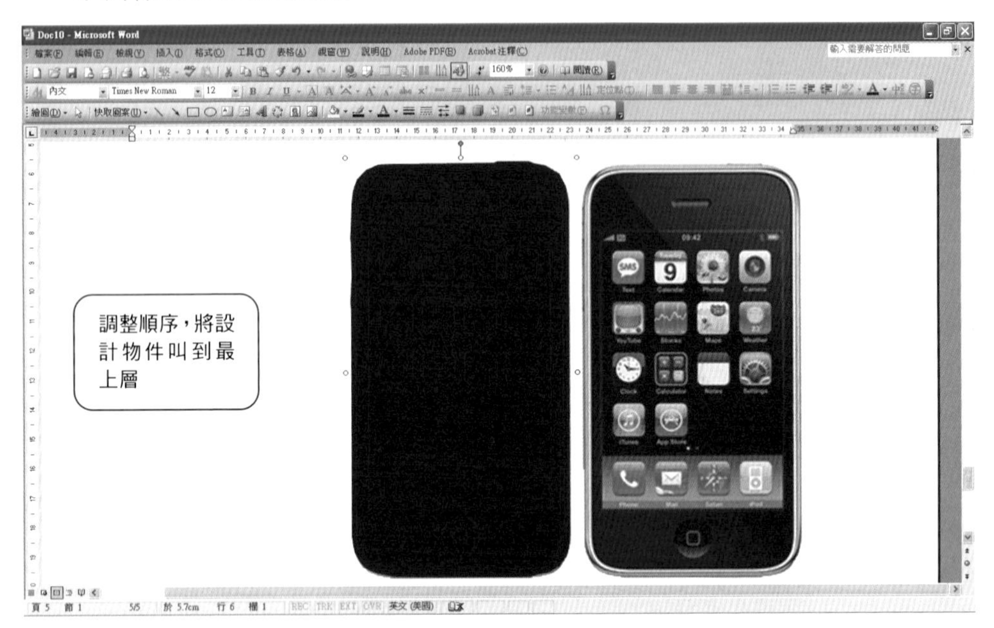

8 當被點選的 icon 物件出現八個灰色打叉小圈圈後，可以開始針對細部物件進行處理，先把顯示比例調大 400%，再點選標的物件進行著色。

9 依據不同物件顏色，選擇漸層著色功能或是直接用單色處理。

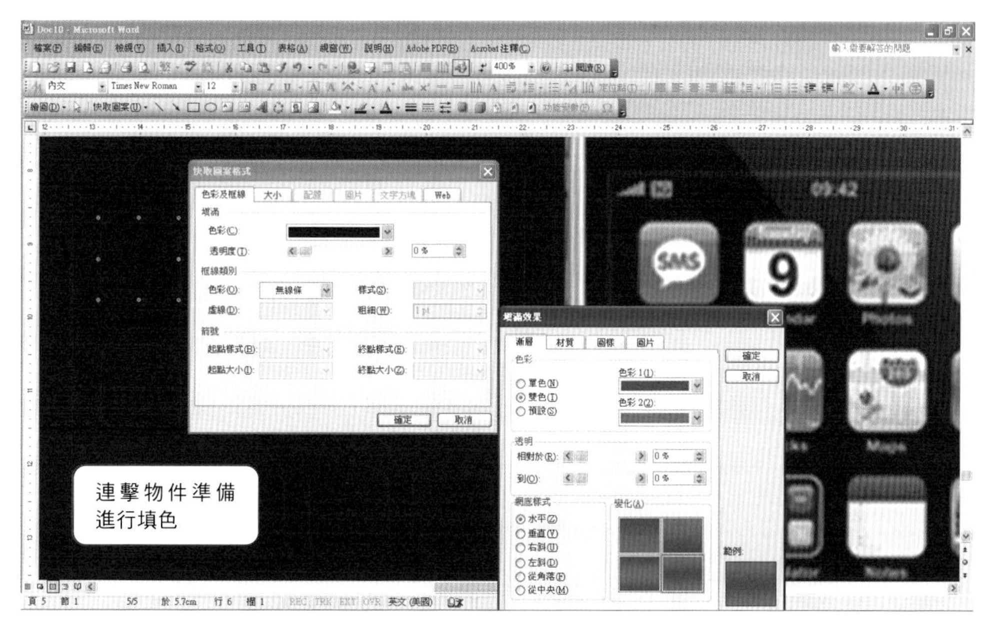

10 此時讀者可以根據習慣選擇一次處理完所有 icon 背景再行描繪 icon 上的細部物件，或者是接著處理 icon 上面的細部圖案，當完成後再逐一處理其他 icon，兩者做法其實都可以，筆者習慣第二個方法，所以繼續描繪 icon 上層的細部物件，這時可利用右邊的圖檔進行描繪。

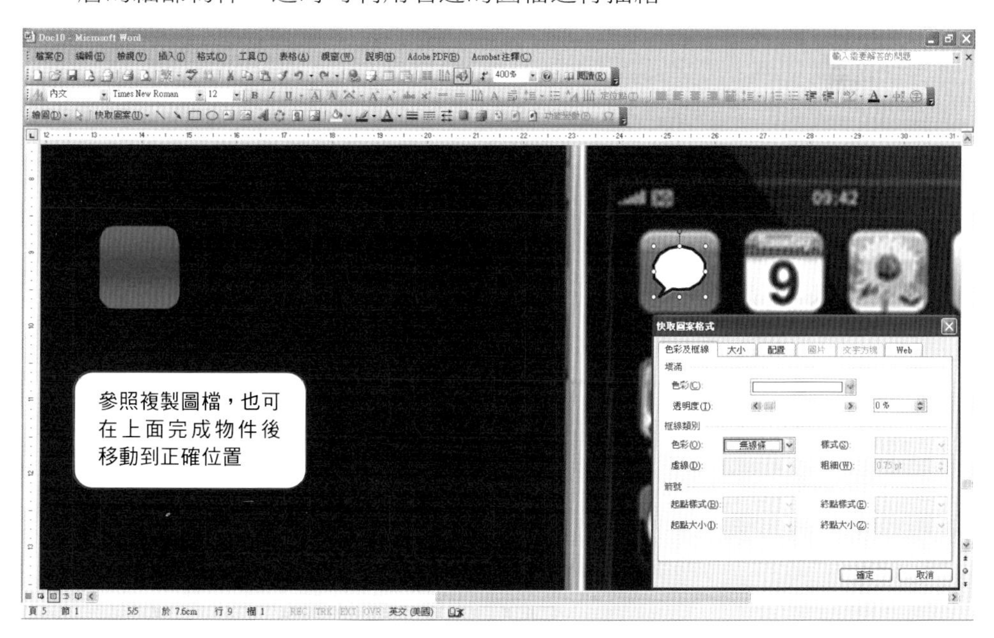

說明

另一個方法則是利用之前調整順序的方式比對，將物件重複往下層送，依據目視結果描繪細部物件與著色。

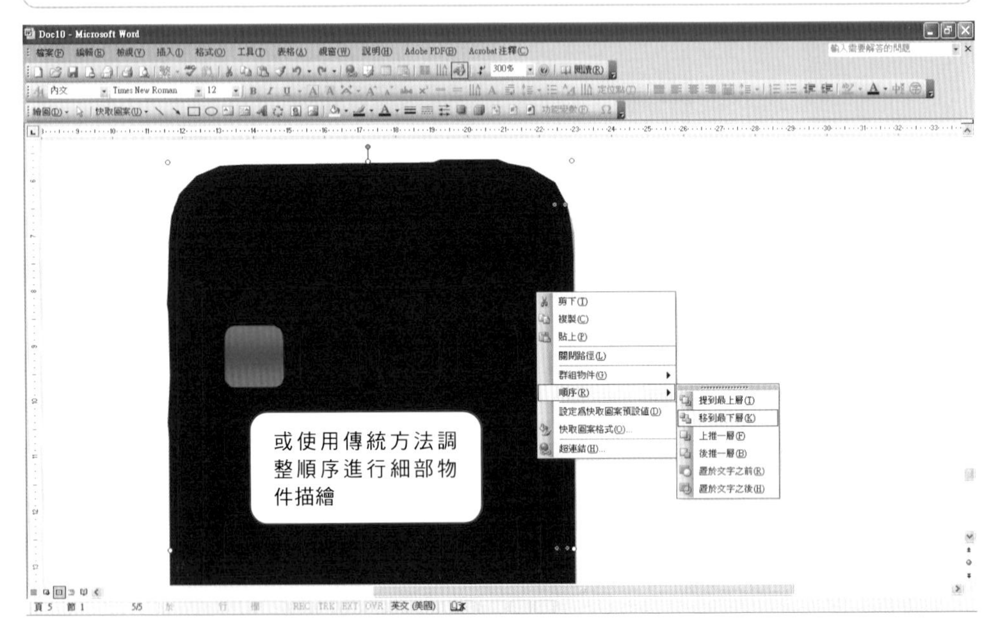

11 利用右邊 icon 描繪出細部物件後，記得移到同樣位置並與旁邊的圖檔進行比對，確定位置後再對 icon 物件進行著色處理。

12 上述動作完成後記得與 icon 進行群組，這個動作是避免一旦處理的物件太多時，會搞不清楚物件的順序而造成無法按照指定的順序排列。

13 填色(白底)去邊(黑線條)。

14 最後再對 icon 物件上的文字進行描繪與上色，icon 上面的英文數字依照筆者習慣，建議用描繪處理，同樣選擇快取圖案裡面的手繪多邊形工具。

15 去底色(填滿設定無填滿)描線條(背景綠)。

16 完成後同樣調整原始圖檔物件，送到最下層。

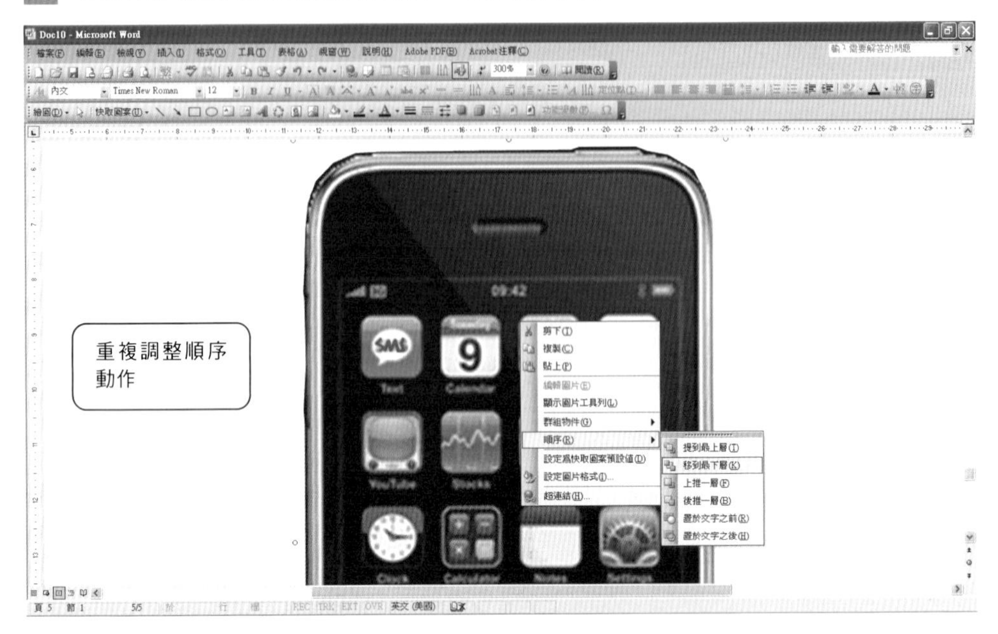

17 跟先前的處理步驟一樣，將露出之前處理的物件與描繪的文字再進行一次群組。

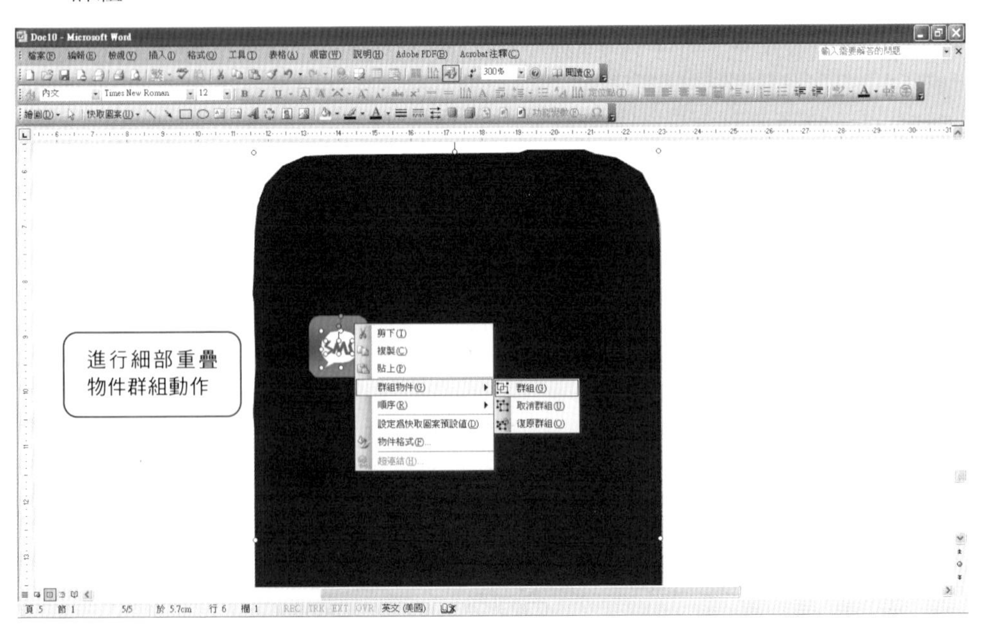

18 如果是透過旁邊圖檔描繪的做法也一樣，先描繪後移動到左邊 icon 物件上正確位置。

19 為了強化光影效果，此時可以描繪出光影處理區，因為是亮色效果，所以可以把顏色設成白色並且設定透明度 70%。

20 當完成 icon 上所有物件的描繪與上色後，同樣要與底層的完成物件進行群組。

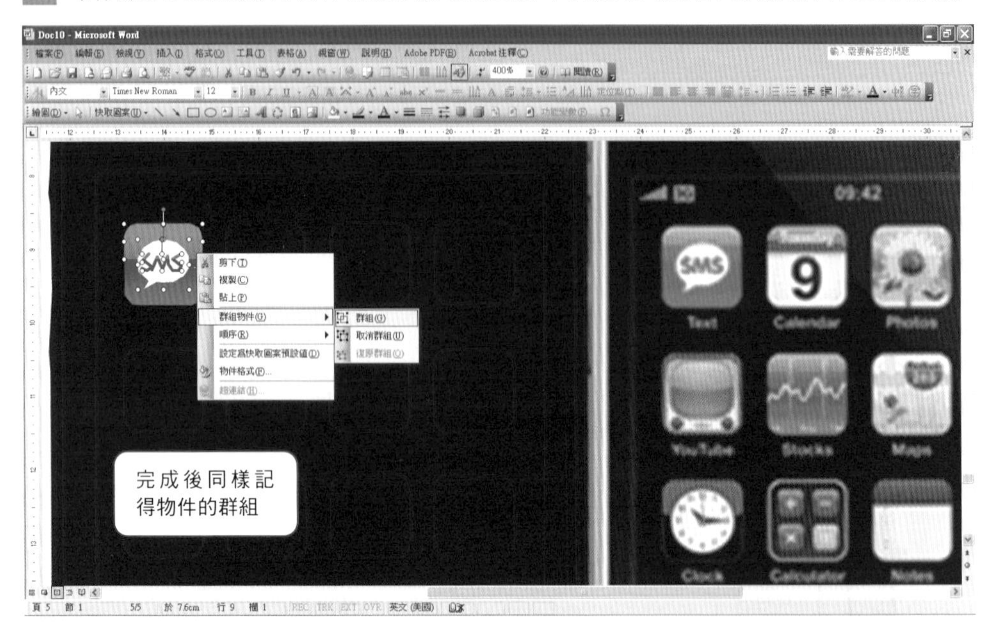

21 完成 icon 後接著是處理下方的文字，這時筆者建議用文字工具處理。

22 先點選「繪圖工具列」上的「文字方塊」，出現如下圖畫面。

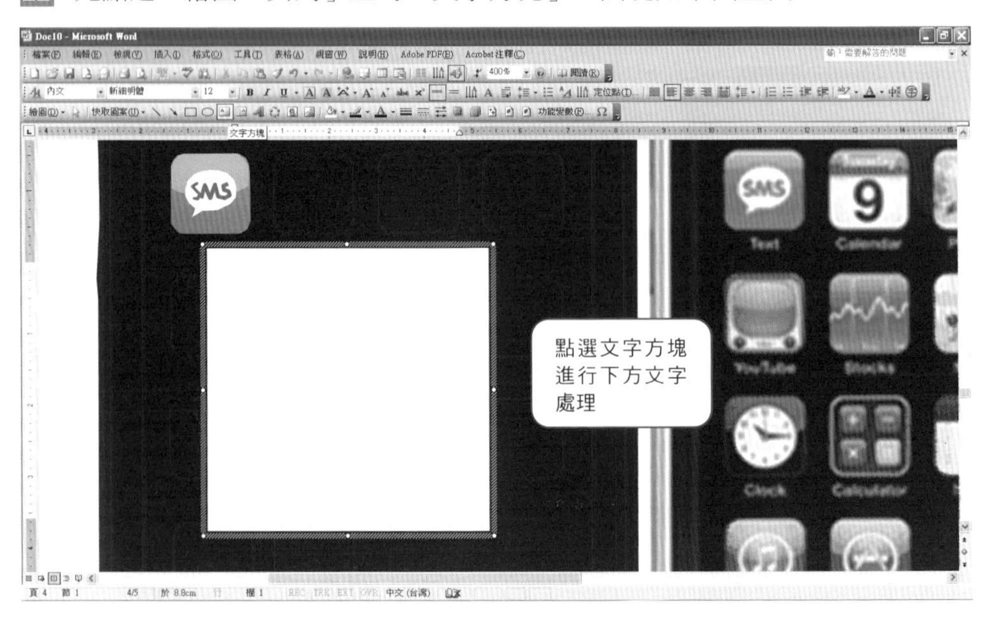

23 輸入下方欲顯示的文字，同時將內邊界值都設為零。

24 連續點選「文字方塊」，出現「文字方塊格式」對話方框，點選「文字方塊」欄位，在「內邊界」區「上」、「下」、「左」、「右」值都設成「0」。

25 按下確定回到上一層，點選「色彩及框線」欄位，在「填滿」區的「色彩(C)」選擇「無填滿」；「框線類別」區「色彩(O)」選擇無線條。

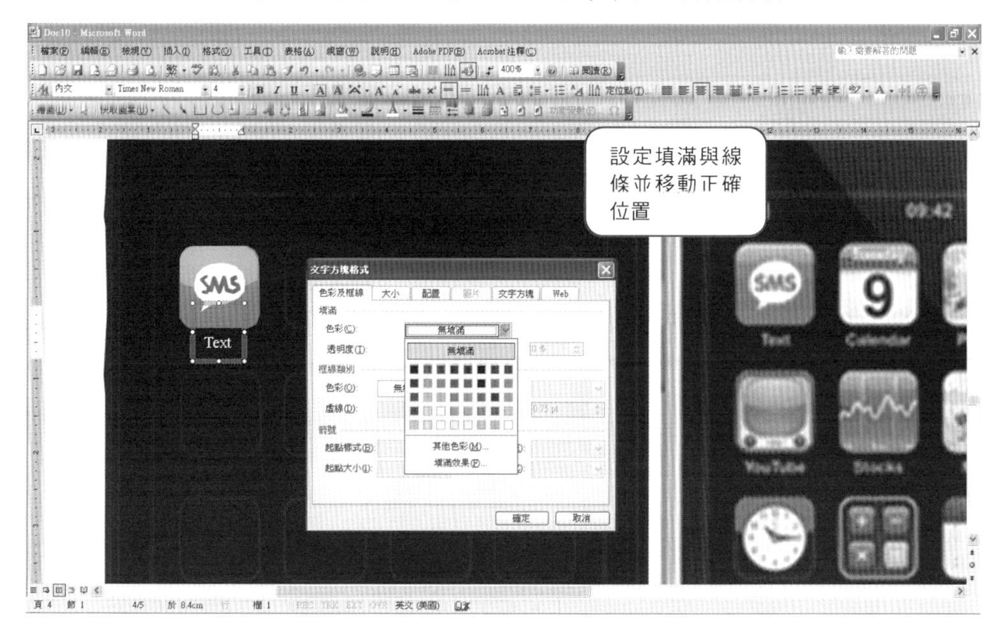

26 將處理好的文字移到正確位置，同時 mark 起來更換顏色成白色。

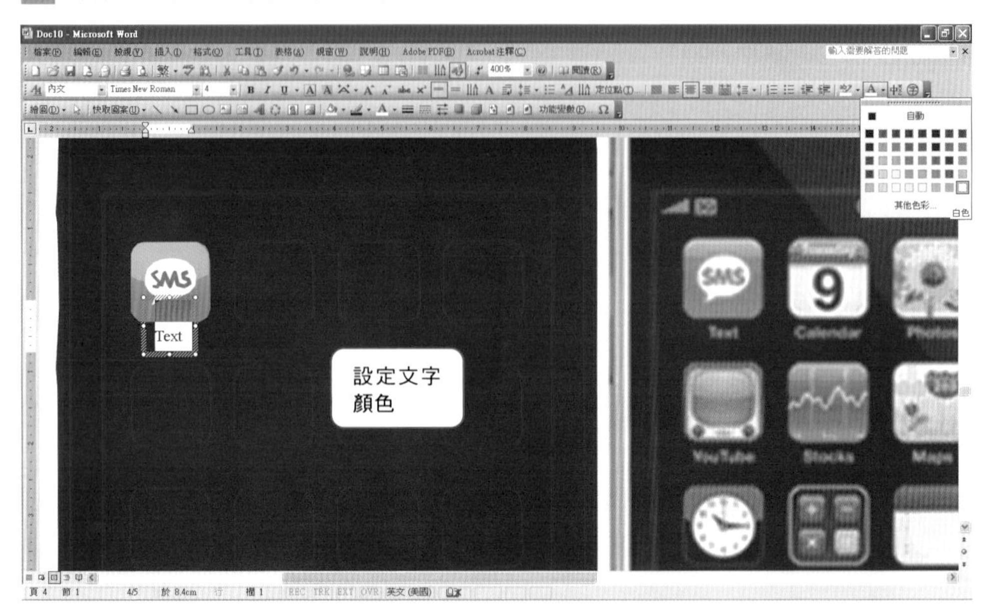

27 其他 icon 的處理方式，依此類推，完成後記得群組。

28 螢幕上方的 icon 處理完畢後，接著處理下方的 icon 區，因為多出幾個背景層所以處理步驟要多出幾道，但處理原則與處理方式不變。

29 先用漸層設定背景，同樣用線條描繪出處理區域。

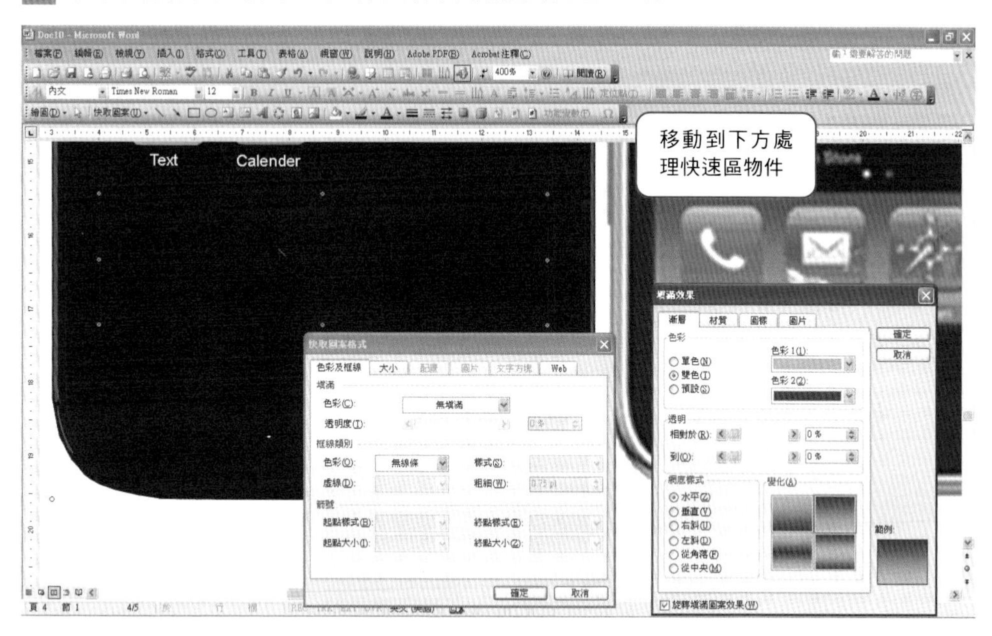

30 按照螢幕上方的 icon 處理方式，同樣描繪下方的 icon 與完成著色、群組等動作。

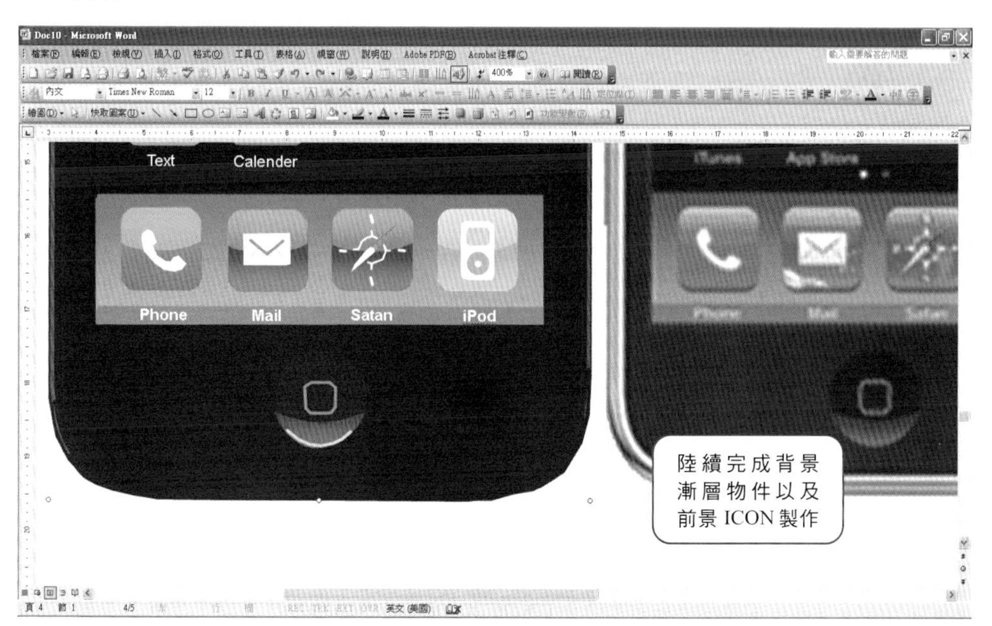

31 當完成所有 icon 物件的處理後，最後處理表面的光影效果，讓作品更逼真。同樣用「手繪多邊形」工具畫出要處理的區域。

32 同樣用白色半透明方式呈現螢幕亮光效果，最後同樣記得進行群組動作。

33 完成最後手機作品。

26 手機

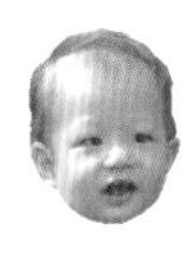

設計難度：★★★☆☆
擬真程度：80%
耗費時間：約 1.5 小時

設計重點

鏡面質感的處理
螢幕物件的處理

Step_01 首先先插入一張要設計的圖檔(檔名：0005-13)

1 選擇「插入(I)」➔「圖片(P)」。

2 再選擇「從檔案(F)」並按下滑鼠，選好圖片後按下滑鼠確認。

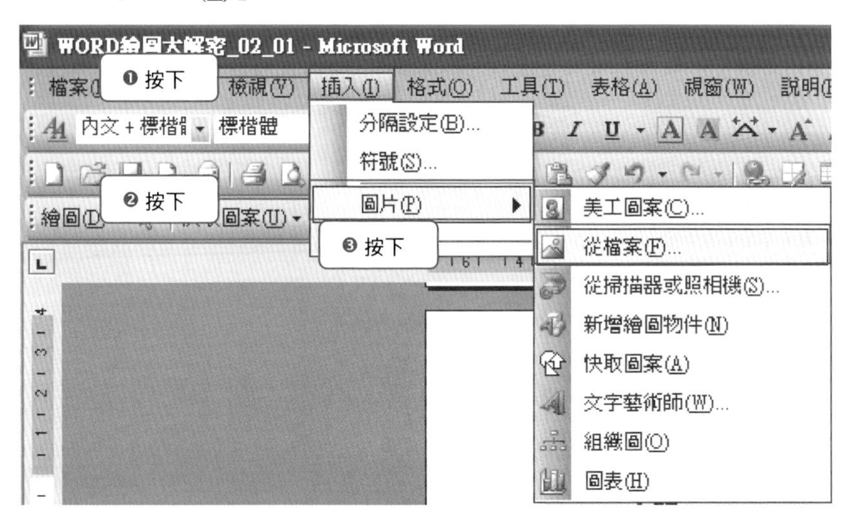

3 出現「插入圖片」對話方框，選擇圖檔來源，按下 插入 鈕。

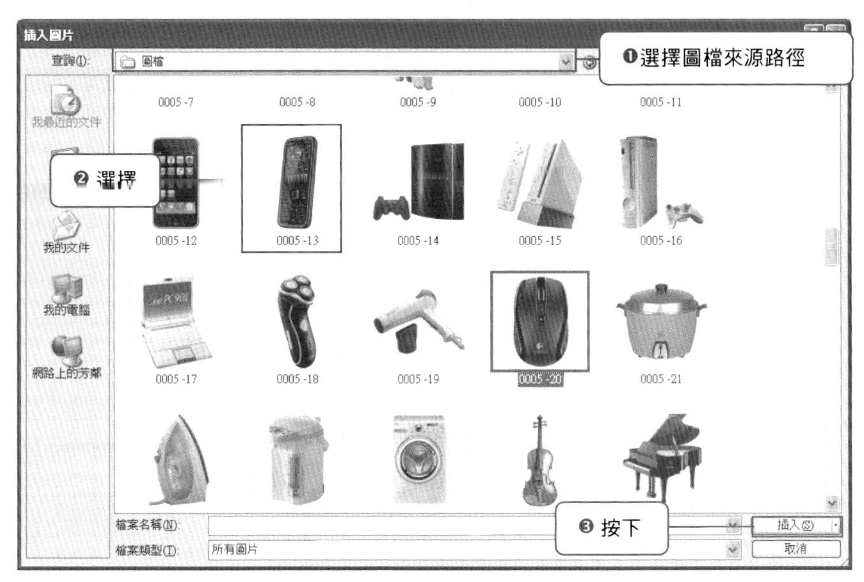

4 完成 Step_01。

Step_02 改變插入物件(0005-13)屬性

1. 點選插入圖片，將滑鼠移至圖片上方並按下右鍵，此時出現下圖選擇方框。
2. 選擇「設定圖片格式」一欄並按下滑鼠。

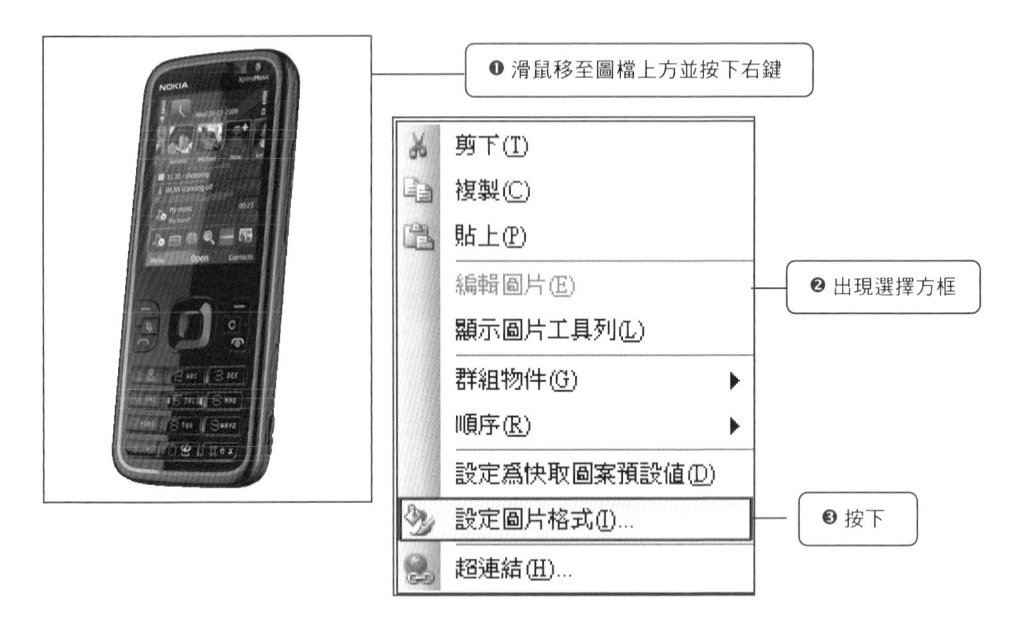

3. 當按下滑鼠後會出現「設定圖片格式」對話方框。
4. 在「配置」欄位內，將「與文字排列(I)」改成「文字在後(F)」，按下確定。

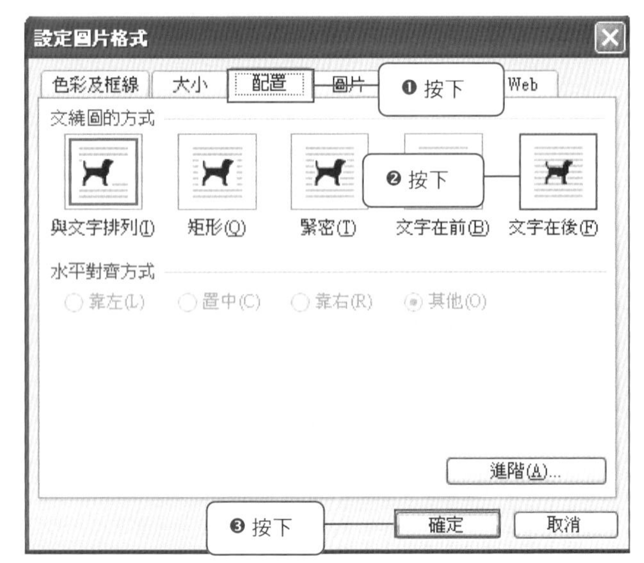

5. 完成 Step_02。

Step_03 確定物件繪圖順序以及群組關係

說明

與前款智慧型手機一樣，但本手機案例較著重在數字鍵的處理。

1 群組_ICON

背景+ICON

3 群組_表面亮光質感

亮影

2 群組_數字鍵

鍵格+數字+英文字

4 完成 Step_03。

Step_04 依照設定群組的物件開始描繪物件線條

1 調整物件配置，在「配置」欄位內、「文繞圖的方式」區將原來的「與文字排列(I)」改成「文字在後(F)」，按下確定。

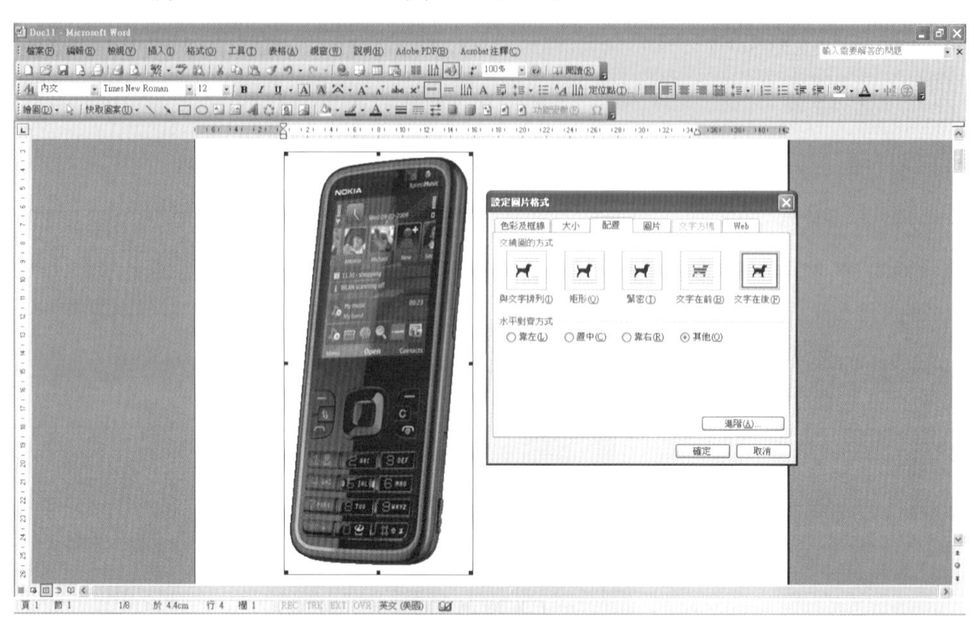

2 將物件調整至最適大小，本案例顯示比例建議設定為 100%。

3 調整物件至中央位置，用滑鼠分別移動上下、左右捲軸。

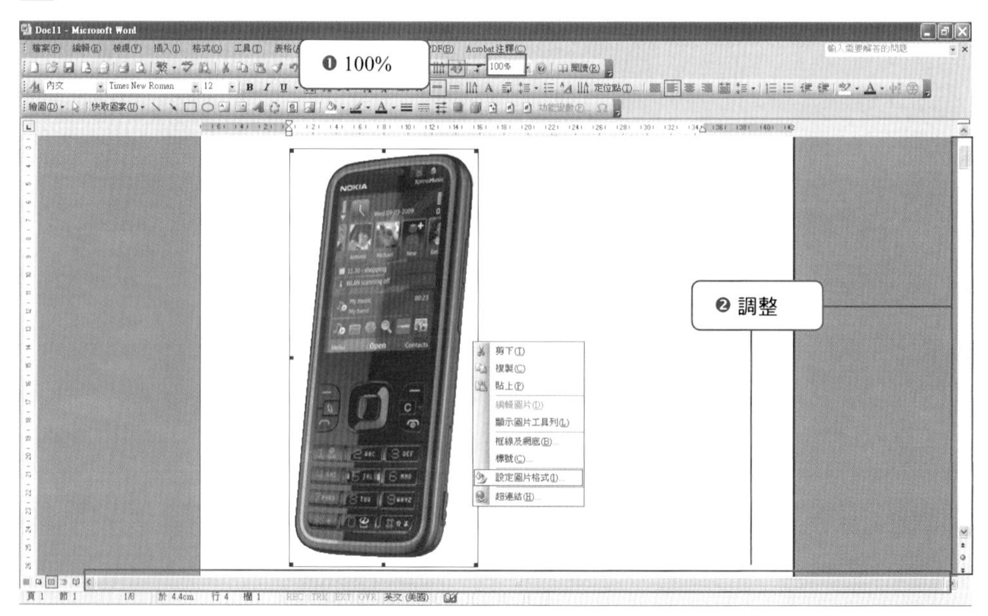

4 接下來請準備繪圖工作，先點選一下圖片，再依次點選「快取圖案(U)」➔「線條(L)」➔「手繪多邊形」。

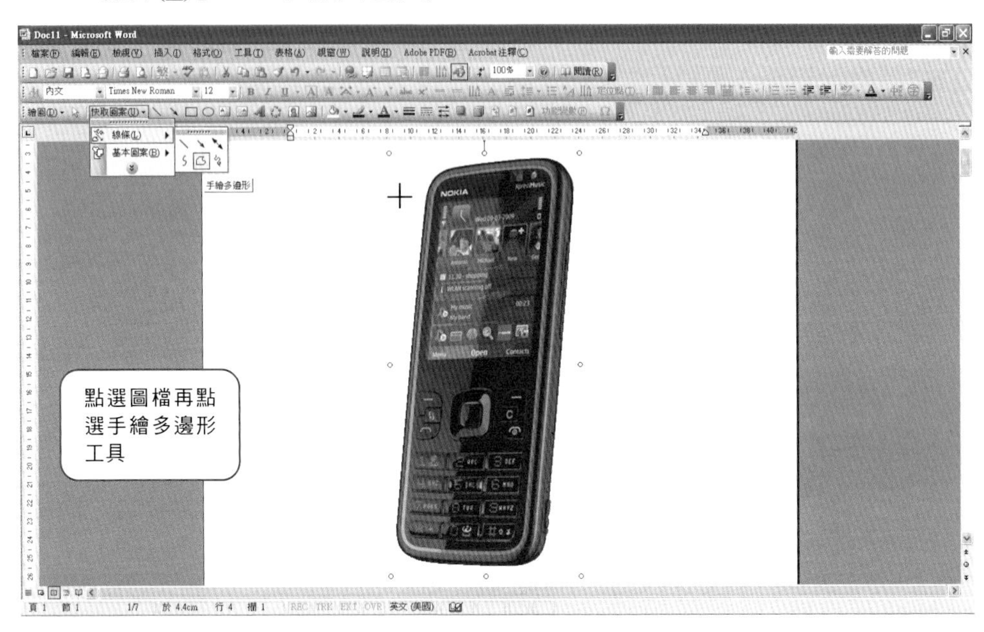

5 沿著手機結構周邊，依次畫出手機機體、螢幕以及週邊小配件，準備進行填色的動作，完成後記得進行群組。

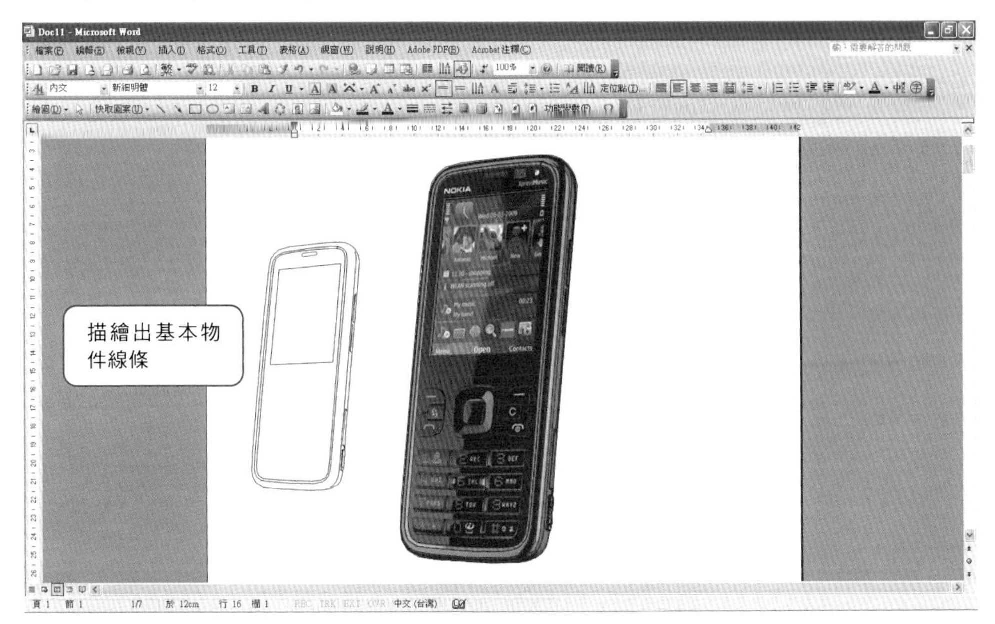

6 利用點選群組中物件的技巧，按住 Shift 鍵分別點選標的物件，再連續點選標的物件叫出「快取圖案格式」對話方框，在「色彩及框線」欄內設定，逐步進行填色。

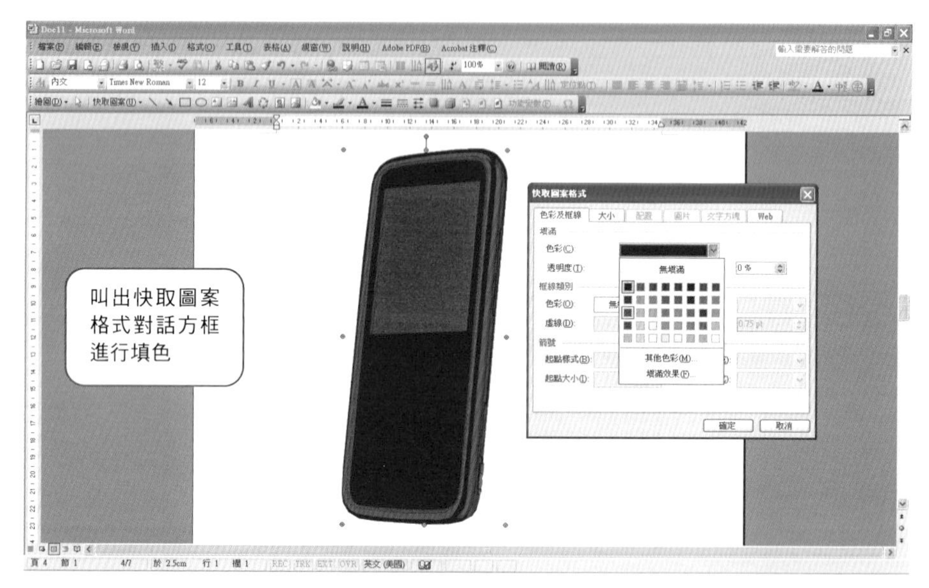

7 填色過程中需不斷進行順序調整，比對原圖檔的顏色，按右鍵選擇「順序(R)」➔「移到最下層(K)」，當完成物件後再重覆此步驟直到完成所有階段性物件的設定。

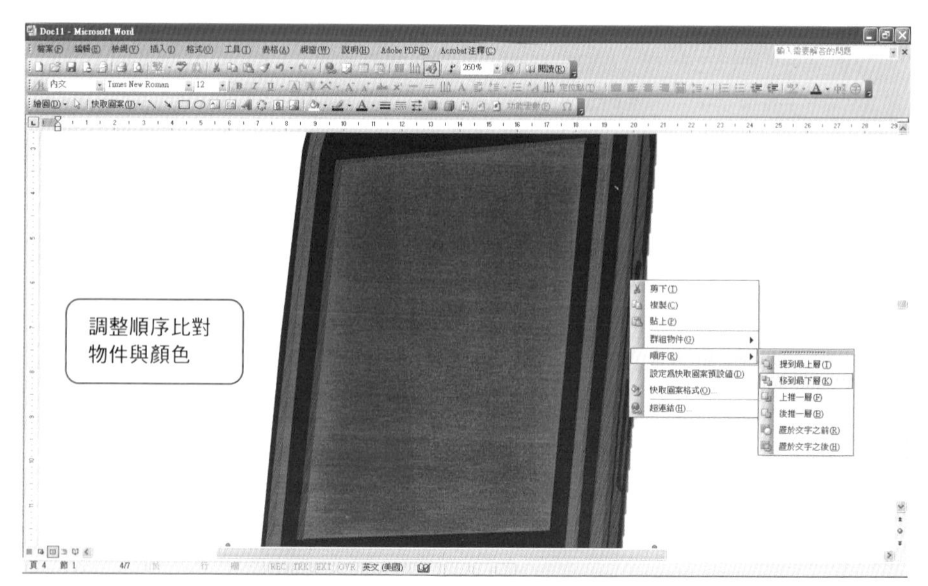

8 進行細部調整時，記得依照螢幕範圍運用縮放技巧來處理。

9 鎖定處理局部物件放大後，同樣進行細部描繪動作。

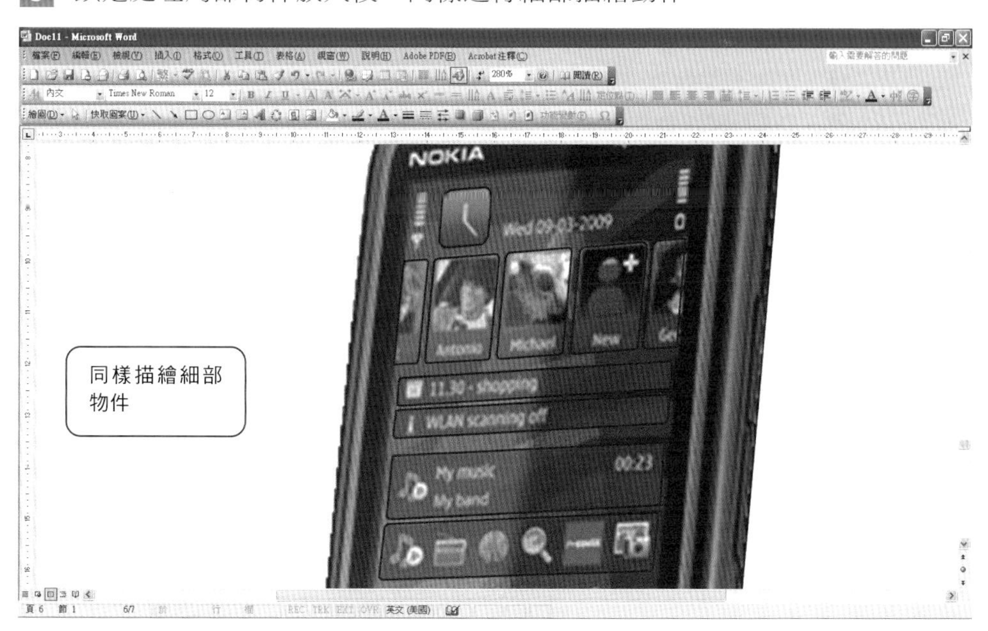

10 完成描繪後記得調整順序，讓剛完成的物件與原先的主體物件進行群組。

11 同樣調整順序定顏色後，逐一點選標的物件並且進行上色，螢幕區塊記得設定半透明，讓背景紅色部分顯示出來。

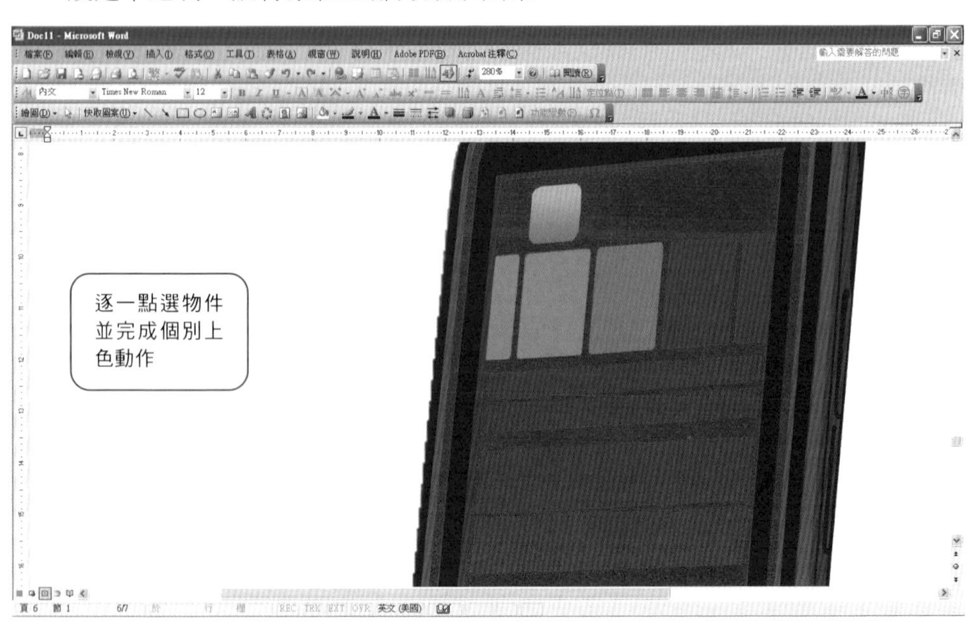

12 依照上述步驟再進行螢幕區更細部的物件描繪與上色，此時物件須明顯呈現，不需要設定透明度。

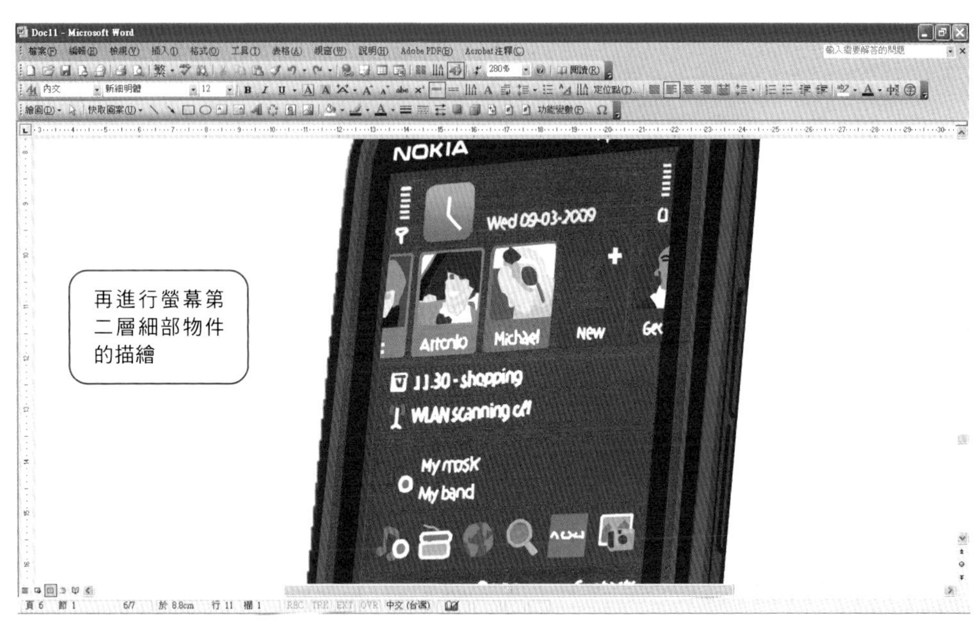

13 鍵盤區同樣放大、描繪、順序調整、群組…等重複動作，本區物件同樣不需設定透明度。

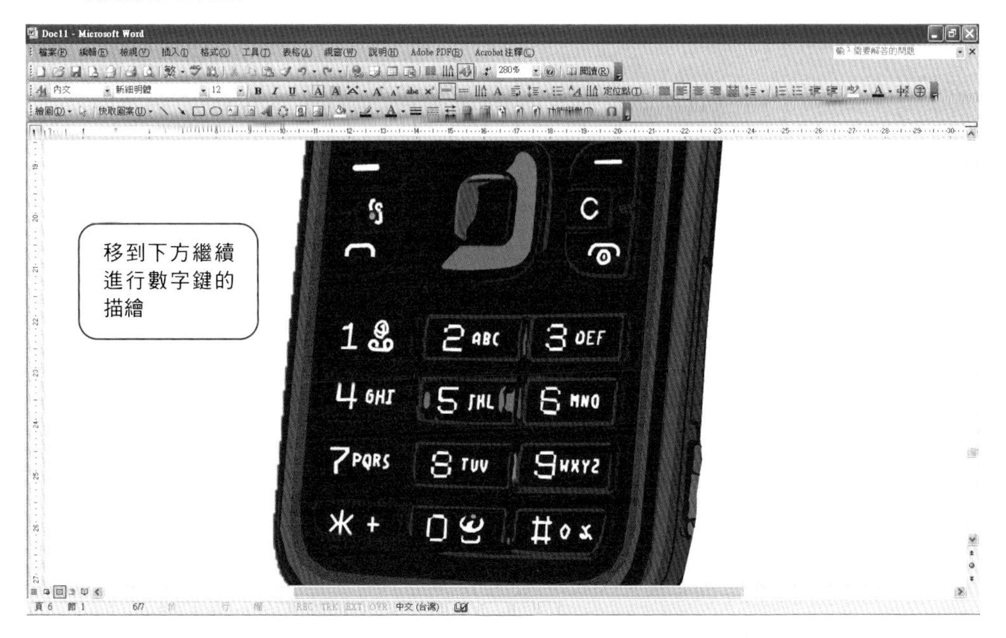

14 接下來進行最後的表面處理，同樣先處理螢幕區的光影效果，描繪物件。

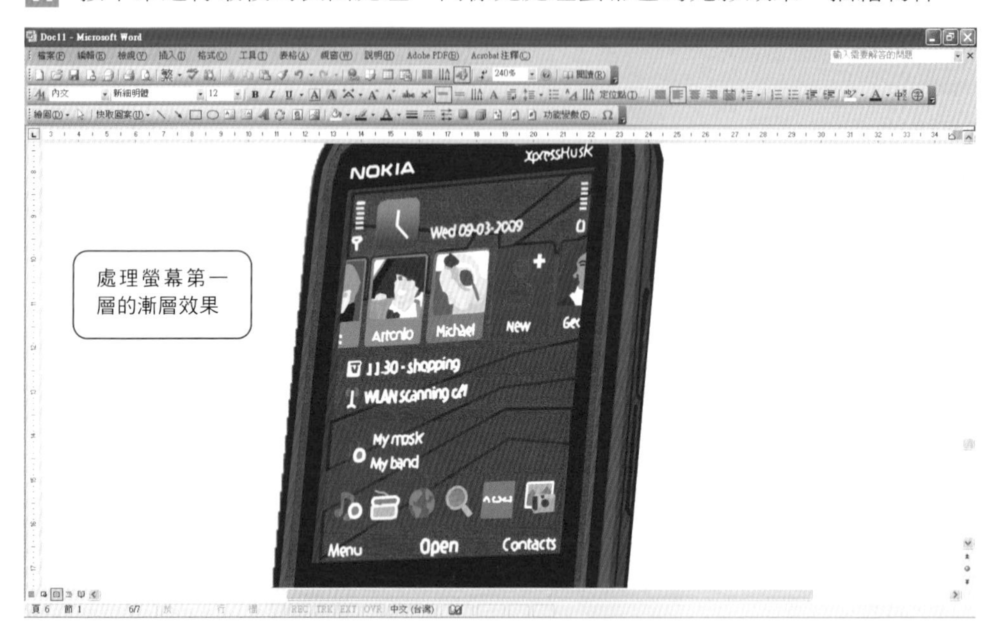

15 再進行上色與透明度設定。

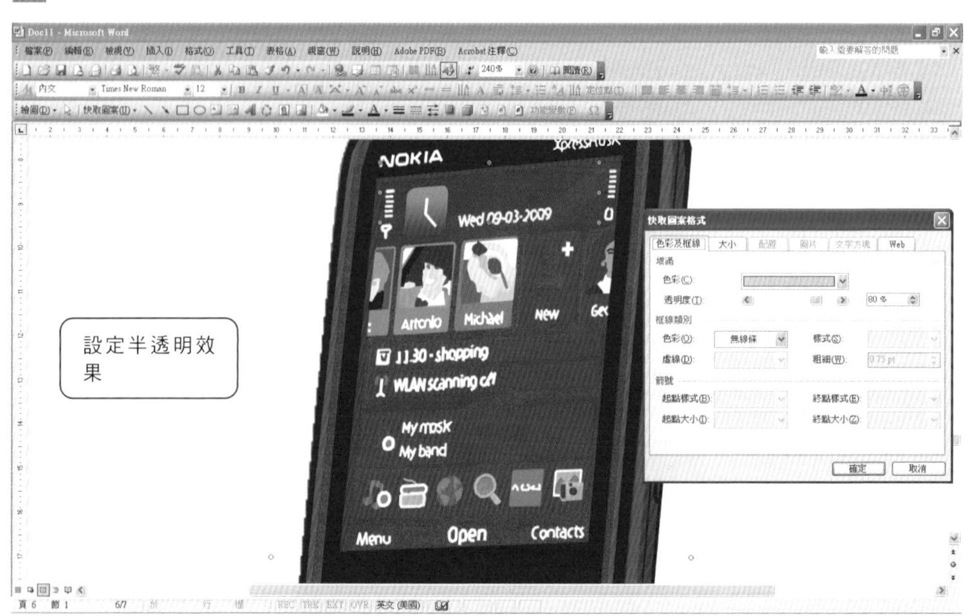

16 再進行右方第二層上色與透明度設定。

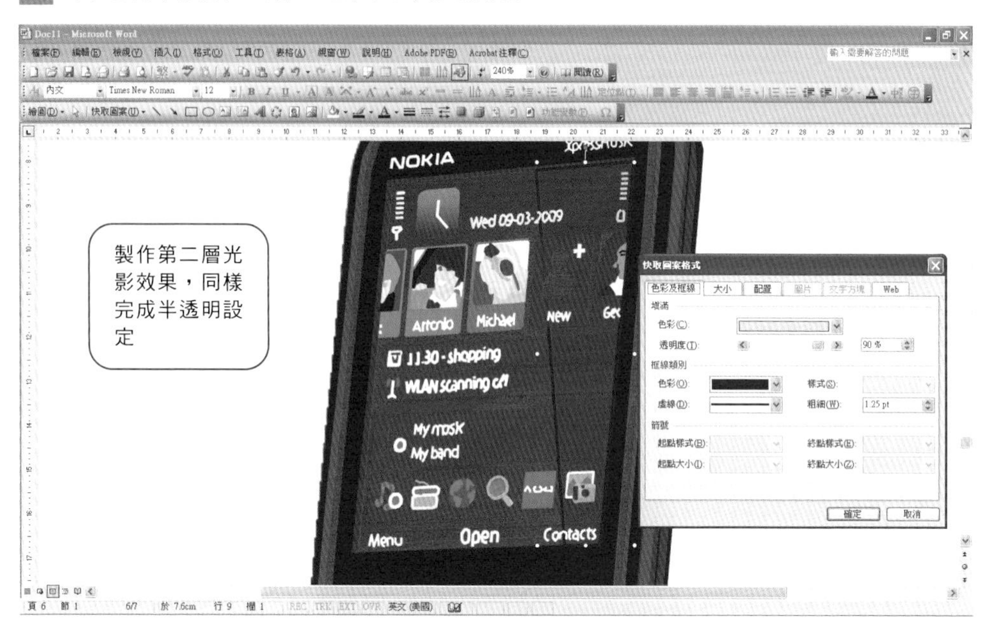

17 最後把底層原始圖檔物件叫出來，描繪完成後以白色為主色，設定透明度70%。

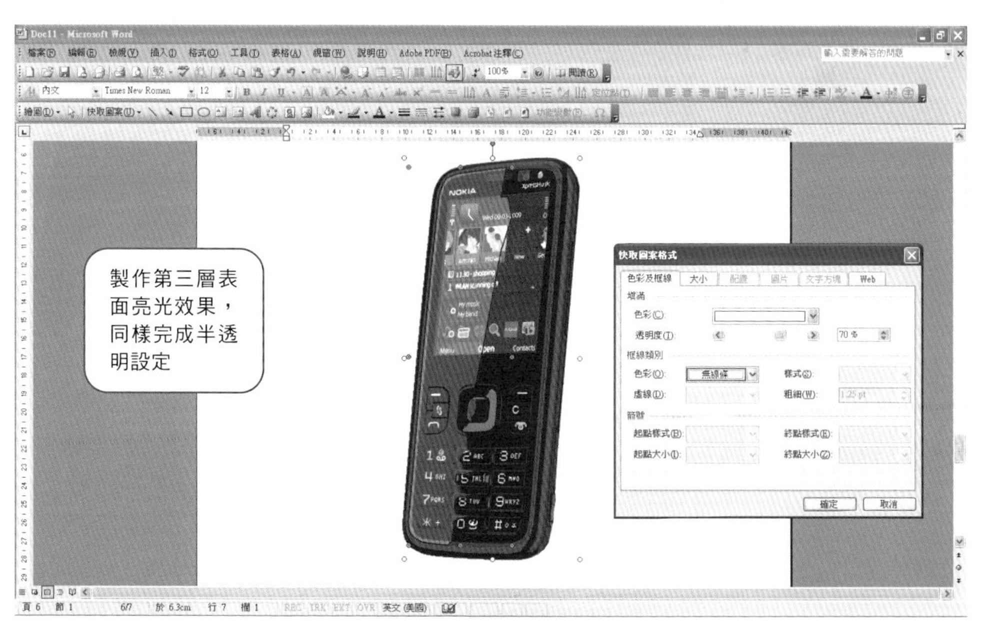

18 完成最後手機作品。

NOKIA
XpressMusic
Wed 09-03-2009
Antonio
Michael
New
11:30 - shopping
WLAN scanning off
My music
My band
Menu
Open
Contacts
1
2 ABC
3 DEF
4 GHI
5 JKL
6 MNO
7 PQRS
8 TUV
9 WXYZ
0
C

Part 5 進階篇

本篇介紹的是筆者過去作品中，挑戰難度高且花比較長時間設計的作品，包括世界名畫與建築物。由於這類型作品個別處理的物件起碼都超過 500 個以上，若沒有之前幾篇的練習基礎，將很難完成本篇的作品設計。

27 世界名畫

設計難度：★★★★★

擬真程度：70%

耗費時間：約 16 小時

設計重點

物件的群組與順序關係處理

Step_01　首先先插入一張要設計的圖檔(世界名畫檔名：0005-31)

1 選擇「插入」➔「圖片」。

2 再選擇「從檔案」並按下滑鼠。

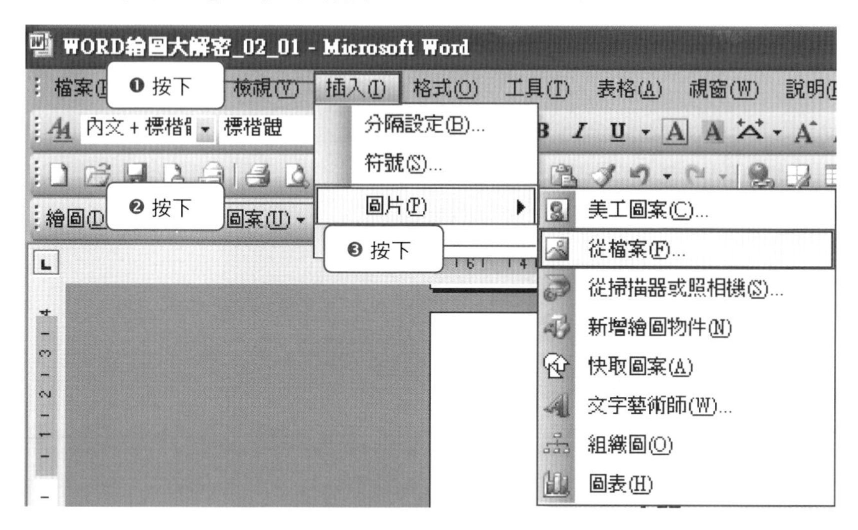

3 出現「插入圖片」對話方框，選擇圖檔來源，按下 插入 鈕。

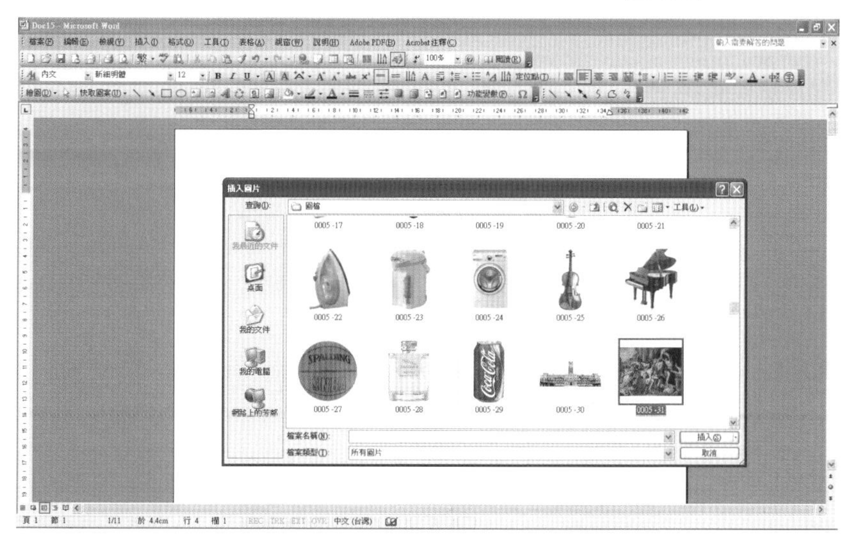

4 完成 Step_01。

Step_02 改變插入物件(0005-31)屬性

1 點選插入圖片，將滑鼠移至圖片上方並按下右鍵，此時出現下圖選擇方框。

2 選擇「設定圖片格式」一欄並按下滑鼠。

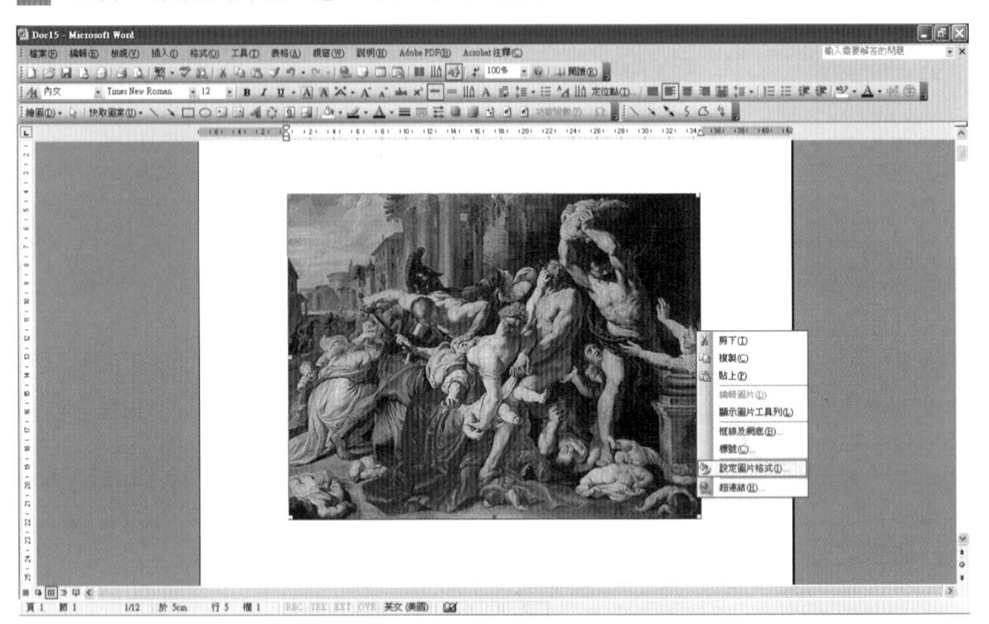

3 當按下滑鼠後會出現「設定圖片格式」對話方框。

4 在「配置」欄位內，將原來的「與文字排列(I)」改成「文字在後(F)」，按下確定。

5 完成 Step_02。

Step_03 確定物件繪圖順序以及群組關係

說明

1. 根據筆者經驗，建議讀者依下圖所示分成四塊區域進行處理。
2. 在不同的色塊區域進行填色，當物件之間產生縫隙時，就可以利用背景色去補上不至於產生色差。

Step_04 依照設定群組的物件開始描繪物件線條

1 先點選圖檔，避免出現「請在此繪圖」字樣。

2 用「快取圖案(U)」➔「線條(L)」➔手繪多邊形，描繪出天空背景區塊。

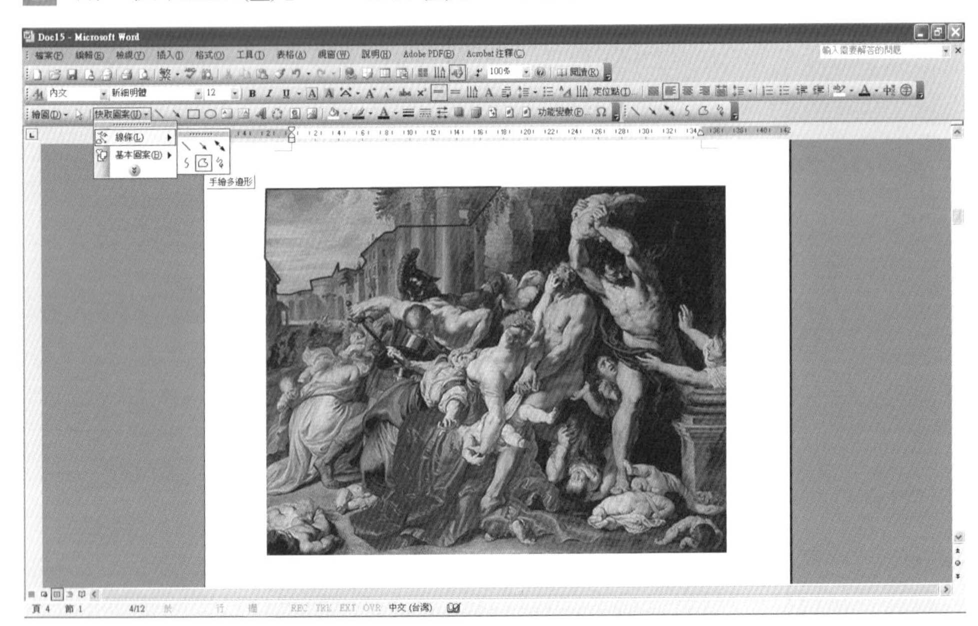

3 連續點選所繪出區塊，叫出「快取圖案格式」對話方框，進行填色動作。因為是漸層色處理，選擇對話方框最下面的「填滿效果(F)」，按下確定。

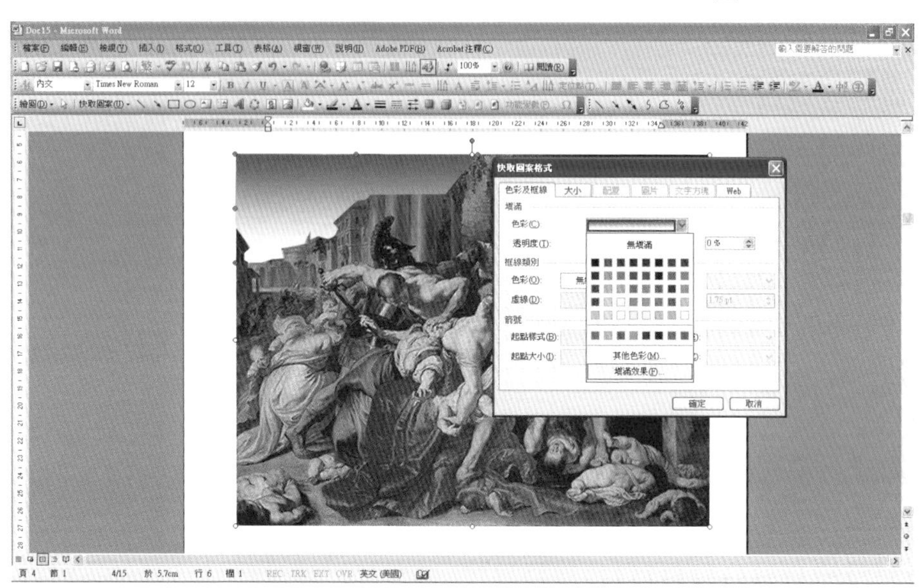

4 出現「填滿效果」對話方框，點選「漸層」欄位，在「色彩」區先點選「雙色(T)」，然後在「色彩 1(1)」與「色彩 2(2)」分別點選白色與藍色。

5 再到「網底樣式」區選擇「水平(Z)」，「變化(A)」區選擇右上方漸層圖案。

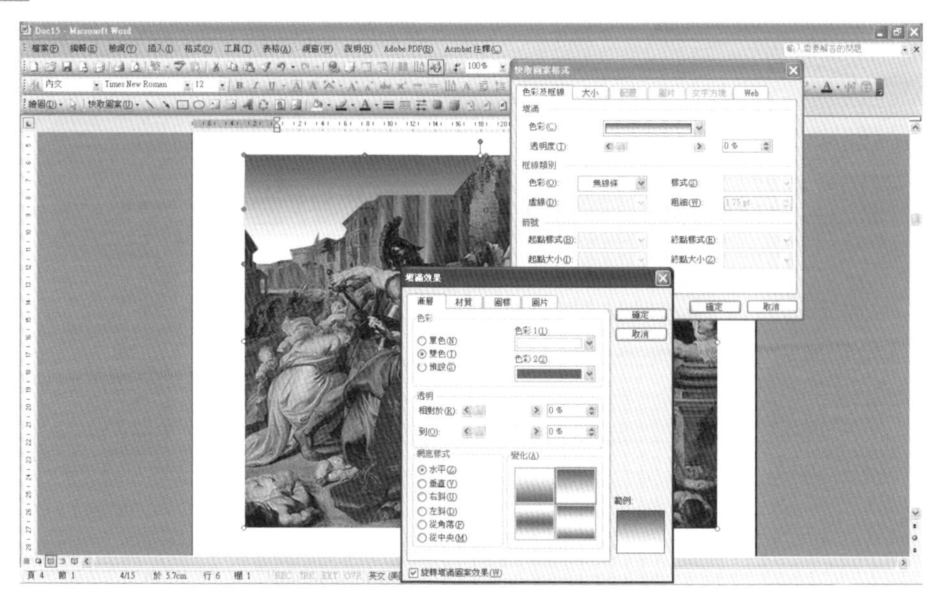

5 按照上述處理程序，依序完成其他背景色的處理，記得進行群組動作。

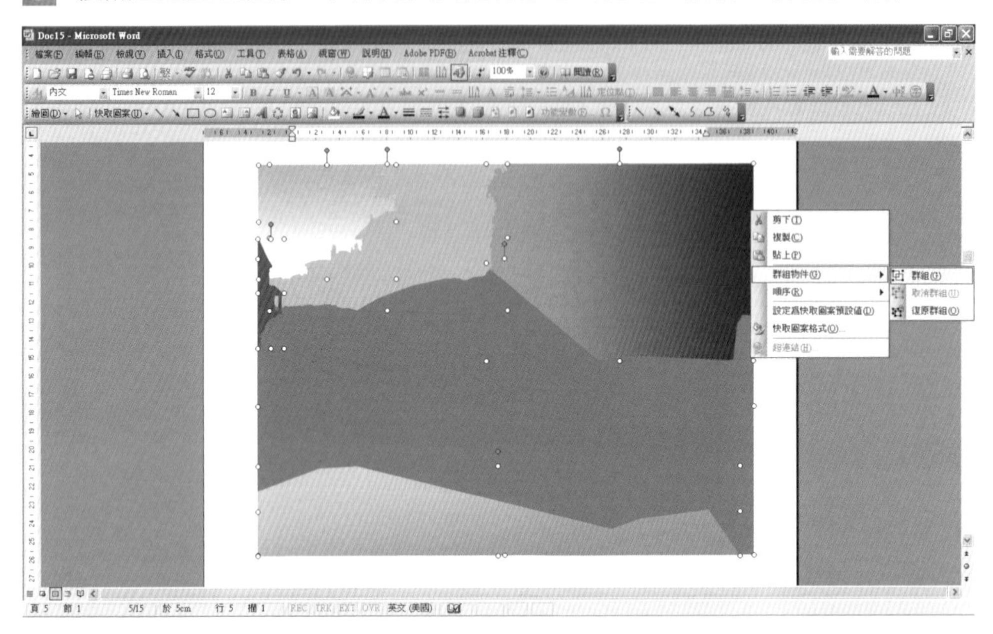

6 接著將上層完成群組的物件送到最下層，露出原始圖檔在進行後續的處理。

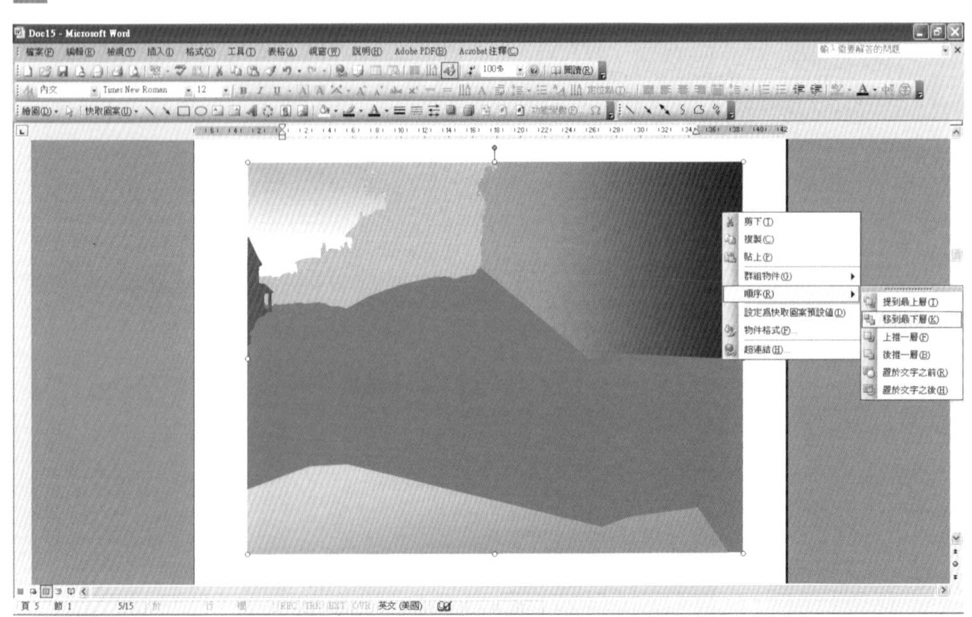

7 接著再處理左上角天空的雲朵，同樣先用「手繪多邊形」工具描繪出雲的形狀，再用白色半透明設定物件屬性。

8 記得去邊(線條)，「框線類別」的「色彩(O)」設定無線條。

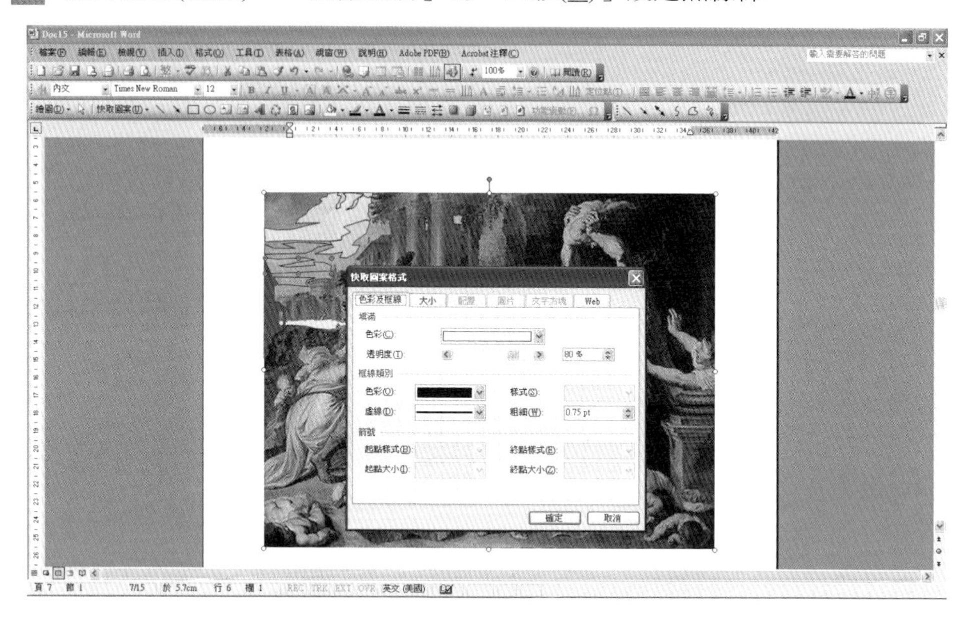

9 完成後請點選原始圖檔，按右鍵將原始圖檔送到最下層。

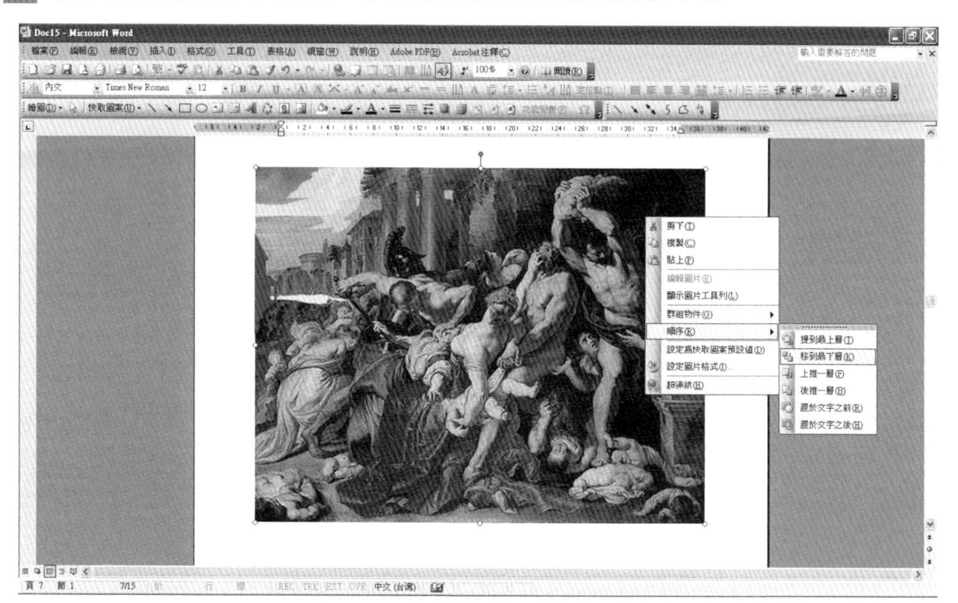

10 將完成的雲朵物件與下層的背景物件進行群組。

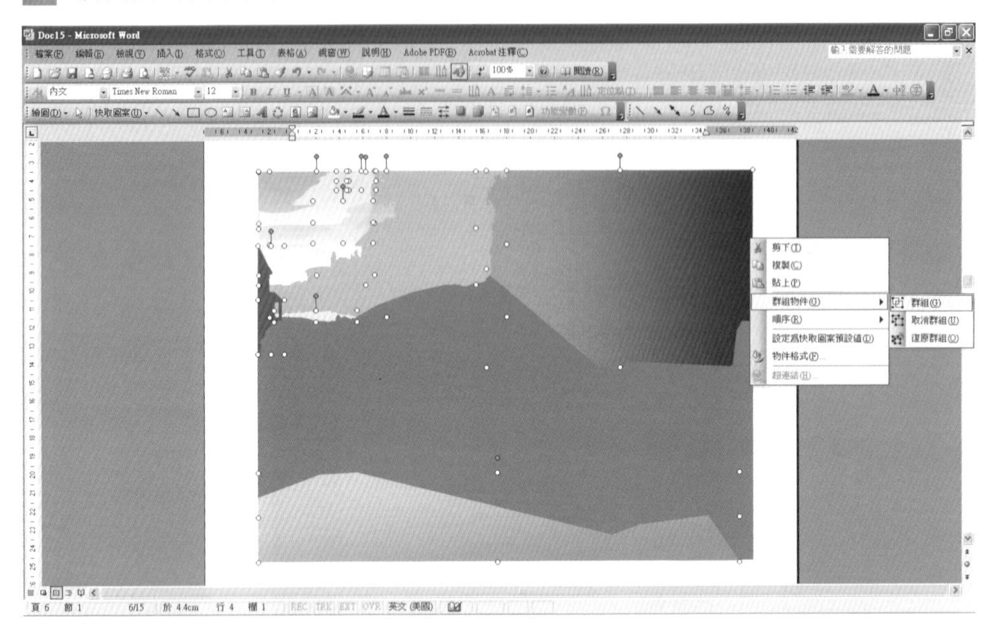

11 同樣點選群組物件，按右鍵將群組物件送到最下層。

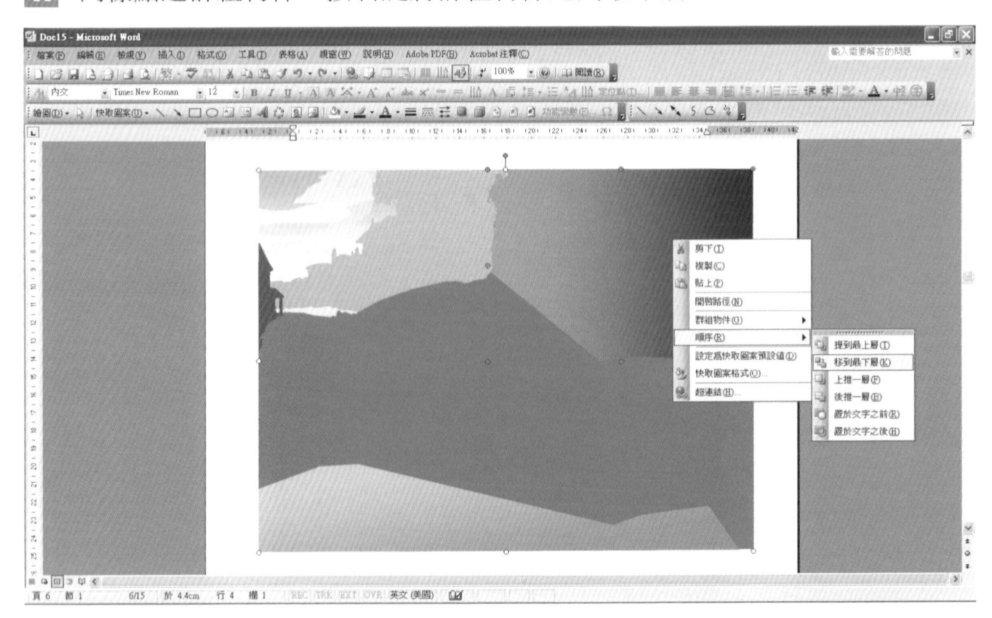

12 接著往下方處理背光的街道以及遠方街道模糊的人物，首先請放大顯示比例 300%，然後同樣對相關物件進行描繪與著色。

13 筆者建議先一次將人物描繪出來，進行群組後，再逐一針對人物進行顏色的設定。

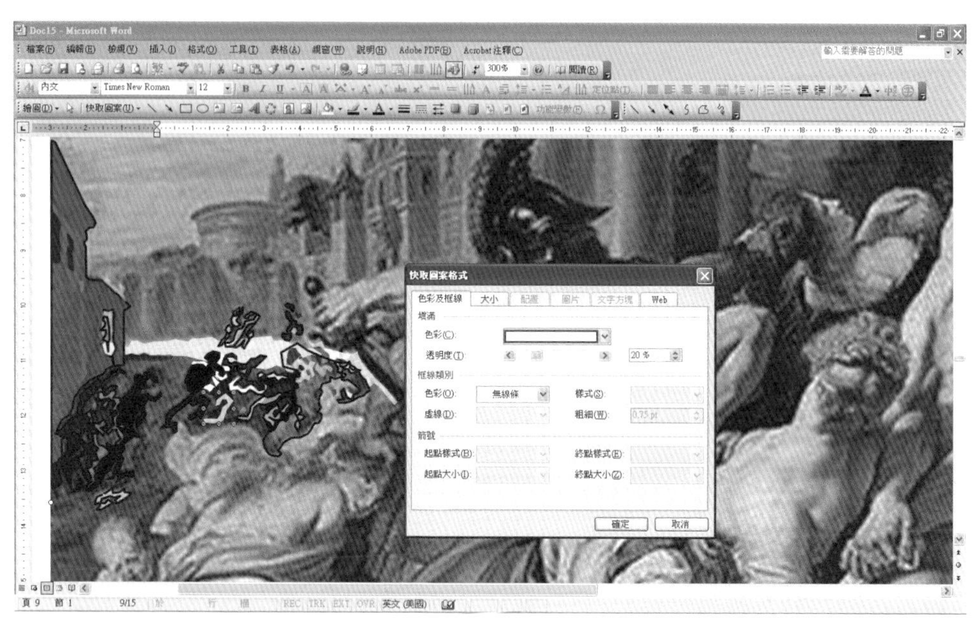

14 如果不是先群組在填色的話，逐一完成人物設計後要記得進行群組的動作，先按住 Shift 再一一點選欲進行群組的物件。藉著按下右圖，選擇「群組物件(G)」再選擇「群組(G)」。

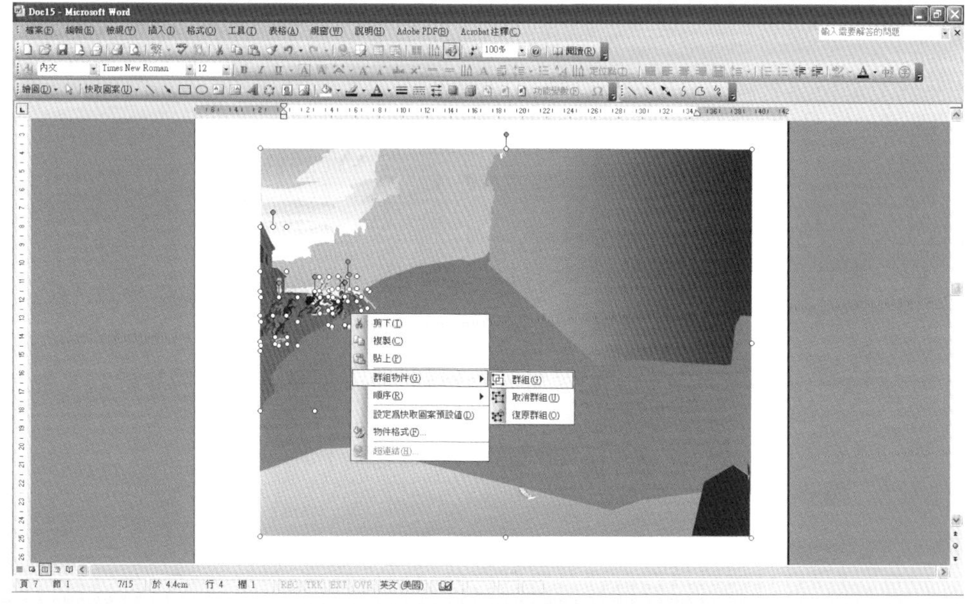

15 完成上述群組步驟後，同樣送到最下層，再繼續描繪上方中間的建築物。描根據筆者經驗，愈是遠方的建築物建議透明度設愈高。

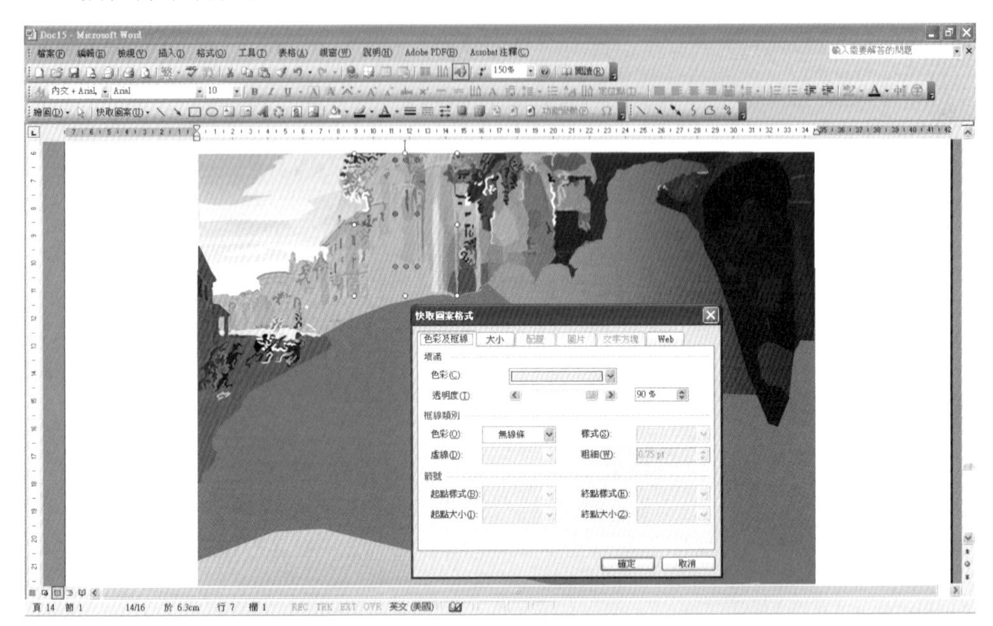

16 完成到此步驟，由於物件相當多且有可能重疊，除非讀者已經很熟練本書的各項技巧，否則建議過程中分區進行群組，最後再將分區群組物件進行一次群組。

17 完成後群組同樣點選物件，按右鍵送到最下層。

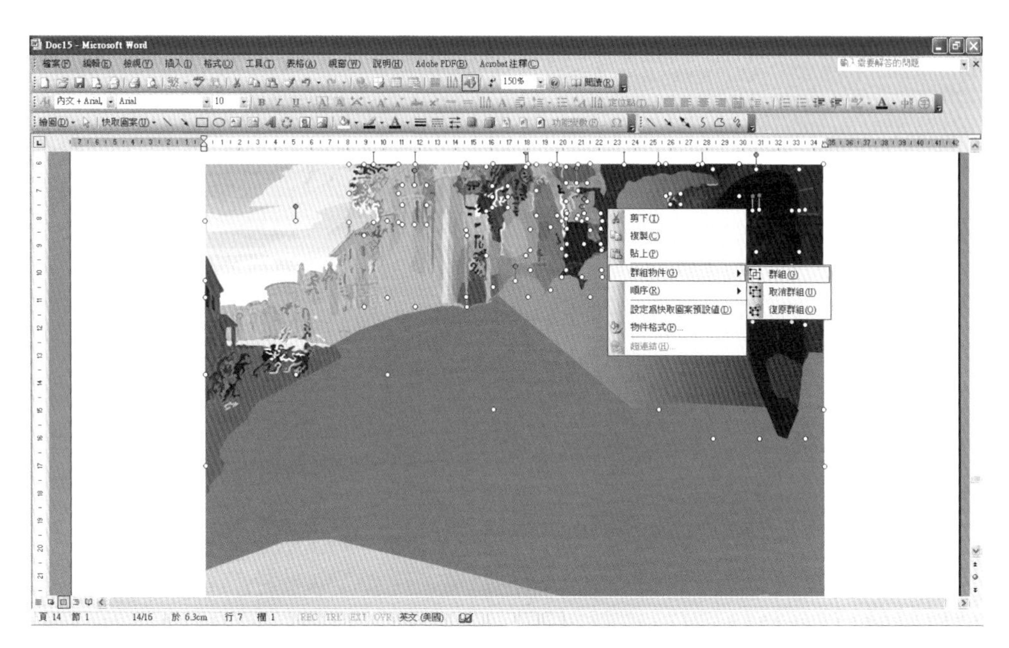

18 接下來準備處理最核心的前景人物，由於人物肢體相當複雜，筆者建議先進行簡單的描繪。

19 同樣進行簡單的填色動作，這個步驟由於要凸顯人物細節，建議不要設定透明度。

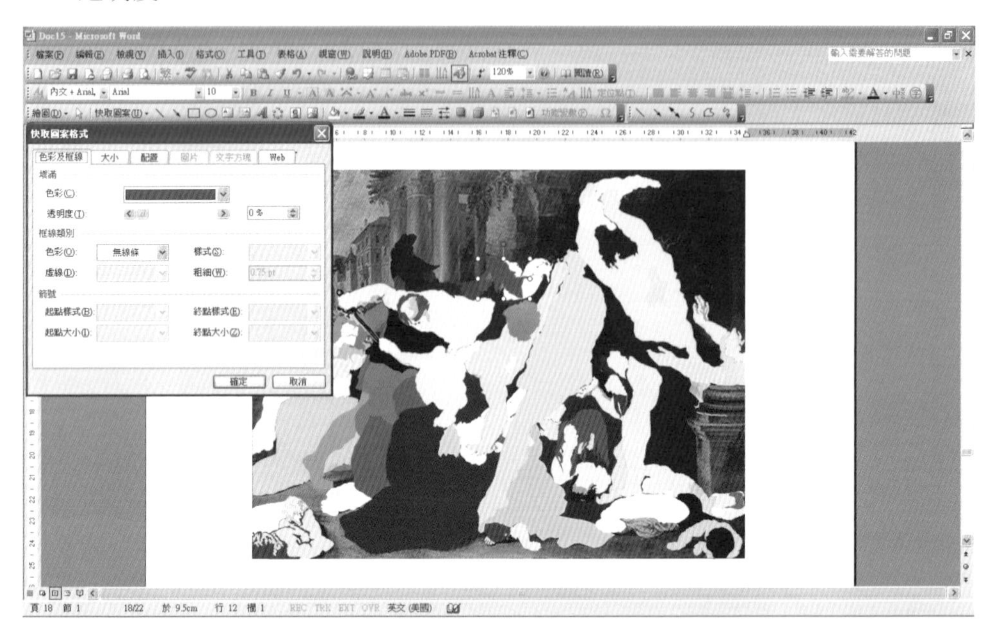

20 第二層的表情與陰影則需要用透明度來處理，完成前景人物的表面細節後同樣按右鍵進行群組。

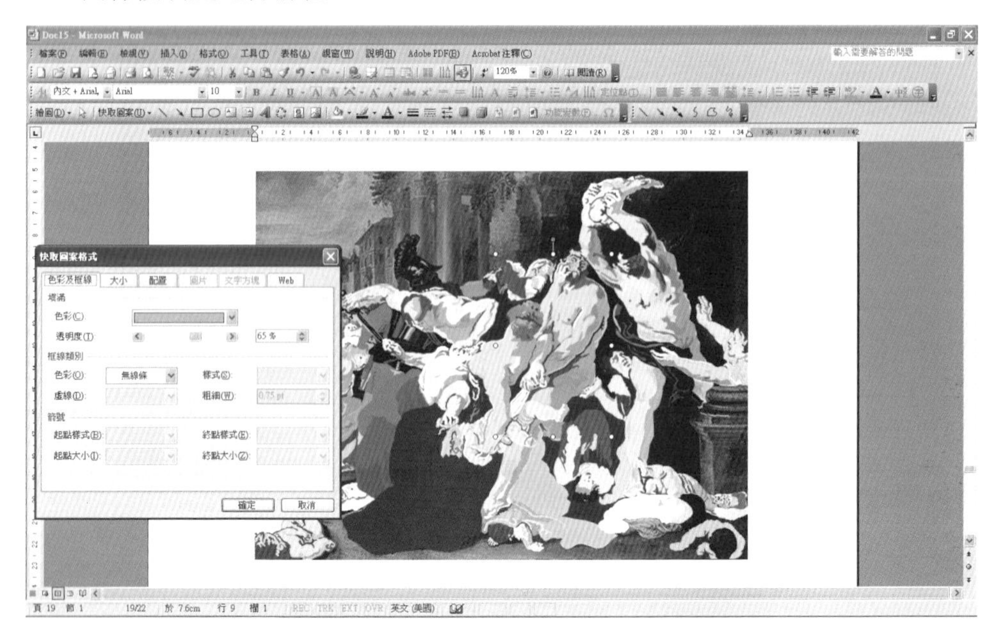

21 再先點選背景圖檔，調整順序送到最下層。

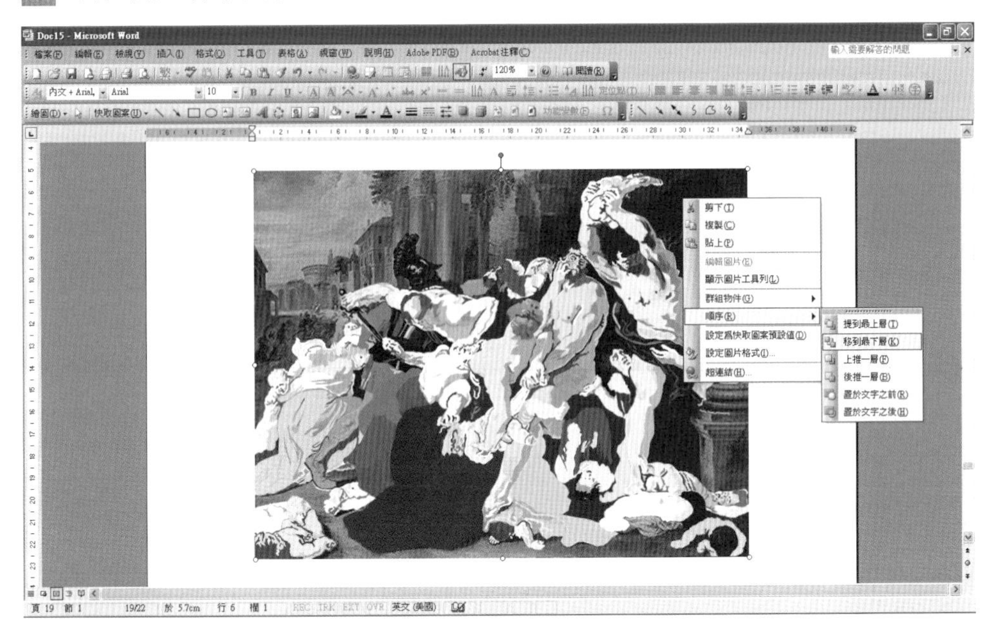

22 露出原先已經完成的背景建築物，將兩者再進行一次群組。

23 完成作品後記得調整(縮小)一下尺寸，盡量不要超過列印邊界。

24 點選作品物件，按住 Shift + Alt 並沿著右下角控制點拖曳滑鼠(內縮)，進行同比例縮放。

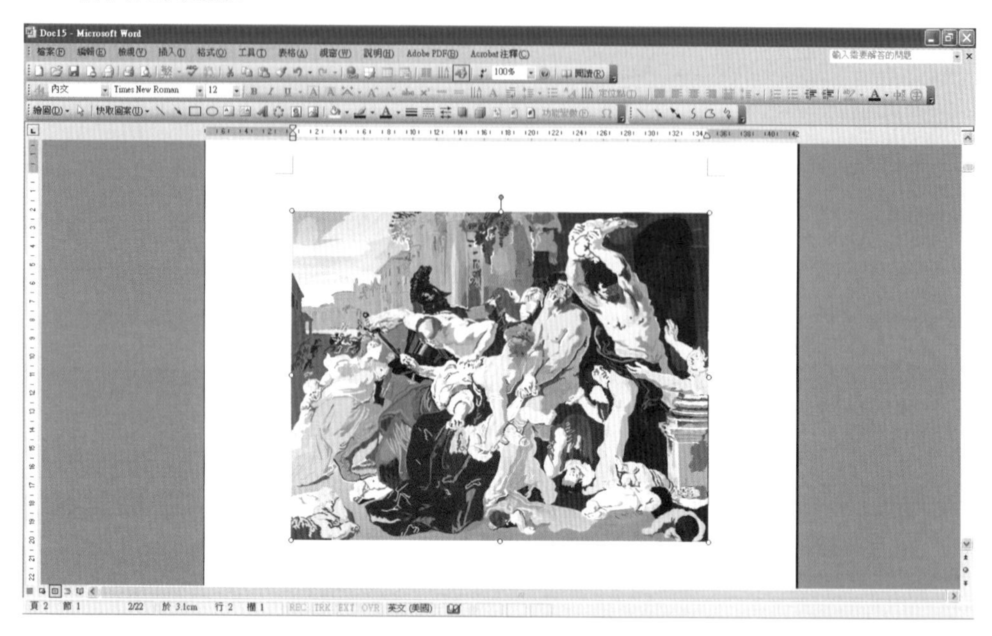

25 完成世界名畫作品。

提示

筆者過去在練習複雜的圖案時，習慣把 word 版面放大，作法是到「檔案」➔「版面設定(U)」，點選「紙張」欄位➔「紙張大小(R)」區➔「寬(W)」、「高(E)」值放大。

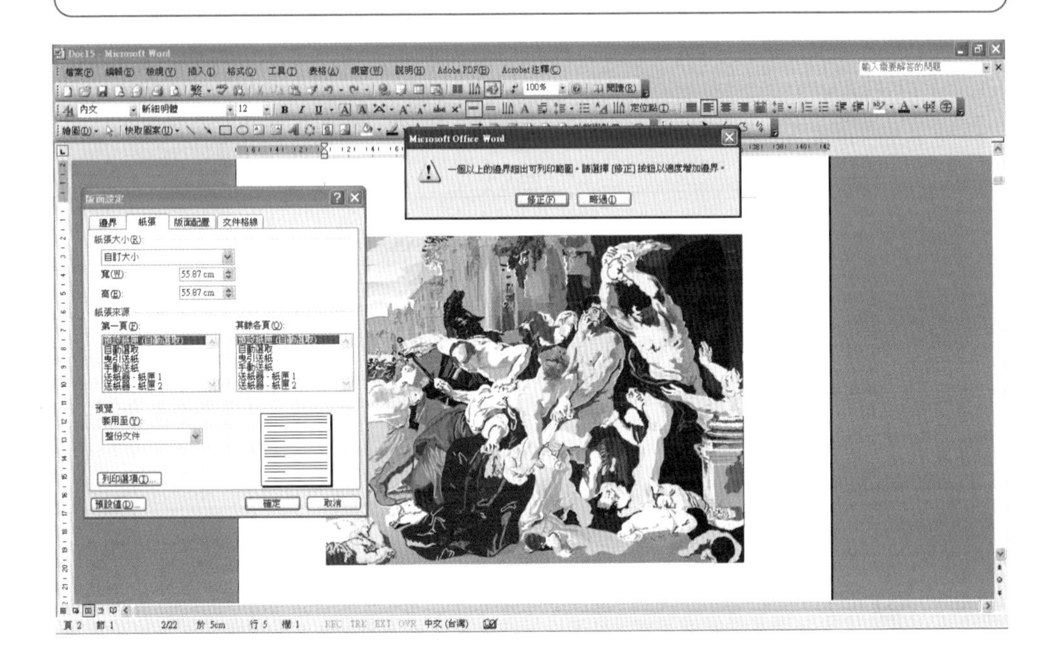

提示

這時對照原作品，僅佔一小塊。同樣如果原圖檔的解析度高、要進行精密的物件描繪作業時，也可以先將畫布的寬、高值設大，待作品完成後再進行同比例縮小。

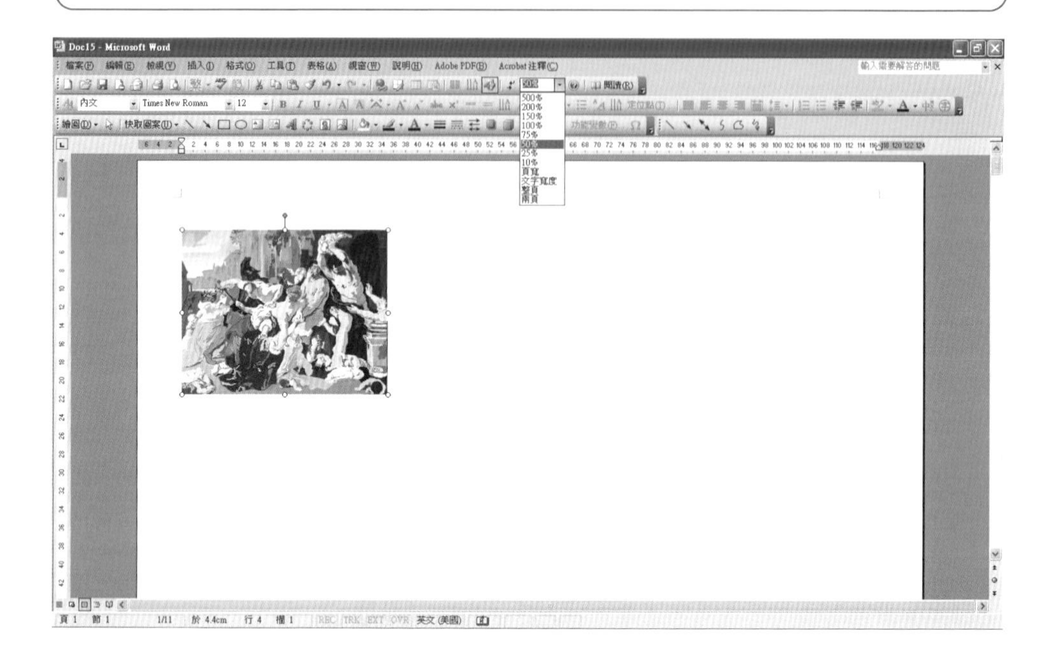

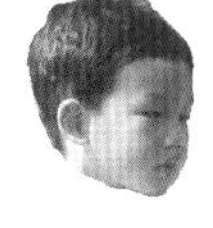

28 建築物

設計難度：★★★★★

擬真程度：80%

耗費時間：約 12 小時

設計重點

物件的縮放與透視技巧

Step_01 首先先插入一張要設計的圖檔(建築物檔名：0005-30)

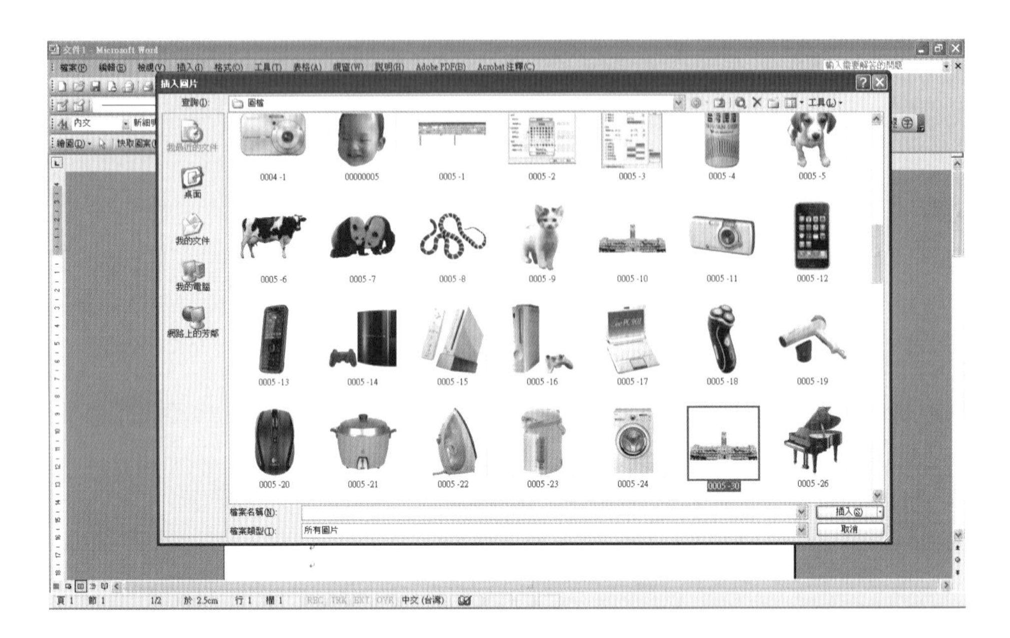

Step_02 改變插入物件(0005-30)屬性

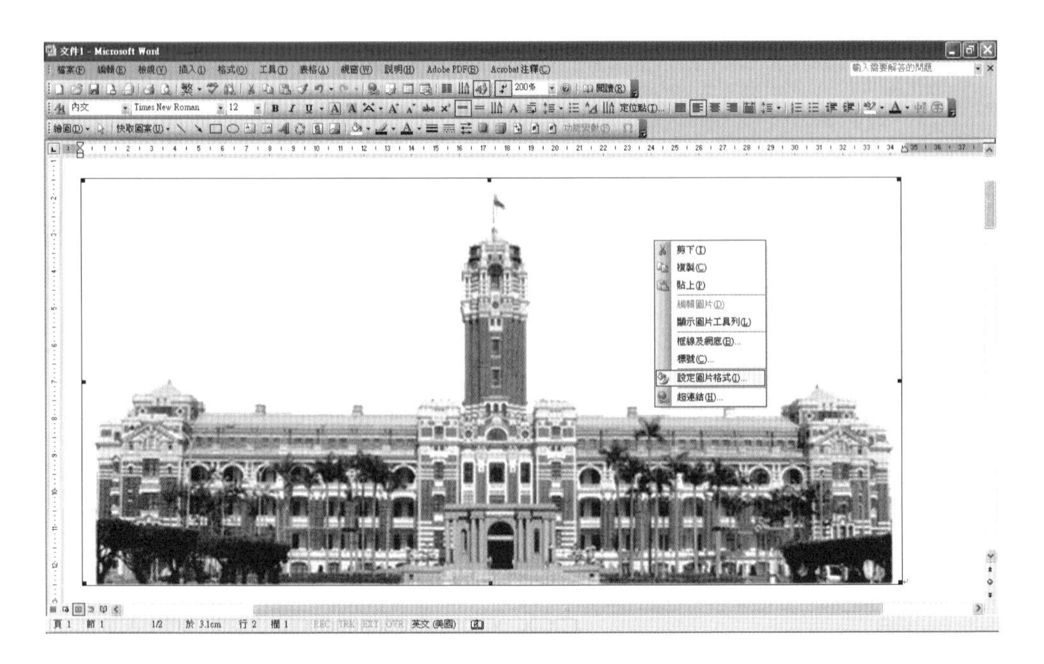

根據筆者經驗，由於處理建築物物件多且小，建議讀者採用分區放大處理方式進行，如下圖所示：

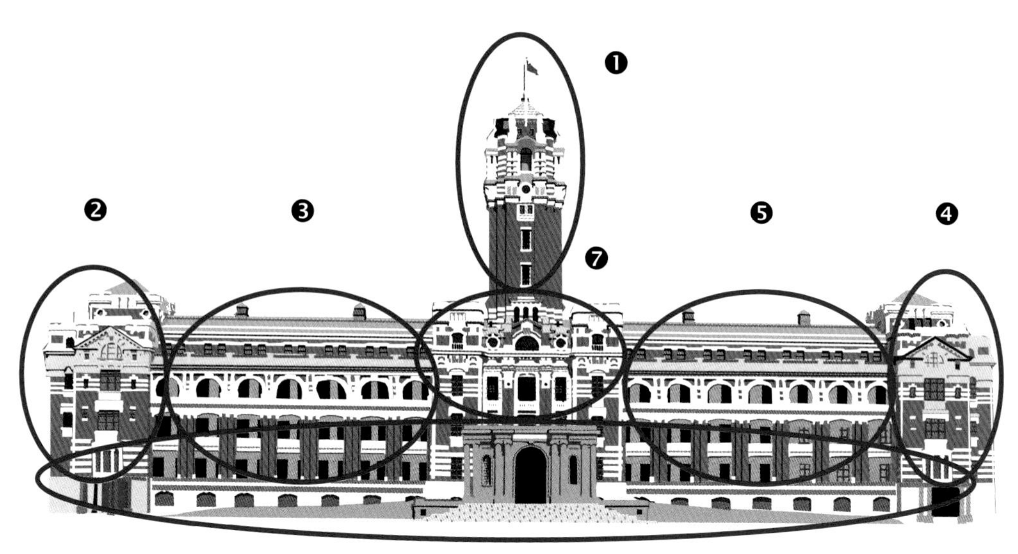

Step_03 依照設定群組的物件開始描繪物件線條

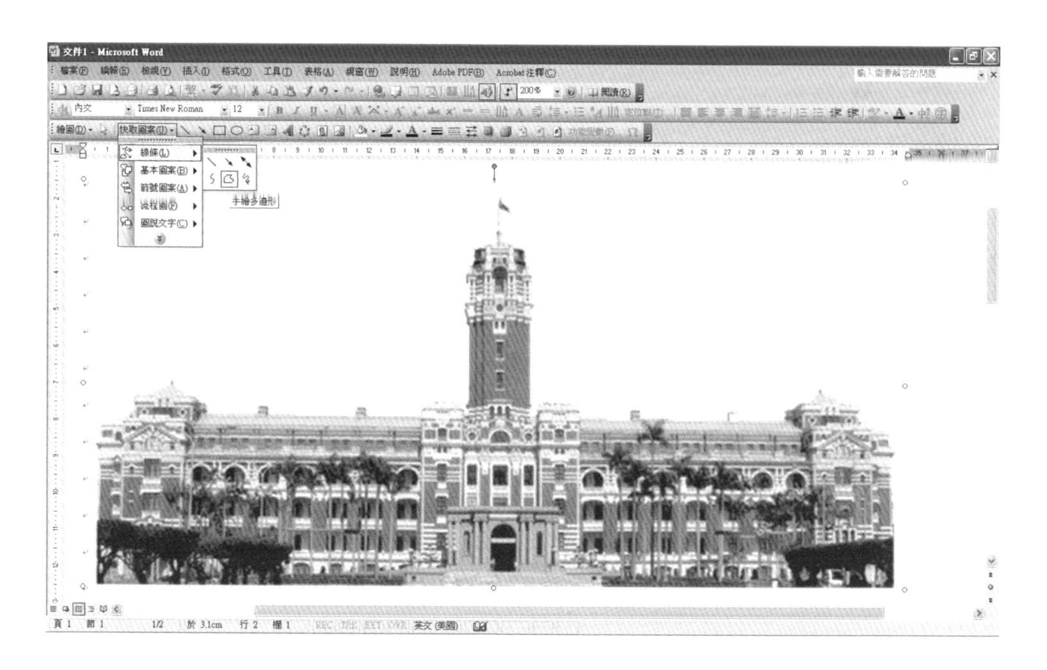

Step_04 完成主體物件的線條描繪，完成後對著物件連續點選兩下滑鼠左鍵叫出快取圖案格式對話方框

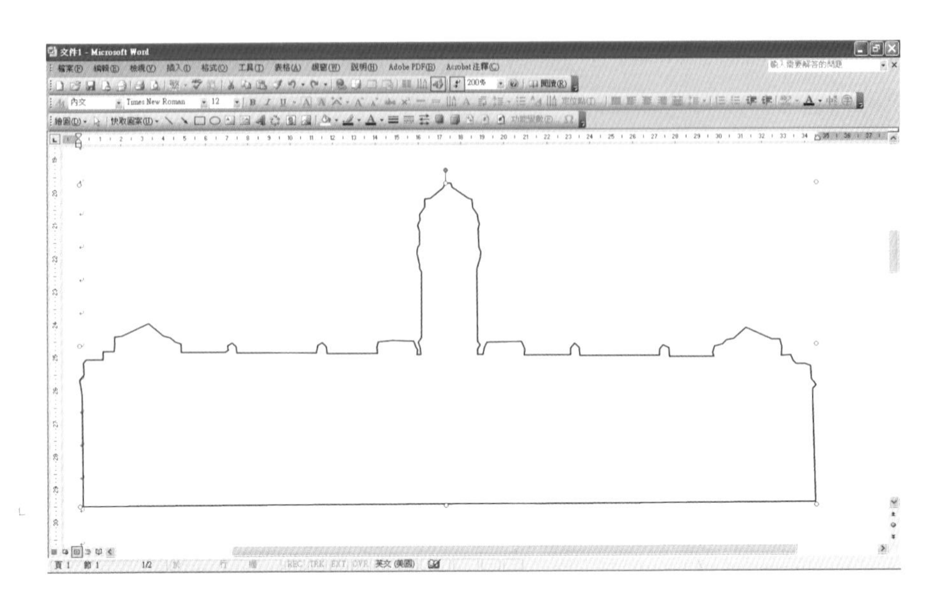

Step_05 進行填色動作

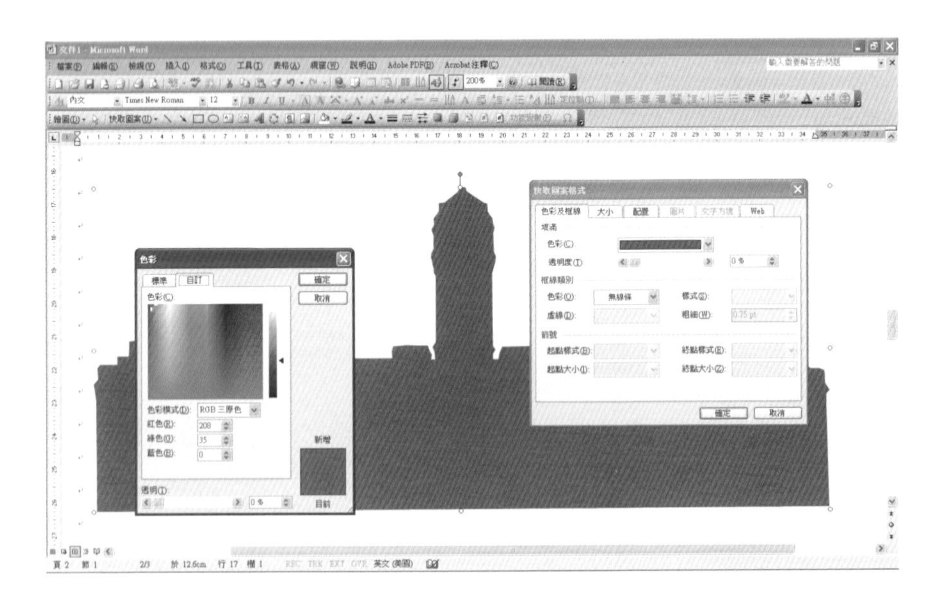

Step_06 調整顯示比例 360%與順序，將描繪完成的物件送到最下層

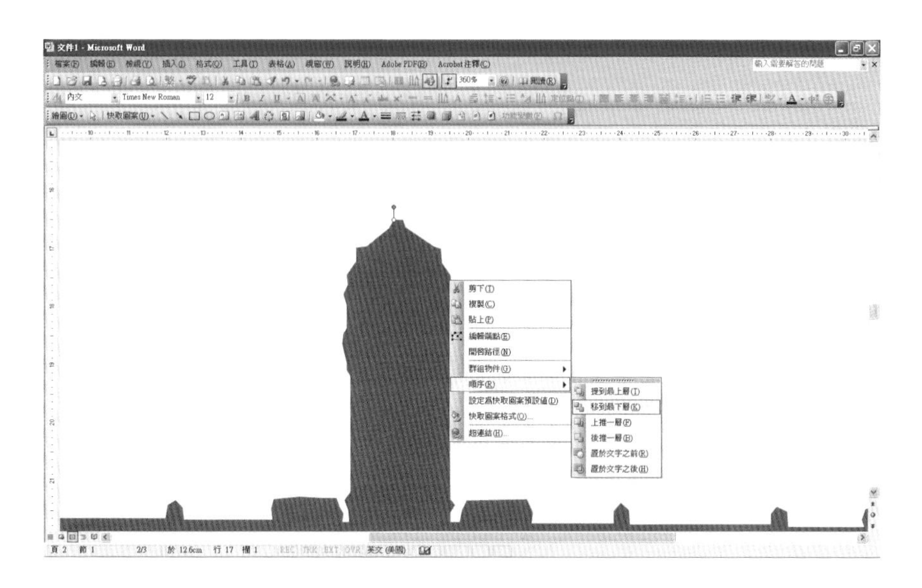

Step_07 露出原始圖檔，繼續用快取圖案內的線條與手繪多邊形描繪塔頂細部物件

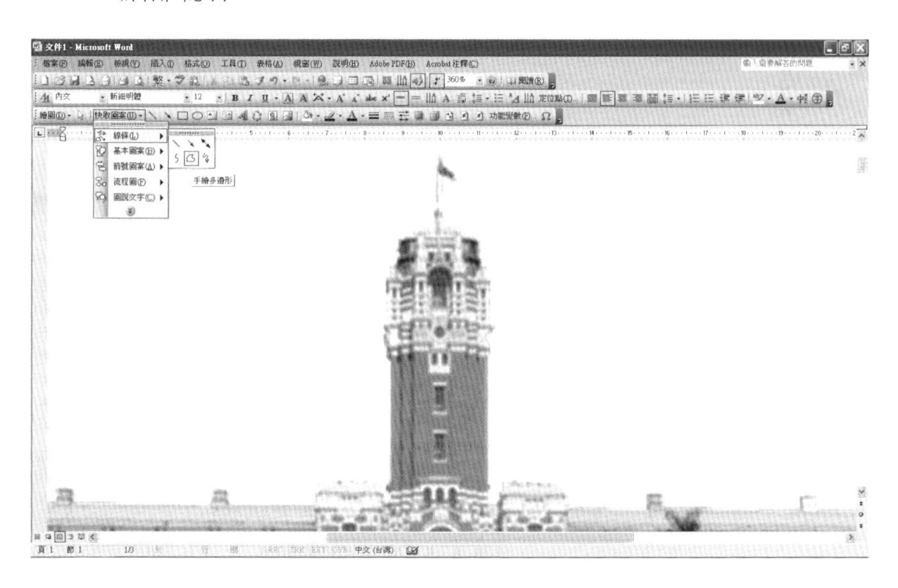

Step_08　白色部分建議不要設定透明度，陰影部份用黑色設定透明度在20%，建議每完成一區後盡量進行群組的動作

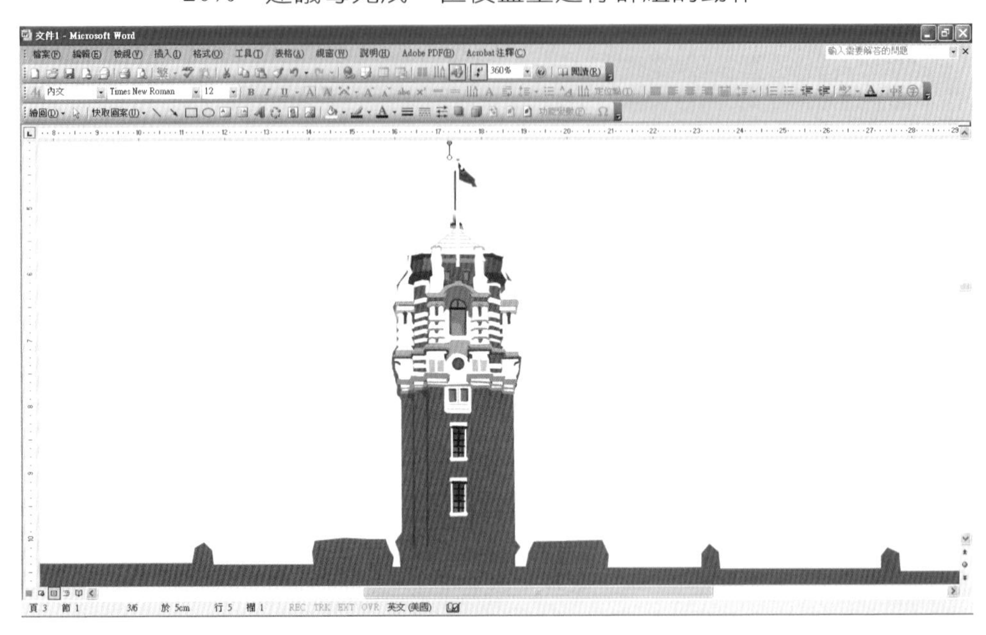

說明

先完成塔頂的描繪，整體外觀如下圖所示。

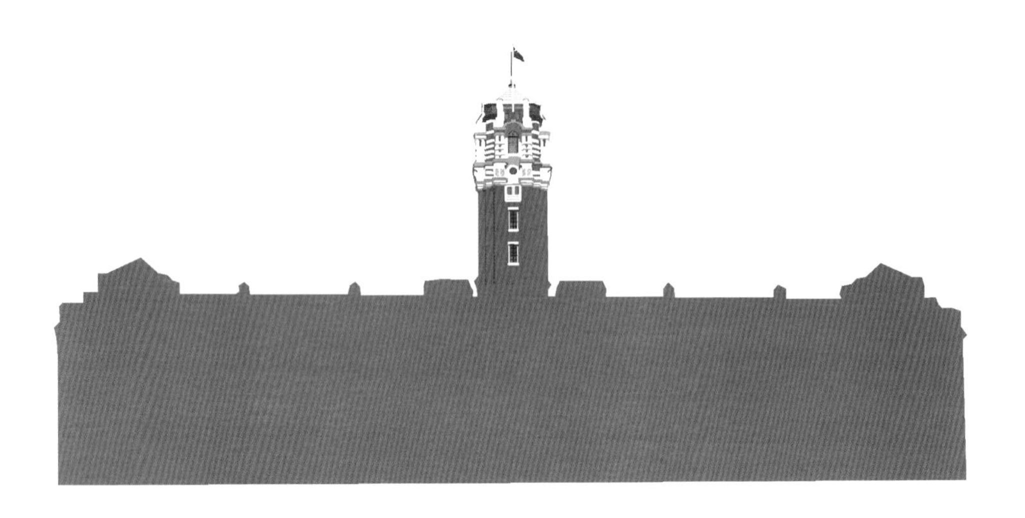

Step_09　接下來完成左側物件處理，作法與步驟八相同，同樣每完成一區後盡量進行群組的動作，然後再與背景主體結構進行一次群組

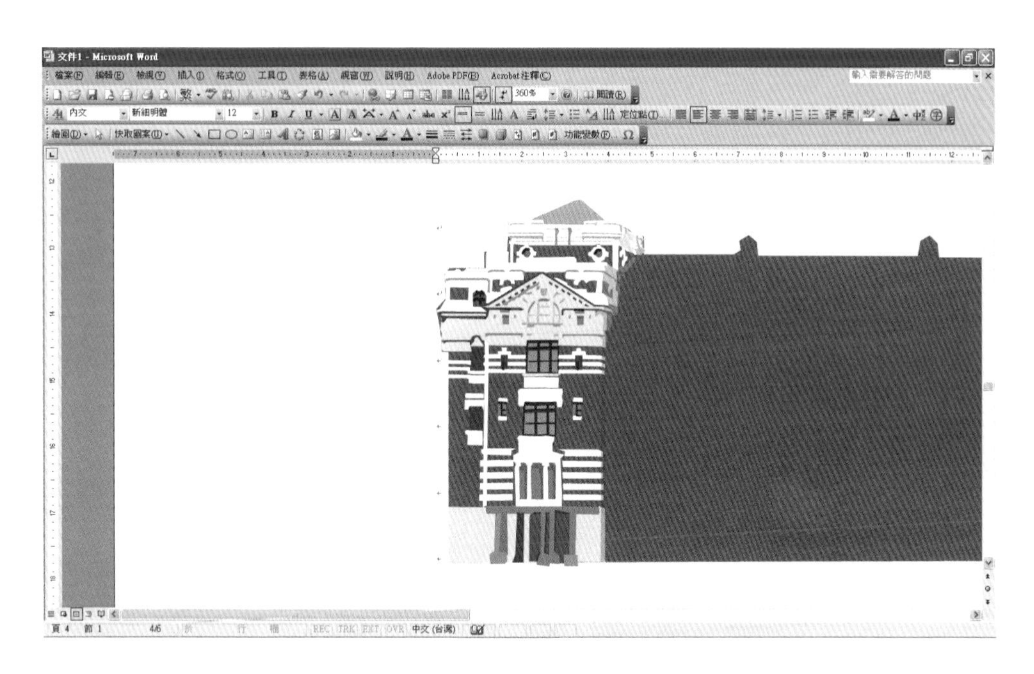

再來是完成左側區的描繪，整體外觀如下圖所示。

Step_10 接著可以繼續處理左邊區的物件，完成後同樣與背景主體結構進行一次群組

讀者對照原圖可以發現原本被樹木擋住的部份，因為與其他的結構類似，可以複製旁邊的物件或直接描繪，完成後通常看不出來有任何差異。

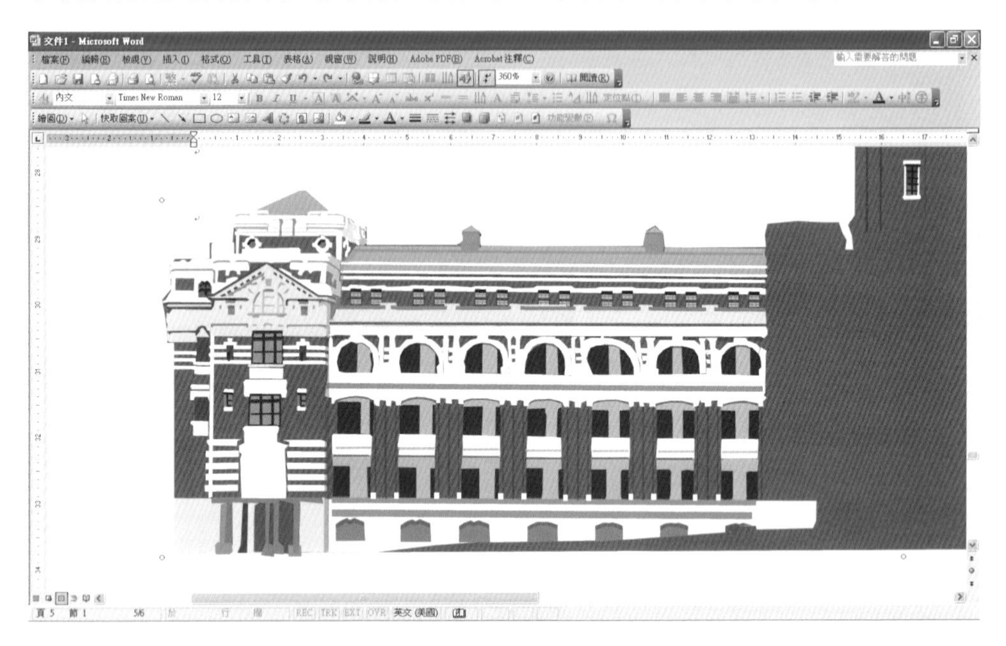

完成左側區與左邊區的描繪後，整體外觀如下圖所示。

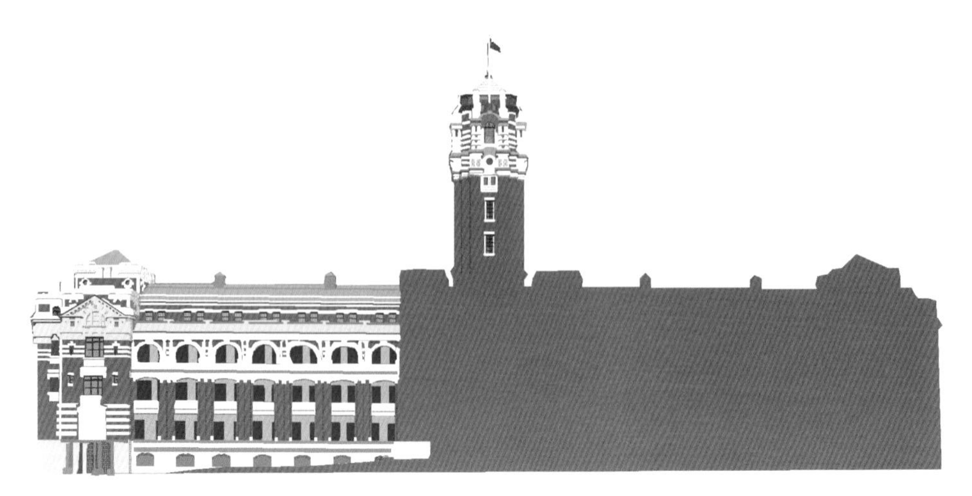

另一個方式可以藉由對稱關係，先完成右側區的描繪，對於作品不會有任何影響，整體外觀如下圖所示。

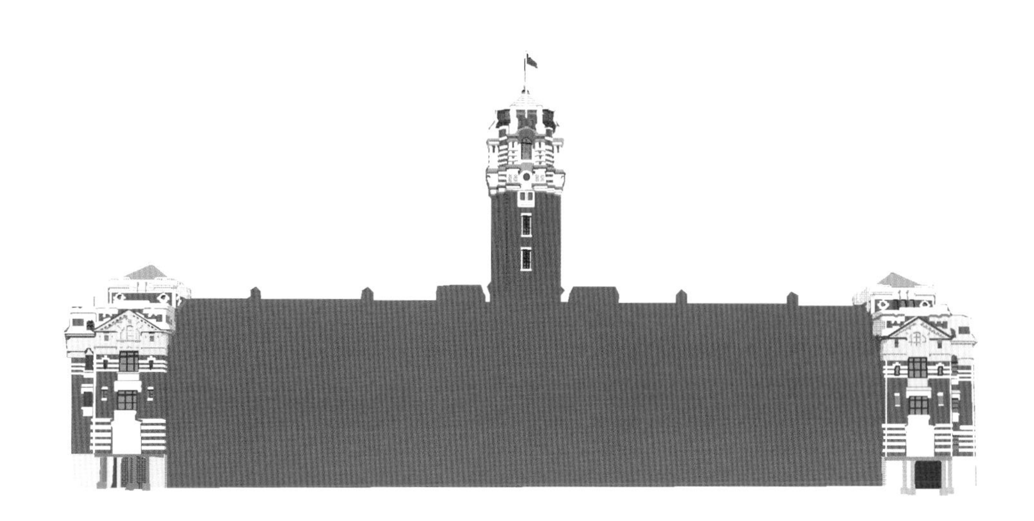

Step_11　繼續前面說明，處理右邊區的物件，完成後請記得與背景主體結構進行一次群組

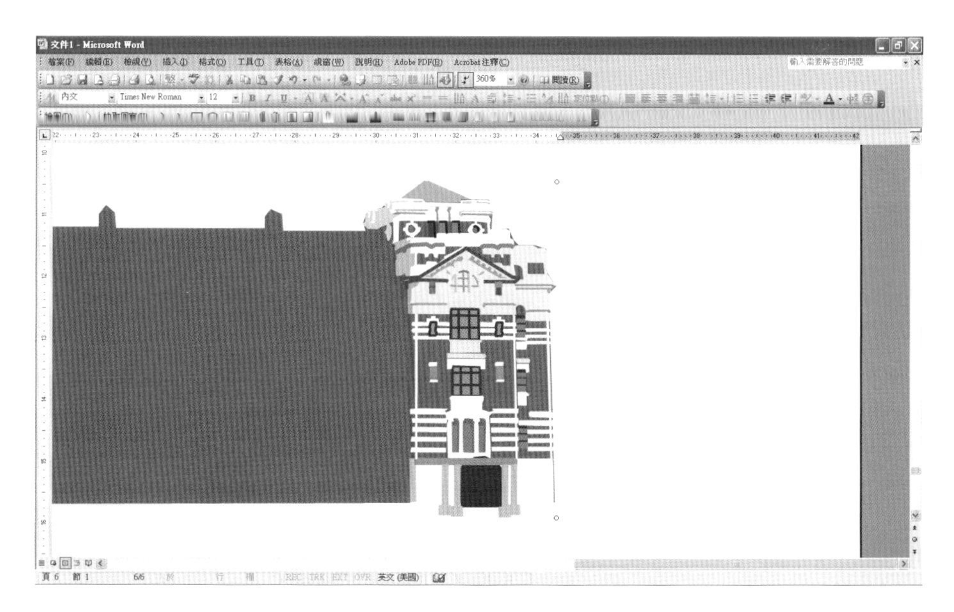

完成右側區的描繪後，整體外觀如下圖所示。

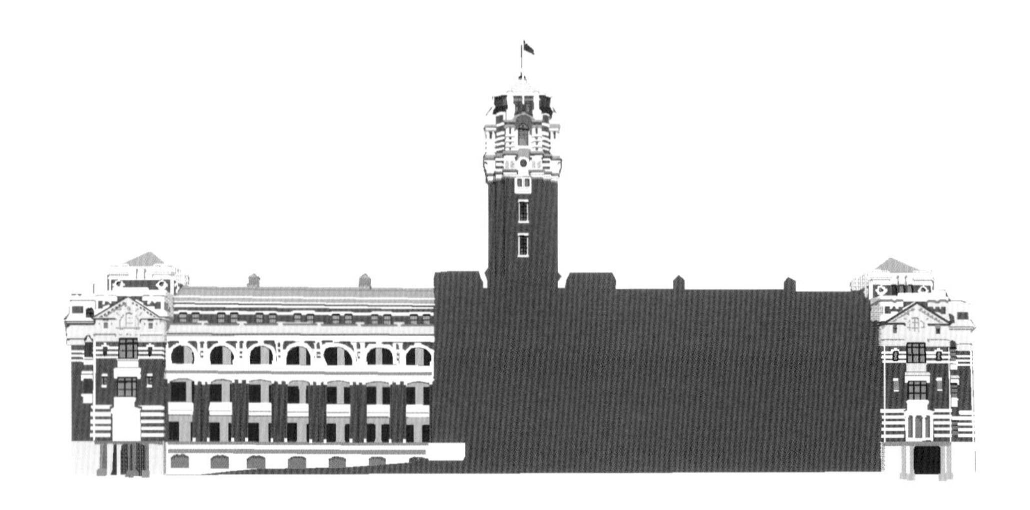

Step_12 同樣對右邊區的物件進行描繪，完成後也與背景主體結構進行一次群組

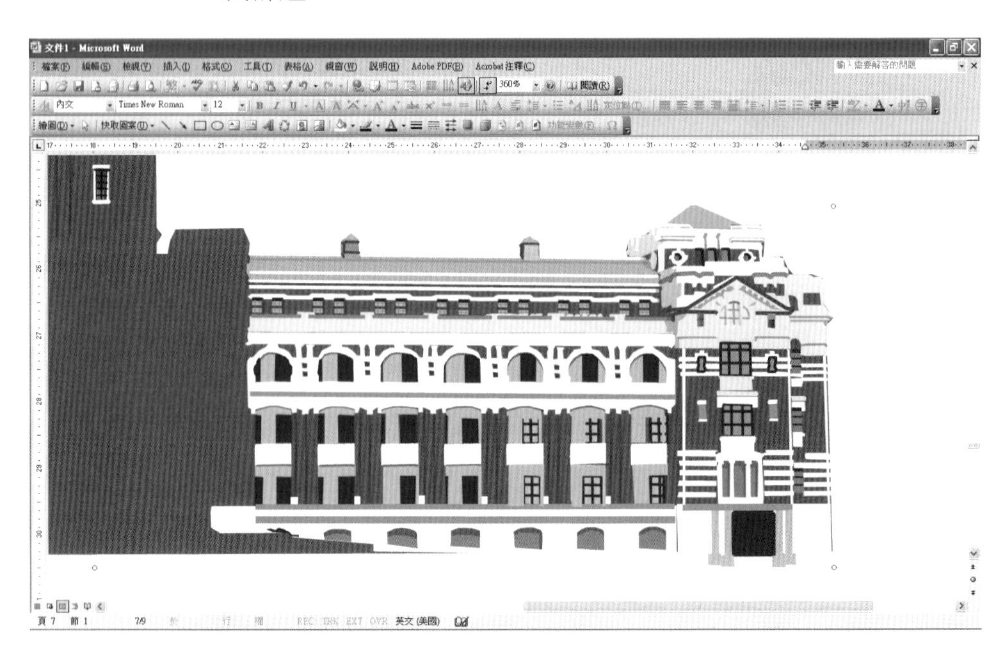

到此步驟已經快接近尾聲，只剩中間與下面部份需要處理，整體外觀如下圖所示。

Step_13　下方的物件比較簡單，建議優先處理，完成後記得與背景主體結構進行一次群組

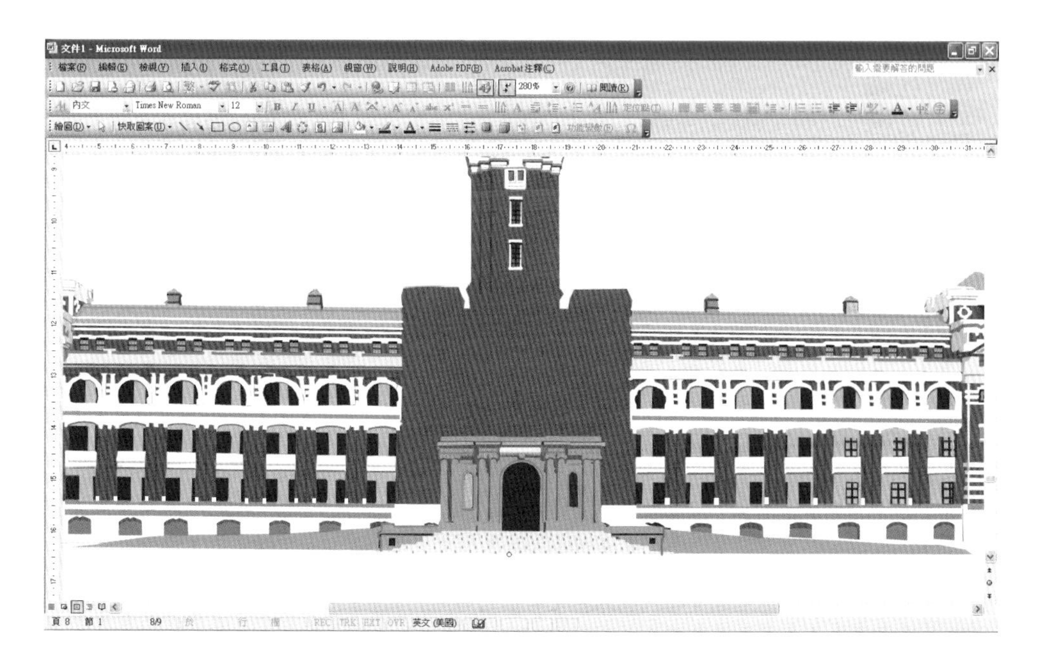

完成下方物件，整體外觀如下圖所示。

Step_14　中間區塊的結構體較複雜，建議放大顯示比例 400%，完成後同樣與背景主體結構進行一次群組

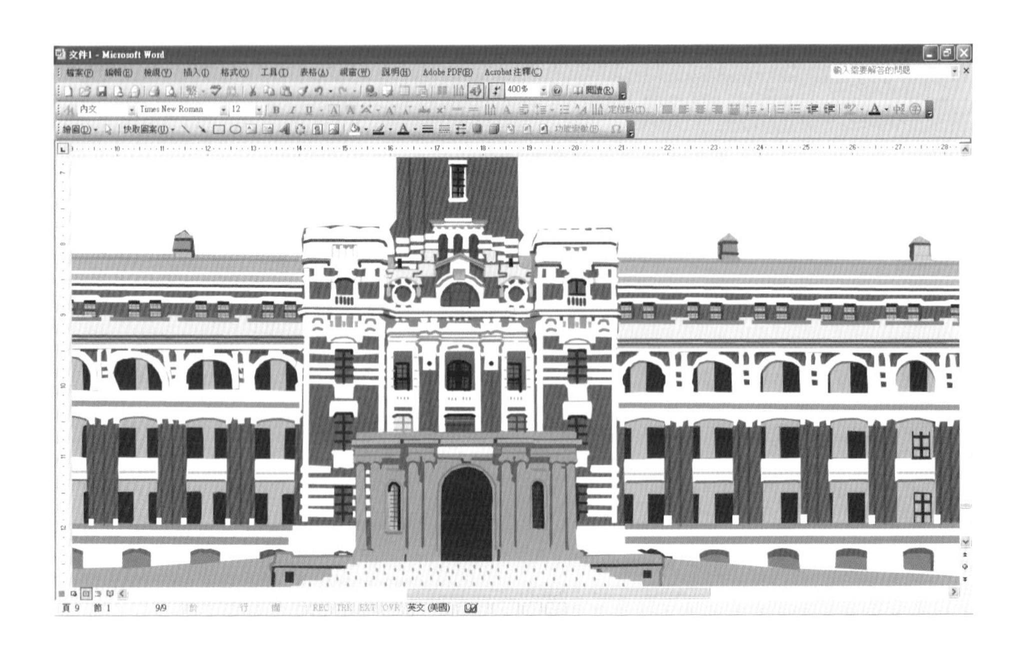

Step_15 完成總統府作品

筆者在畫總統府時較其他摩登辦公大樓費時間，因為處理的物件較多且細緻。通常其他建築物的設計時間，都儘量控制在 1 小時內完成，因為太多物件組成也會造成作品實用性不高(佔記憶體)。

筆記頁

Part 6
特效篇

當讀者學會以上基本物件的描繪技巧時，就可以利用所完成的作品來進行很多好玩的特效，而且完成這些酷炫效果所花費的時間平均不到 30 秒，開始享受吧！

- **29 倒影**
- **30 放大重疊**
- **31 對稱變色**
- **32 多物件複製排列**
- **33 同比例快速製作**

29 倒影

作品名稱：奔馳中的火車倒影

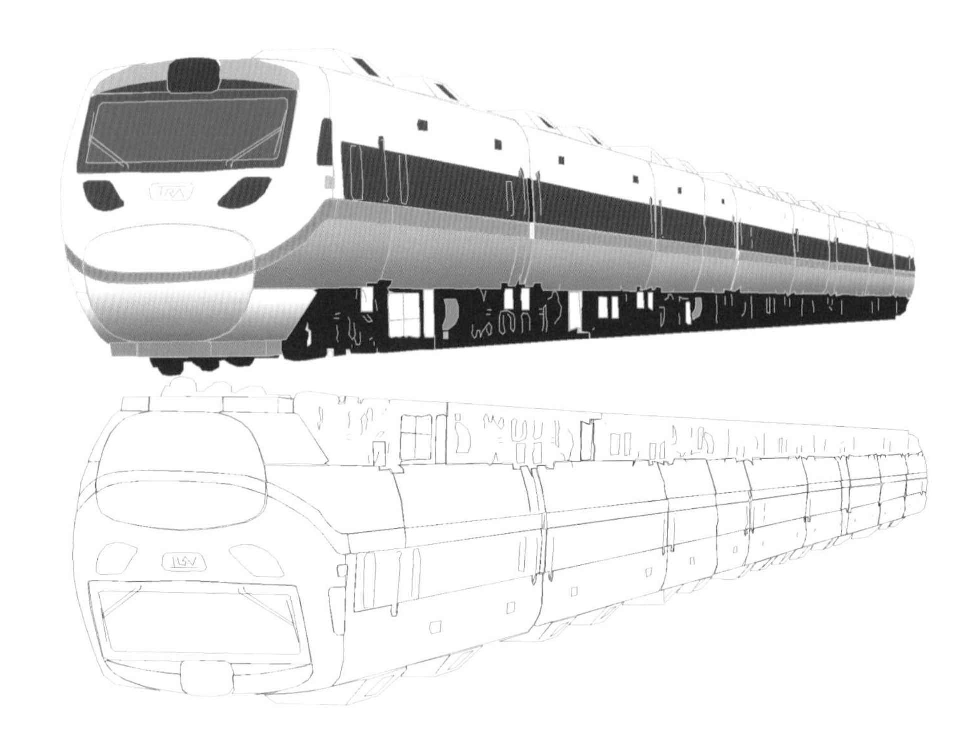

1 複製物件，點選標的物件 Ctrl + C ➔ Ctrl + V。

2 再快速連續點選標的物件，出現「格式化物件」對話方框，到「色彩及框線」欄位➔「填滿」區的「色彩(C)」選擇「無填滿」；「框線類別」區的「色彩(O)」選擇「黑色」。

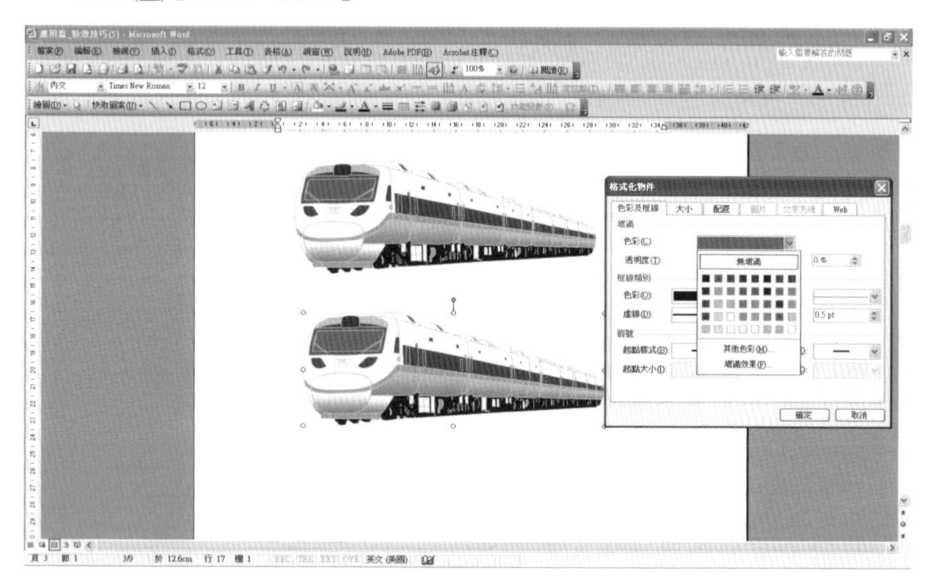

3 標的物件變成純線條的物件，點選標的物件，用滑鼠拖曳正上方的綠色控制鈕，當出現「↕」符號時往下方拖曳，如下圖所示。

4 放開後即完成倒影作品。

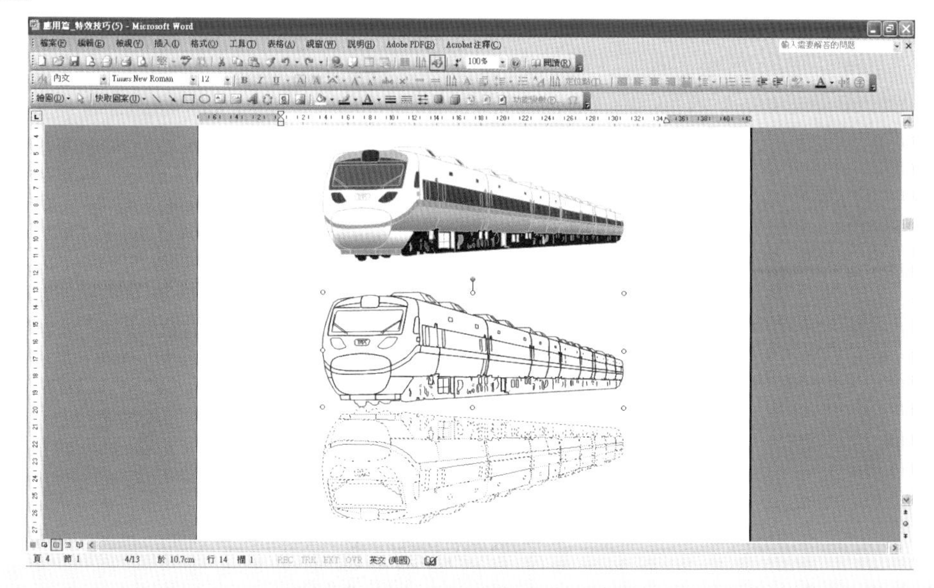

30 放大重疊

作品名稱：邁向未來的高鐵

1 複製物件，點選標的物件 Ctrl + C ➔ Ctrl + V 。

2 再快速連續點選標的物件，出現「格式化物件」對話方框，到「色彩及框線」欄位➔「填滿」區的「色彩(C)」選擇「綠色(或任一顏色)」；「框線類別」區的「色彩(O)」選擇「淺灰色」。

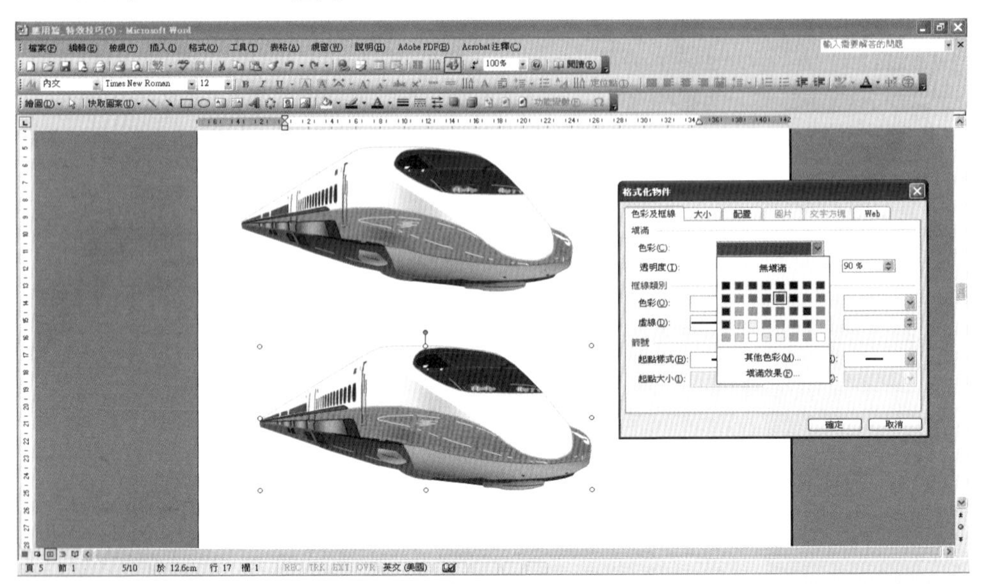

3 按確定後回到上一層，將「填滿」區的「透明度(T)」值設定為 95% 。

4 點選標的物件，用滑鼠拖曳右下角的控制鈕，當出現「↕」符號時，再按住 Shift + Alt 並且往右下方拖曳，如下圖所示。

5 移動新完成的物件到原物件上方，放開後即完成未來感的作品。

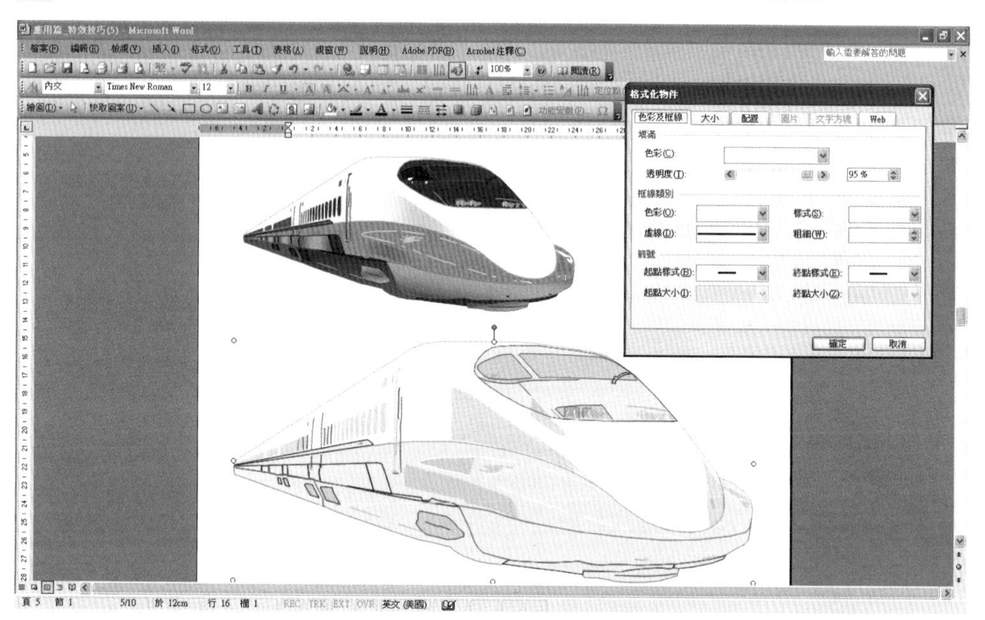

31 對稱變色

作品名稱：陣容堅強的巴士

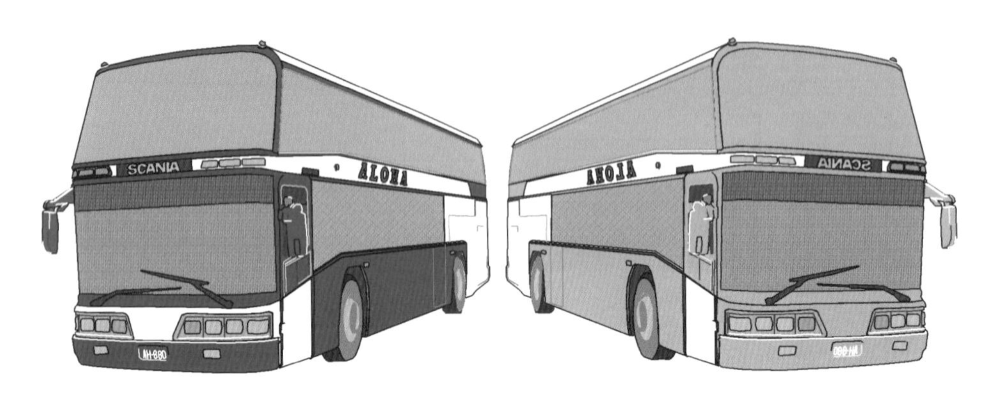

1 複製物件，點選標的物件 Ctrl + C ➔ Ctrl + V 。

2 按住 Shift 先點選一次要更換顏色的物件，出現八個小白圈，接著再重覆一次動作，此時只有被點選的物件出現八個灰色打叉小圈圈。再快速連續點選標的物件，如果是一次點選，記得連擊的動作要在最後一個，否則最後一個的選取狀態會消失。

3 出現「快取圖案格式」對話方框，選擇替換的紫色。

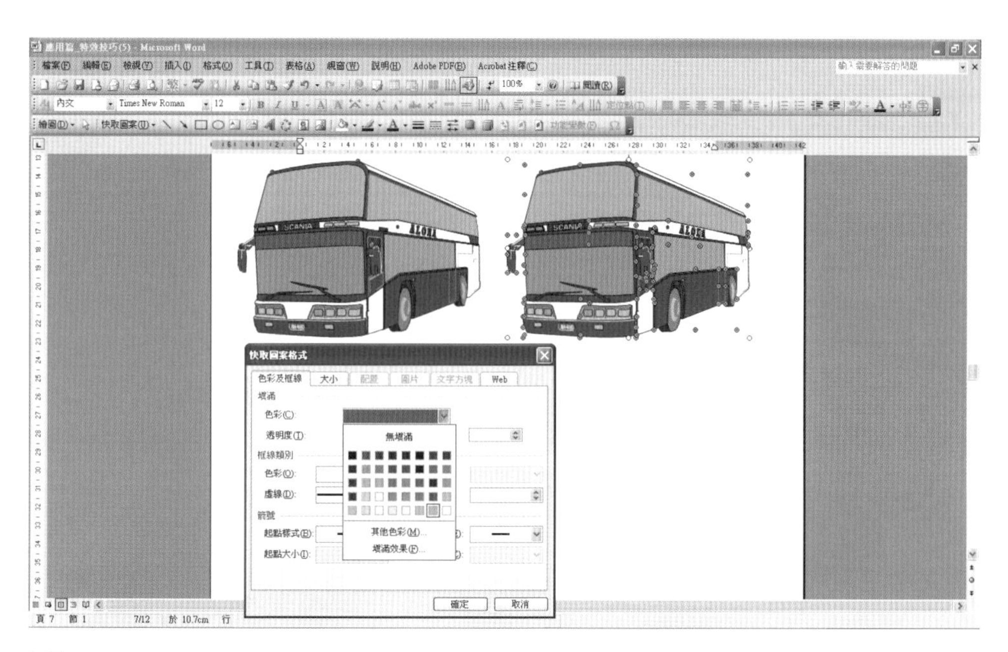

4 當標的物件改變部分物件顏色後，點選標的物件，用滑鼠拖曳左邊中間的小白圈控制鈕，當出現「↔」符號時往右方拖曳，如下圖所示。

5 放開後即完成快速複製作品。

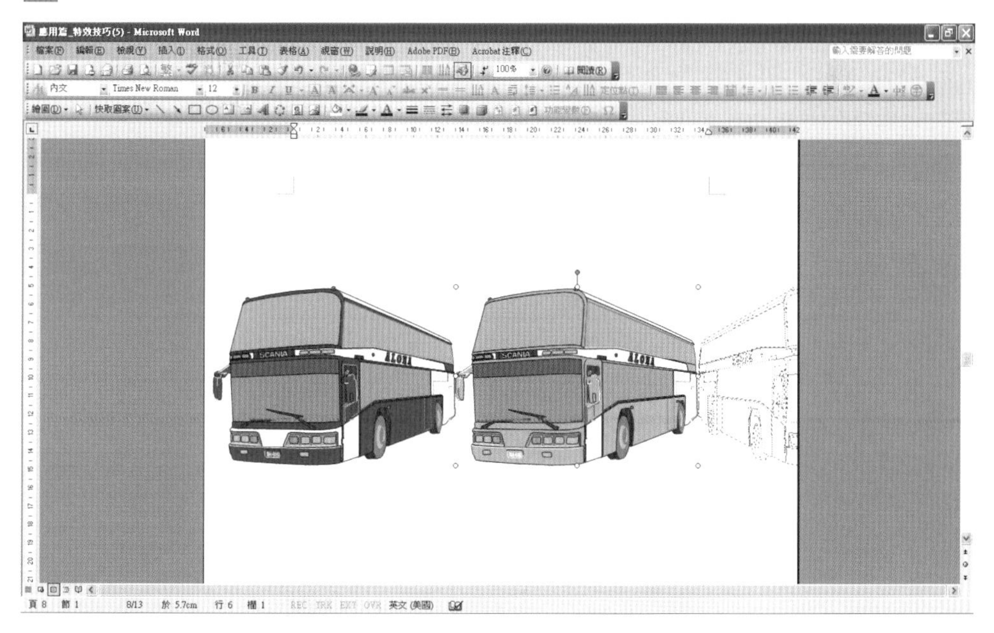

32 多物件複製排列

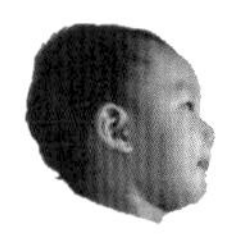

作品名稱：排列整齊的警車

1 複製三個物件，點選標的物件 Ctrl + C ➔ Ctrl + V 三次。

2 依照遠近比例調整物件尺寸，原則上愈後面愈小。

3 愈後面複製的物件代表愈上層，從第二個依次快速連續點選標的物件，叫出「快取圖案格式」，到「大小」欄位內勾選「大小比例」區的「鎖定長寬比」。

4 再到「大小及旋轉」區的高度遞減原值的 5%，後續的物件同樣按比例遞減。

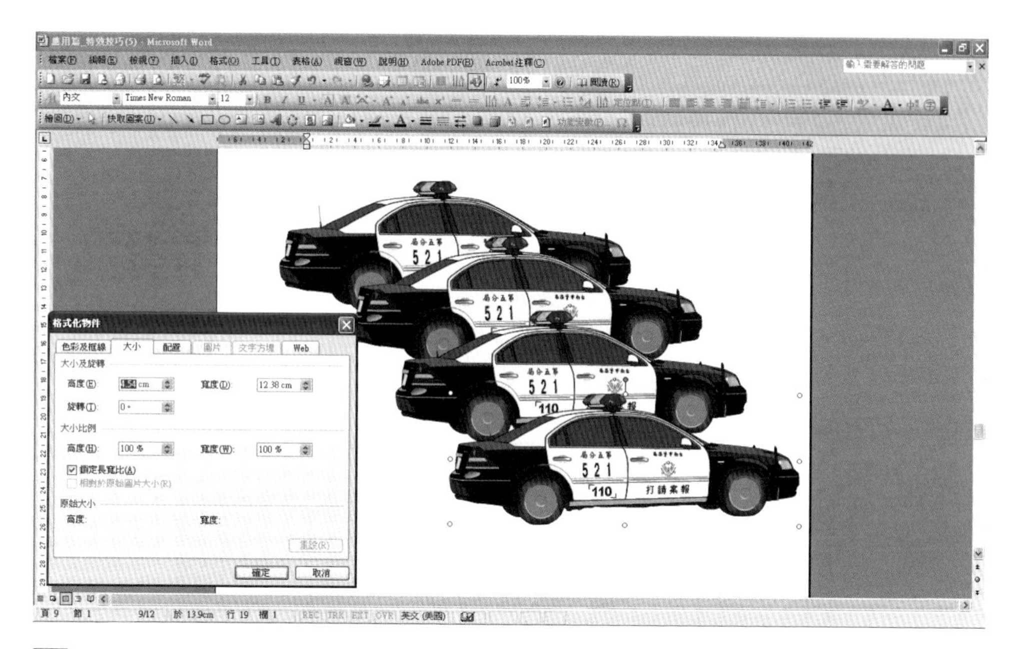

5 萬一複製物件順序錯誤時，記得按右鍵使用「順序(R)」功能調整即可。

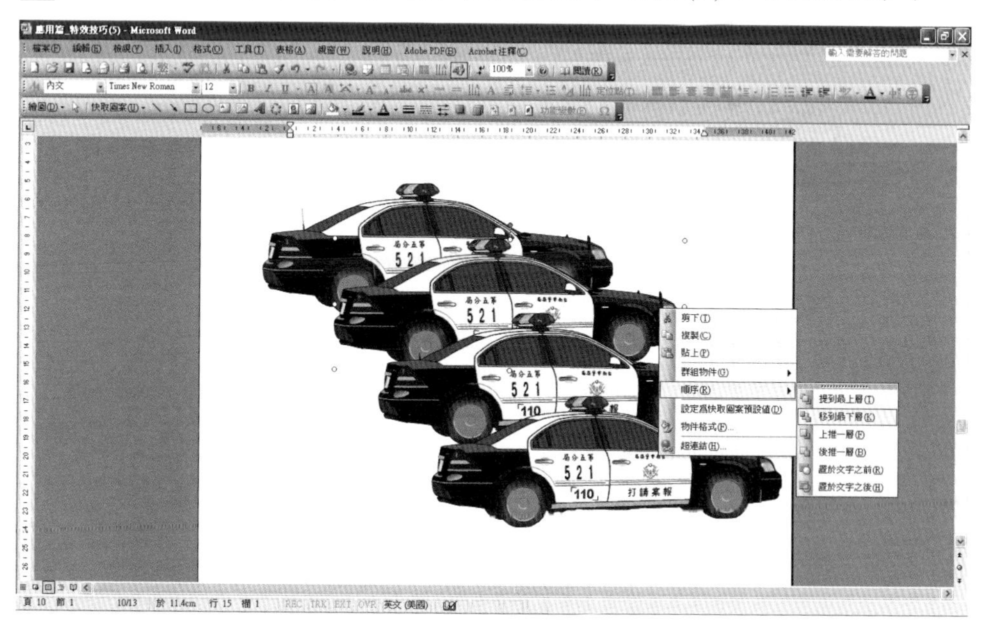

33 同比例快速製作

作品名稱：展示中的高級跑車

1. 複製物件，點選標的物件 Ctrl + C ➔ Ctrl + V。
2. 點選標的物件，用滑鼠拖曳正上方的綠色控制鈕，當出現「↕」符號時往下方拖曳，如下圖所示。超過底下界線後任意放開。

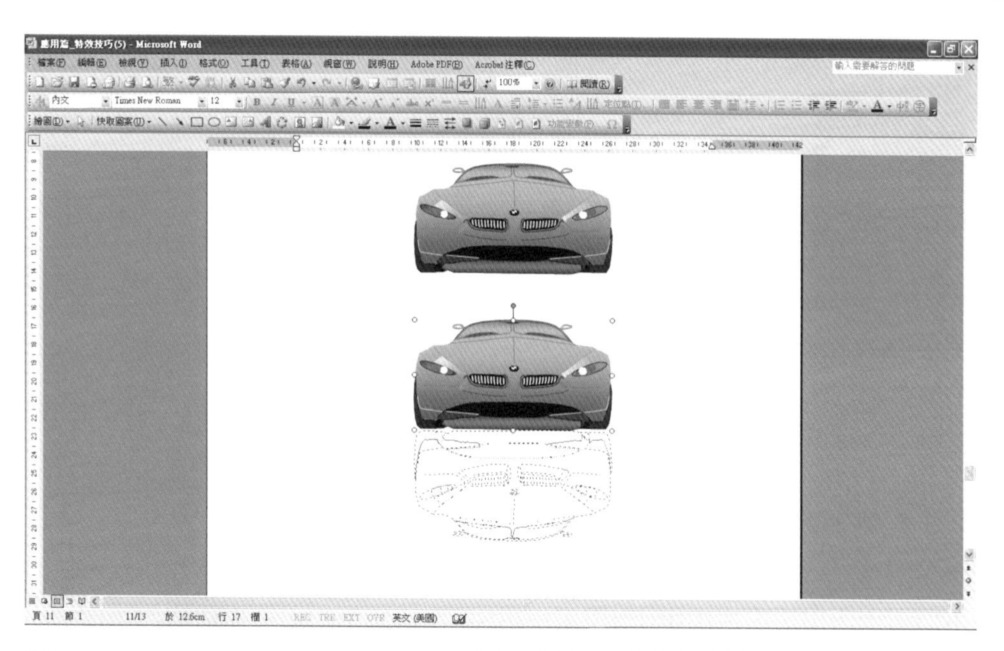

3 點選複製物件，點選標的物件 Ctrl + C ➔ Ctrl + V 。

4 再快速連續點選原物件，到「大小」欄位內先記住數值。

5 再點選下方物件，同樣到「大小」欄位內先勾選「大小比例」區的「鎖定長寬比」，接著再輸入剛剛背下來的長度值即可。

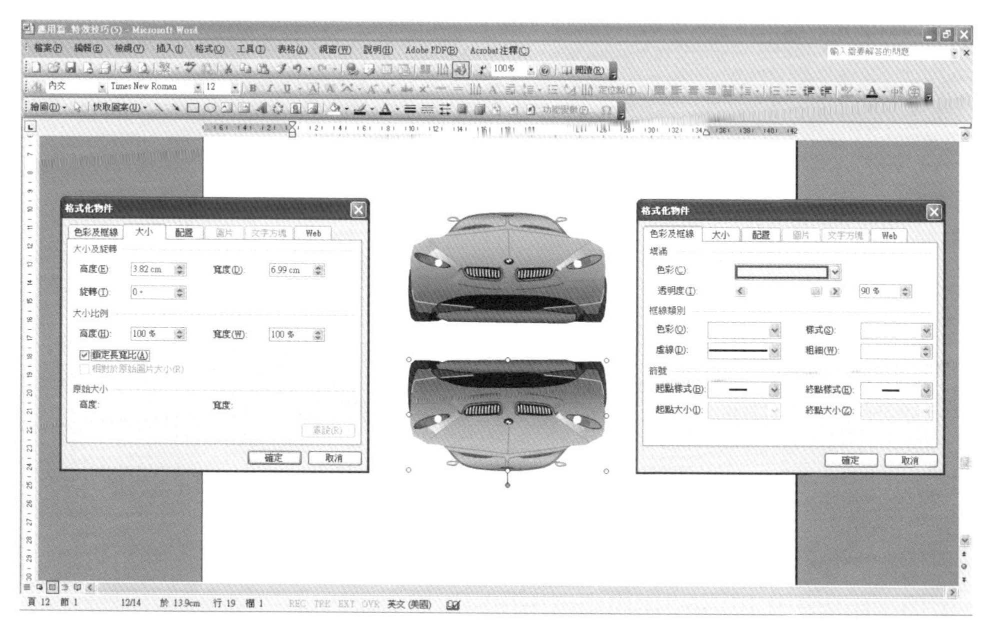

筆記頁

Part 7 應用篇

一份好的企劃案或建議書、簡報等，通常需要利用情境(Scenario)的描述來引導聽者或閱讀者進入故事中。過去受限於 Office 物件設計技巧或原廠品質無法呈現出質感，因此當讀者學會本書之各項繪圖技巧之後，便可以任意搭配物件組合，呈現豐富的應用情境了。

另外根據筆者工作經驗，好的情境描述主要包含以下三大元素，就是「人」、「物」與「景」，以下茲舉幾個過去作品實例提供讀者參考：

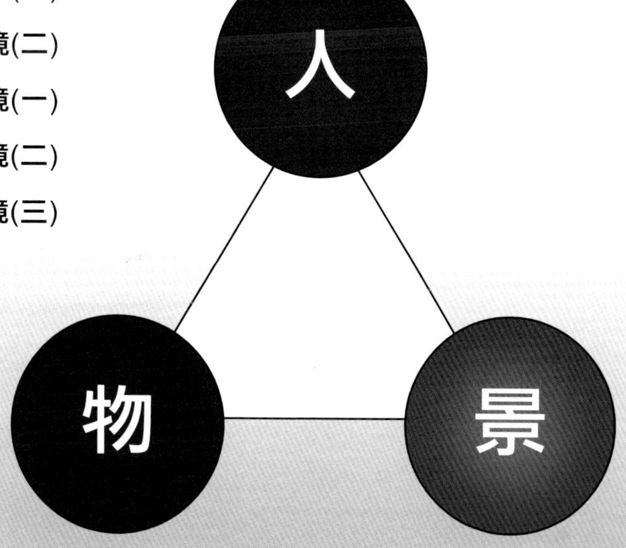

34 物件組合說明

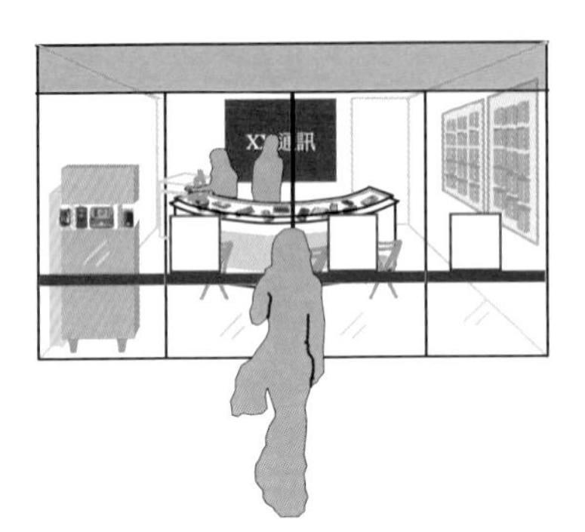

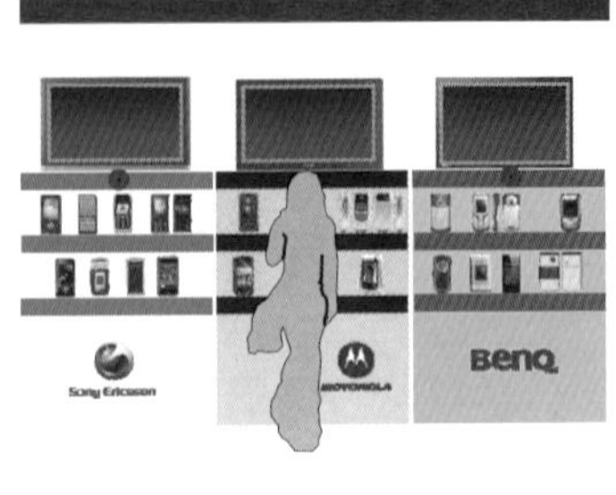

同一個場景與人物但做不同動作

同一區域但更換不同人物與物品說明前後差異

同一背景加一前景形成不同視角與深度

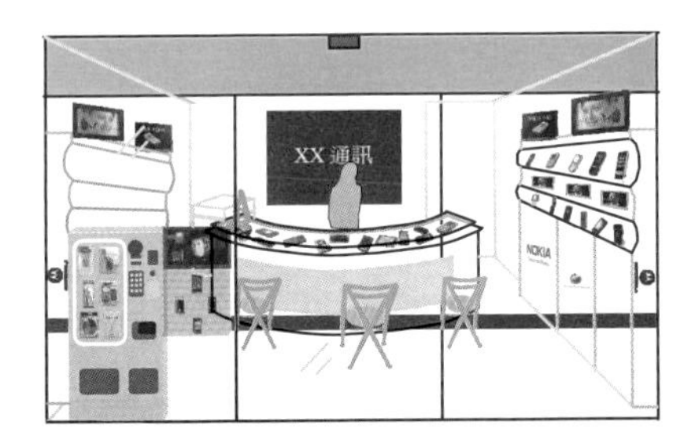

35 場景主導的情境

運用連續性的場景讓讀者自行產生情境聯想

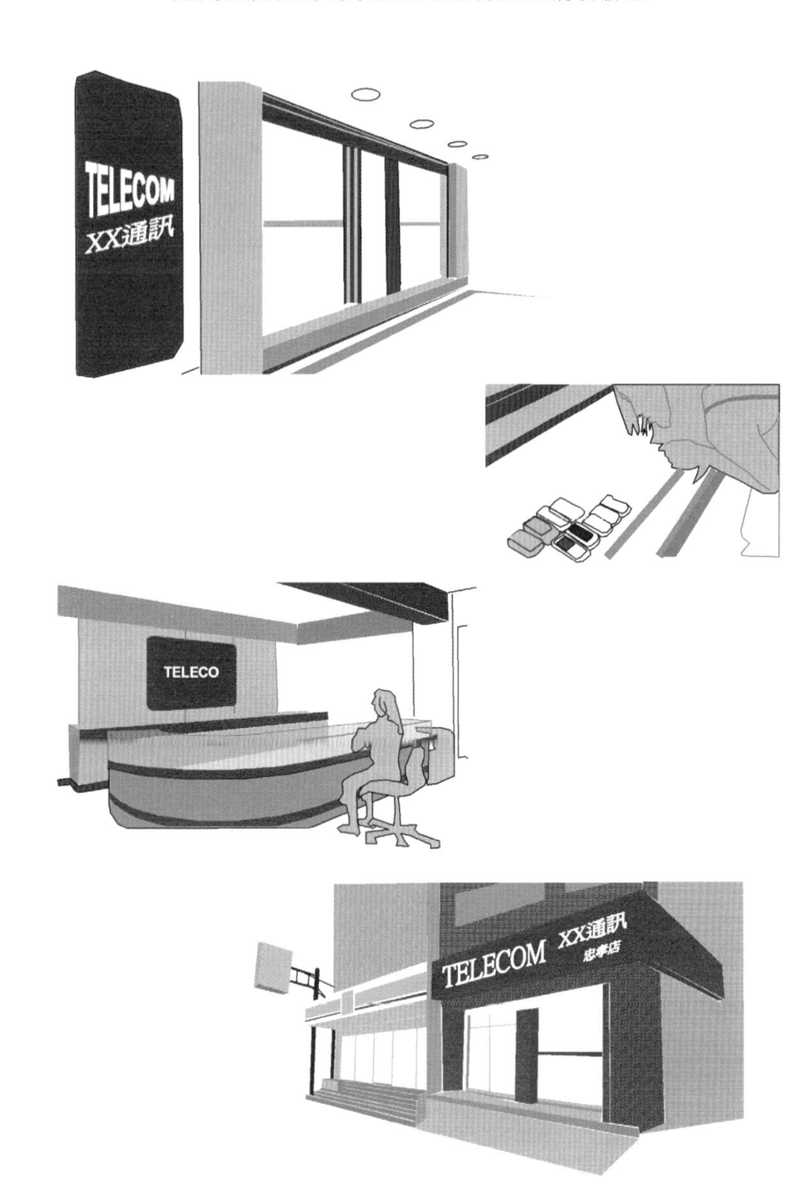

36 物品主導的情境(一)

僅有單純與場景很難讓讀者聯想正確的表達情境

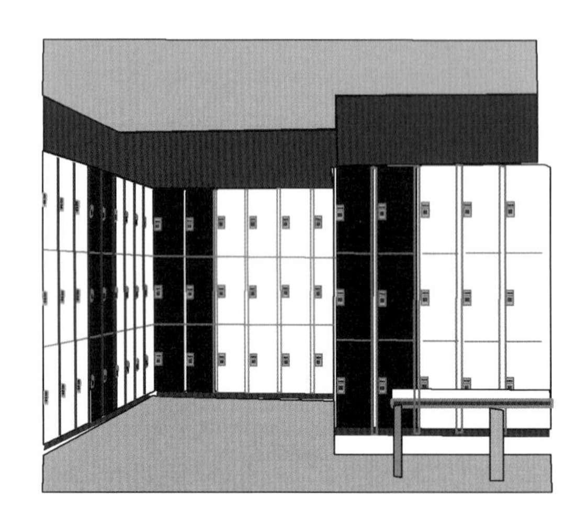

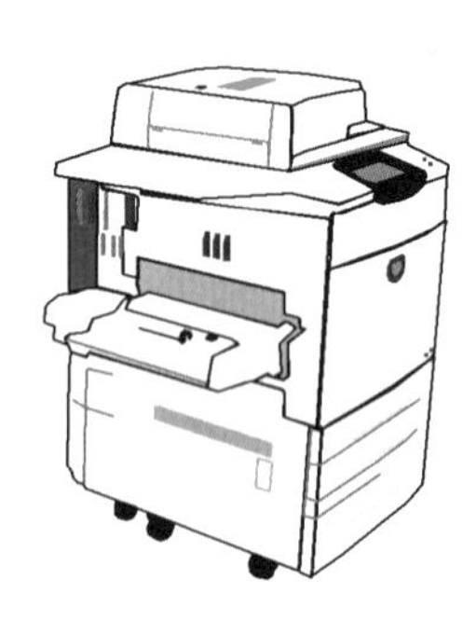

洗衣店？

健身俱樂部？

…

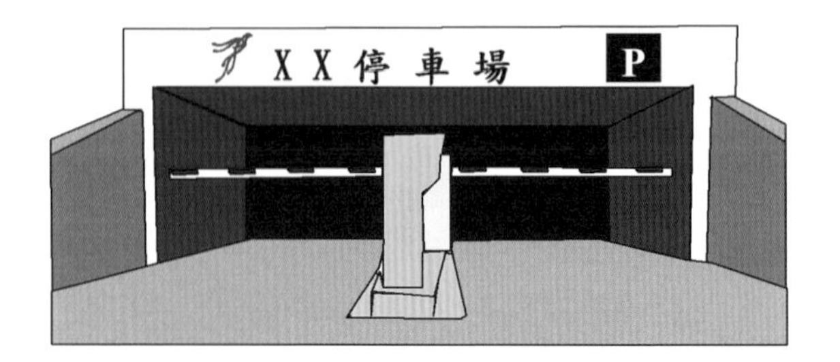

37 物品主導的情境(二)

加入其他元素後，讀者自然聯想到先前設施真正應用的場所

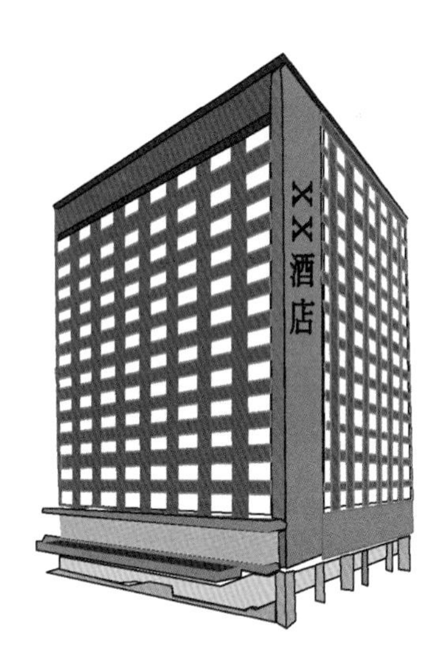

38 人物主導的情境(一)

僅有單純人物活動很難讓讀者聯想正確的場所

39 人物主導的情境(二)

加入設施後逐漸出現輪廓但還是讓讀者很難直接聯想正確的場所

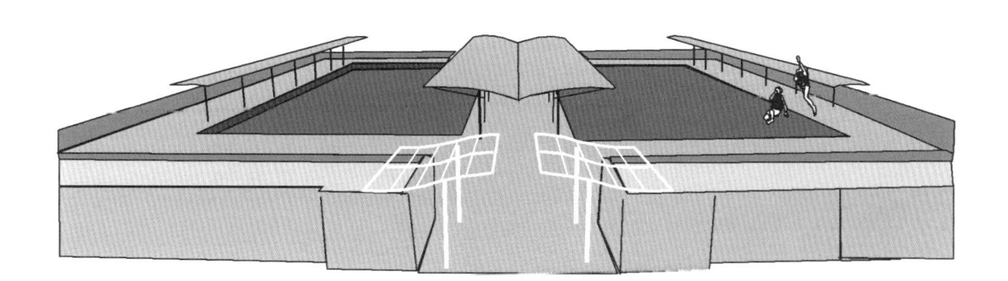

40 人物主導的情境(三)

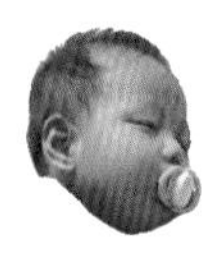

加入學校場景後讀者就可以清楚聯想要表達的情境

41 機場情境

由人物景組成的場景容易讓讀者直接聯想要表達的情境

42 戶外活動情境

簡單的戶外活動情境

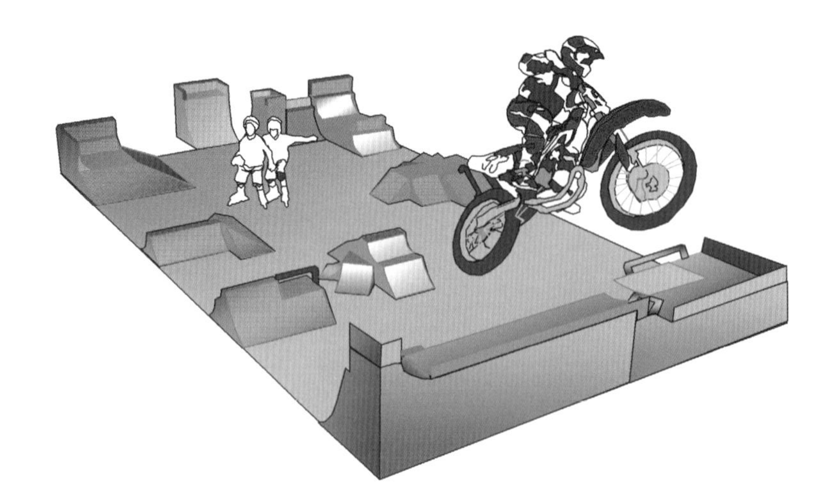

43 零售業情境

零售業常用的物件元素加以組合就可以形成簡單的科技應用情境

筆記頁

Part 8
索引篇

- 44 運動系列(一)
- 45 運動系列(二)
- 46 運動系列(三)
- 47 運動系列(四)
- 48 美少女系列
- 49 商業系列(一)
- 50 商業系列(二)
- 51 台灣系列(一)
- 52 單車系列
- 53 旅遊系列
- 54 購物系列
- 55 青年系列(一)
- 56 青年系列(二)
- 57 兒童系列
- 58 音樂系列
- 59 職業系列
- 60 零售系列

44 運動系列(一) Sport series 01.doc

45 運動系列(二) Sport series 02.doc

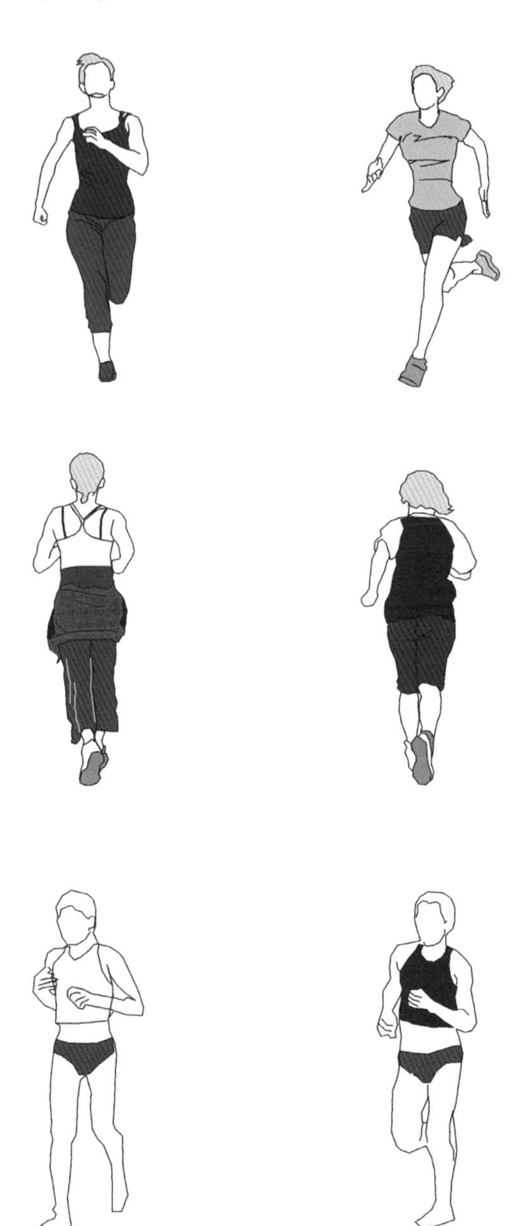

46 運動系列(三) Sport series 03.doc

47 運動系列(四) Sport series 04.doc

48 美少女系列 Girl series 01.doc

49 商業系列(一) Business series 01.doc

50 商業系列(二) Business series 02.doc

51 台灣系列 Taiwan series 01.doc

52 單車系列 Bike series 01.doc

53 旅遊系列 Travel series 01.doc

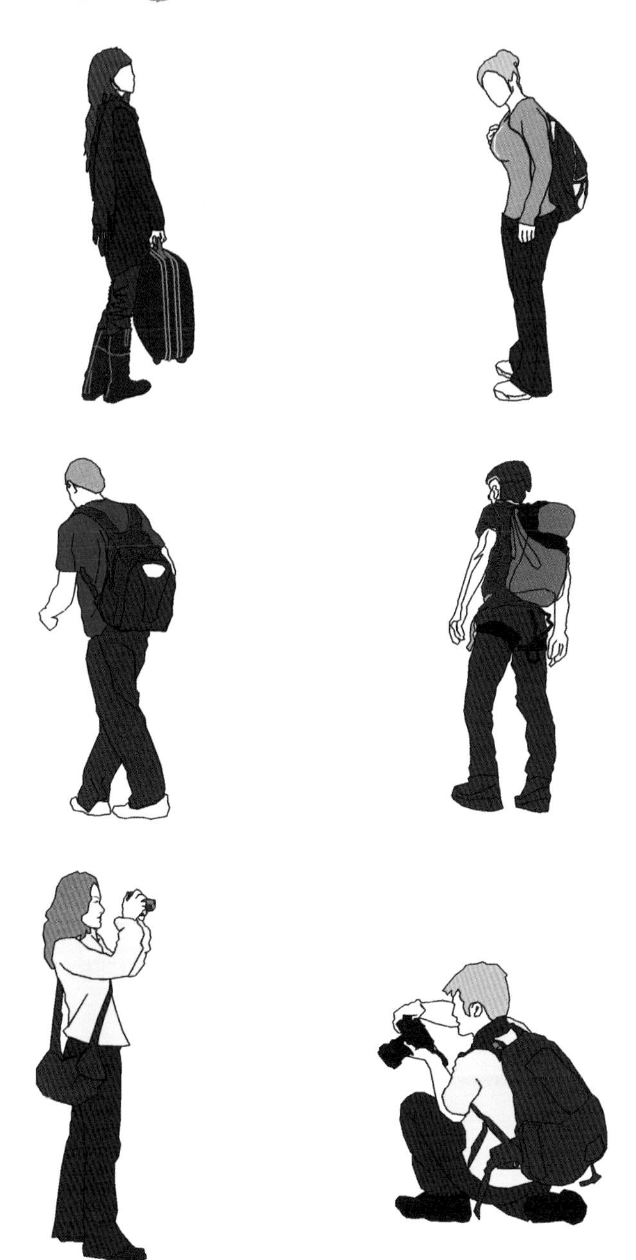

54 購物系列 Shopping series 01.doc

55 青年系列(一) Youth series 01.doc

56 青年系列(二) Youth series 02.doc

57 兒童系列 Kids series 01.doc

58 音樂系列 Music series 01.doc

59 職業系列 Carrier series 01.doc

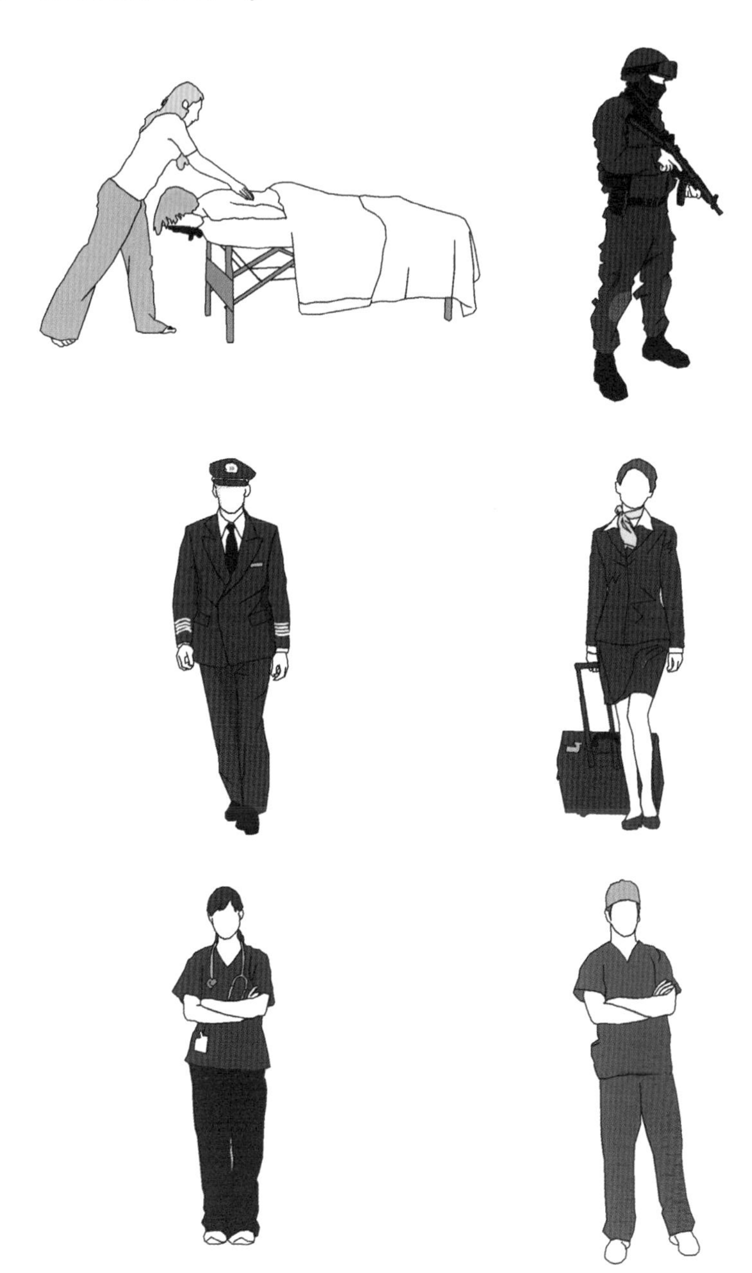

60 零售系列 retail series 01.doc

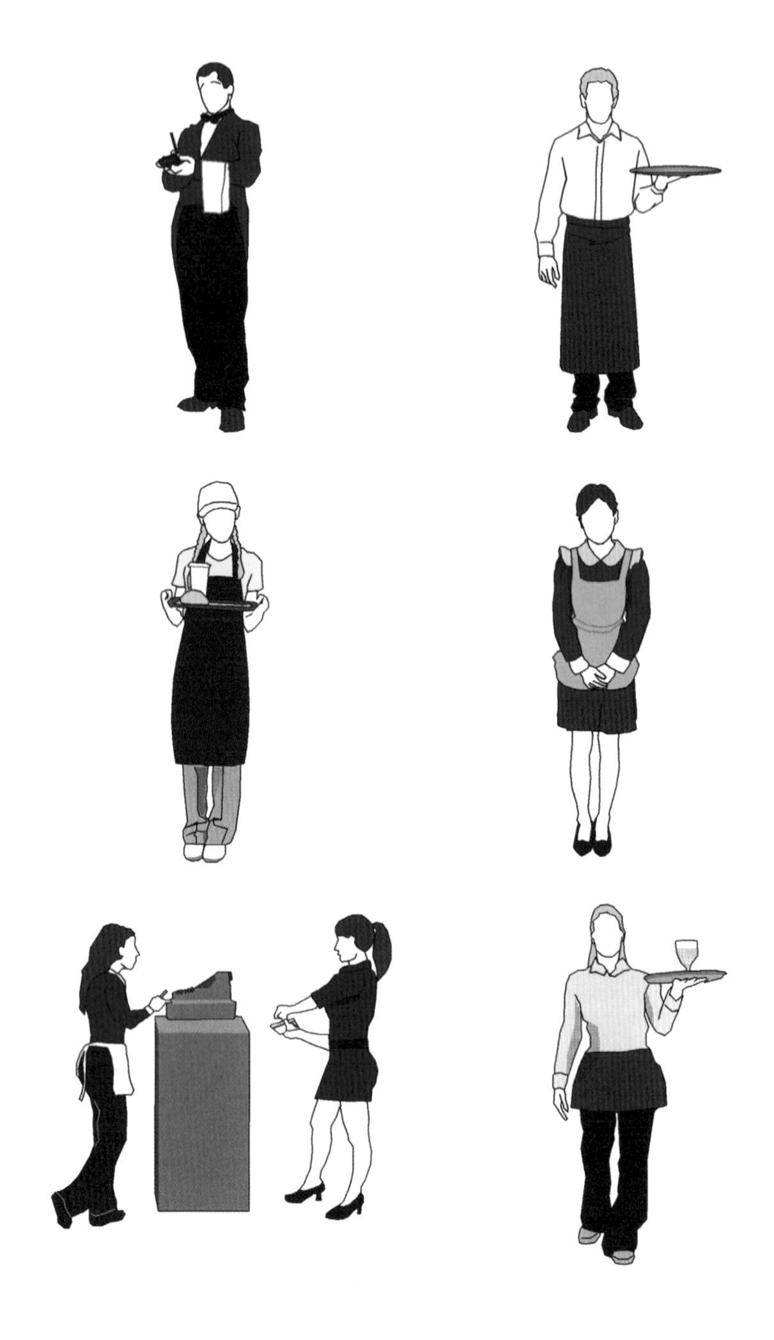

筆記頁

筆記頁

讀者回函

讀者回函

GIVE US A PIECE OF YOUR MIND

感謝您購買本公司出版的書，您的意見對我們非常重要！由於您寶貴的建議，我們才得以不斷地推陳出新，繼續出版更實用、精緻的圖書。因此，請填妥下列資料(也可直接貼上名片)，寄回本公司(免貼郵票)，您將不定期收到最新的圖書資料！

購買書號： **書名：**

姓　　名：＿＿＿＿＿＿＿＿＿＿＿＿＿＿＿＿＿＿＿＿

職　　業：□上班族　□教師　□學生　□工程師　□其它

學　　歷：□研究所　□大學　□專科　□高中職　□其它

年　　齡：□10~20　□20~30　□30~40　□40~50　□50~

單　　位：＿＿＿＿＿＿＿＿＿＿ 部門科系：＿＿＿＿＿＿＿＿

職　　稱：＿＿＿＿＿＿＿＿＿＿ 聯絡電話：＿＿＿＿＿＿＿＿

電子郵件：＿＿＿＿＿＿＿＿＿＿＿＿＿＿＿＿＿＿＿＿

通訊住址：□□□＿＿＿＿＿＿＿＿＿＿＿＿＿＿＿＿＿

＿＿＿＿＿＿＿＿＿＿＿＿＿＿＿＿＿＿＿＿＿＿＿＿

您從何處購買此書：

□書局＿＿＿＿　□電腦店＿＿＿＿　□展覽＿＿＿＿＿　□其他＿＿＿＿

您覺得本書的品質：

內容方面：　□很好　□好　□尚可　□差

排版方面：　□很好　□好　□尚可　□差

印刷方面：　□很好　□好　□尚可　□差

紙張方面：　□很好　□好　□尚可　□差

您最喜歡本書的地方：＿＿＿＿＿＿＿＿＿＿＿＿＿＿＿＿

您最不喜歡本書的地方：＿＿＿＿＿＿＿＿＿＿＿＿＿＿＿

假如請您對本書評分，您會給(0~100分)：＿＿＿＿＿ 分

您最希望我們出版那些電腦書籍：

請將您對本書的意見告訴我們：

您有寫作的點子嗎？□無　□有　專長領域：＿＿＿＿＿＿＿＿

歡迎您加入博碩文化的行列哦！

請沿虛線剪下寄回本公司

Give Us a Piece Of Your Mind

博碩文化網站　http://www.drmaster.com.tw

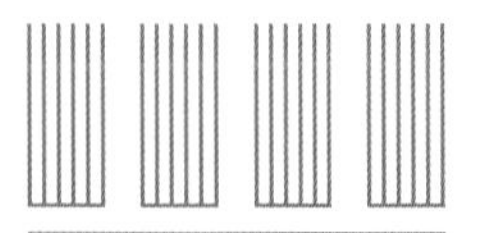

廣 告 回 函
台灣北區郵政管理局登記證
北台字第 4 6 4 7 號
印 刷 品 ・ 免 貼 郵 票

221

博碩文化股份有限公司　讀者服務部

台北縣汐止市新台五路一段 112 號 10 樓 A 棟

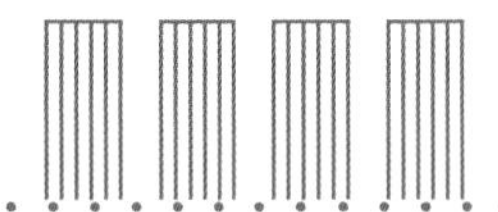

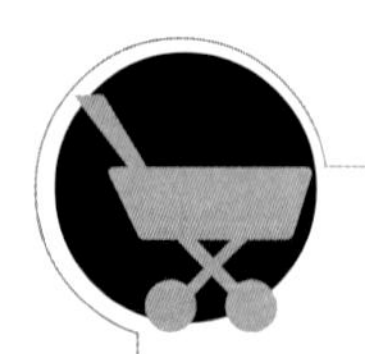

如何購買博碩書籍

全省書局

請至全省各大書局、連鎖書店、電腦書專賣店直接選購。

（書店地圖可至博碩文化網站查詢，若遇書店架上缺書，可向書店申請代訂）

信用卡及劃撥訂單（優惠折扣 85 折，未滿 1,000 元請加運費 80 元）

請於劃撥單備註欄註明欲購之書名、數量、金額、運費，劃撥至

帳號：17484299 戶名：博碩文化股份有限公司，並將收據及

訂購人連絡方式傳真至(02)26962867 。

線上訂購

請連線至「博碩文化網站 http://www.drmaster.com.tw」，於網站上查詢

優惠折扣訊息並訂購即可。

信用卡專用訂購單 CREDIT CARD

※優惠折扣請上博碩網站查詢，或電洽 (02)2696-2869#307
※請填妥此訂單傳真至(02)2696-2867或直接利用背面回郵直接投遞。謝謝！

一、訂購資料

	書號	書名	數量	單價	小計
1					
2					
3					
4					
5					
6					
7					
8					
9					
10					
			總計 NT$		

總　計：NT$ ______ X 0.85 ＝ 折扣金額 NT$ ______

折扣後金額：NT$ ______ ＋ 掛號費：NT$ ______

＝總支付金額 NT$ ______ ※各項金額若有小數，請四捨五入計算。

「掛號費 80 元，外島縣市 100 元」

二、基本資料

收件人：______ 生日：____年____月____日

電　話：(住家) ______ (公司) ______ 分機

收件地址：□□□ ______

發票資料：□ 個人 (二聯式)　□ 公司抬頭 / 統一編號：______

信用卡別：□ MASTER CARD　□ VISA CARD　□ JCB 卡　□ 聯合信用卡

信用卡號：□□□□□□□□□□□□□□□□

身份證號：□□□□□□□□□□

有效期間：____年____月止

訂購金額：______元整 (總支付金額)

訂購日期：____年____月____日

持卡人簽名：______ (與信用卡簽名同字樣)

黏貼處

博碩文化網址
http://www.drmaster.com.tw

請沿虛線剪下寄回本公司

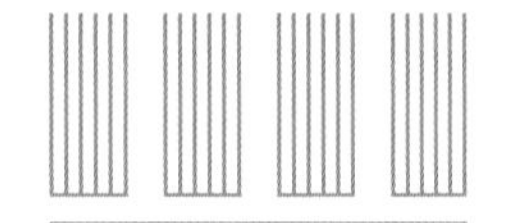

廣　告　回　函
台灣北區郵政管理局登記證
北台字第 4 6 4 7 號
印刷品・免貼郵票

221

博碩文化股份有限公司　業務部

台北縣汐止市新台五路一段 112 號 10 樓 A 棟

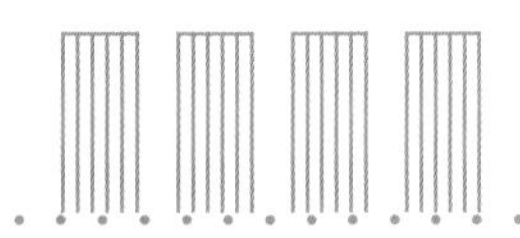

如何購買博碩書籍

全省書局

請至全省各大書局、連鎖書店、電腦書專賣店直接選購。

（書店地圖可至博碩文化網站查詢，若遇書店架上缺書，可向書店申請代訂）

信用卡及劃撥訂單（優惠折扣 85 折，未滿 1,000 元請加運費 80 元）

請於劃撥單備註欄註明欲購之書名、數量、金額、運費，劃撥至

帳號：17484299 戶名：博碩文化股份有限公司，並將收據及

訂購人連絡方式傳真至(02)26962867 。

線上訂購

請連線至「博碩文化網站 http://www.drmaster.com.tw」，於網站上查詢

優惠折扣訊息並訂購即可。

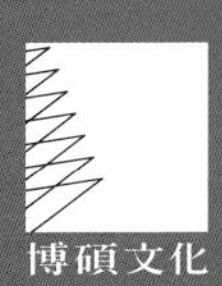
博碩文化

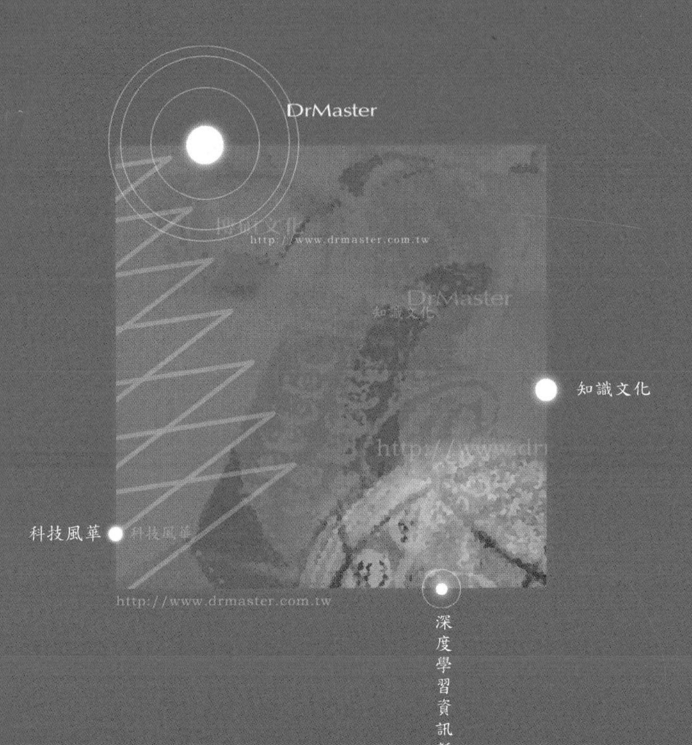
DrMaster
http://www.drmaster.com.tw
知識文化
科技風華
深度學習資訊新領域